SOUVENIRS ENTOMOLOGIQUES

SOUVENIRS ENTOMOLOGIQUES

JEAN-HENRI FABRE

法布爾昆蟲記全集 9

圓網蛛的電報線

法布爾 著

魯京明 等/譯　楊平世/審訂

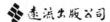
遠流出版公司

審訂者介紹

楊平世

現任國立台灣大學昆蟲學系教授。主要研究範圍是昆蟲與自然保育、水棲昆蟲生態學、台灣蝶類資源與保育、民族昆蟲等;在各期刊、研討會上發表的相關論文達200多篇,曾獲國科會優等獎及甲等獎十餘次。

除了致力於學術領域的昆蟲研究外,也相當重視科學普及化與自然保育的推廣。著作有《台灣的常見昆蟲》、《常見野生動物的價值和角色》、《野生動物保育》、《自然追蹤》、《台灣昆蟲歲時記》及《我愛大自然信箱》等,曾獲多次金鼎獎。另與他人合著《臺北植物園自然教育解說手冊》、《墾丁國家公園的昆蟲》、《溪頭觀蟲手冊》等書。

1993年擔任東方出版社翻譯日人奧本大三郎改寫版《昆蟲記》的審訂者,與法布爾結下不解之緣;2002年擔任遠流出版公司法文原著全譯版《法布爾昆蟲記全集》十冊審訂者。

主要譯者介紹

魯京明

畢業於廈門大學外語系。現任廈門大學亞歐語系副教授。

圖例說明:《法布爾昆蟲記全集》十冊,各冊中昆蟲線圖的比例標示法,乃依法文原著的方式,共有以下三種:(1)以圖文說明(例如:放大1 1/2倍);(2)在圖旁以數字標示(例如:2/3);(3)在圖旁以黑線標示出原蟲尺寸。

目錄

序

相見恨晚的昆蟲詩人

劉克襄

　　我和法布爾的邂逅，來自於三次茫然而感傷的經驗，但一直到現在，我仍還沒清楚地認識他。

第一次邂逅

　　第一次是離婚的時候。前妻帶走了一堆文學的書，像什麼《深淵》、《鄭愁予詩選集》之類的現代文學，以及《莊子》、《古今文選》等古典書籍。只留下一套她買的，日本昆蟲學者奧本大三郎摘譯編寫的《昆蟲記》(東方出版社出版，1993)。

　　儘管是面對空蕩而淒清的書房，看到一套和自然科學相關的書籍完整倖存，難免還有些慰藉。原本以為，她希望我在昆蟲研究的造詣上更上層樓。殊不知，後來才明白，那是留給孩子閱讀的。只可惜，孩子們成長至今的歲月裡，這套後來擺在《射鵰英雄傳》旁邊的自然經典，從不曾被他們青睞過。他們琅琅上口的，始終是郭靖、黃藥師這些虛擬的人物。

　　偏偏我不愛看金庸。那時，白天都在住家旁邊的小綠山觀察。二十來種鳥看透了，上百種植物的相思林也認完了，林子裡龐雜的昆蟲開始成為不得不面對的事實。這套空擺著的《昆蟲記》遂成為參考的重要書籍，翻閱的次數竟如在英文辭典裡尋找單字般的習以為常，進而產生莫名地熱愛。

　　還記得離婚時，辦手續的律師順便看我的面相，送了一句過來人的忠告，「女人常因離婚而活得更自在；男人卻自此意志消沈，一蹶不振，你可要保重了。」

　　或許，我本該自此頹廢生活的。所幸，遇到了昆蟲。如果說《昆蟲記》提昇了我的中年生活，應該也不為過罷！

　　可惜，我的個性見異思遷。翻讀熟了，難免懷疑，日本版摘譯編寫的《昆蟲記》有多少分真實，編寫者又添加了多少分己見？再者，我又無法學到法布爾般，持續著堅定而簡單的觀察。當我疲憊地結束小綠山觀察後，這套編書就束諸高閣，連一些親手製作的昆蟲標本，一起堆置在屋角，淪為個人生活史裡的古蹟了。

第二次邂逅

· 　　第二次遭遇，在四、五年前，到建中校園演講時。記得那一次，是建中和北一女保育社合辦的自然研習營。講題為何我忘了，只記得講完後，一個建中高三的學生跑來找我，請教了一個讓我差點從講台跌跤的問題。

　　他開門見山就問，「我今年可以考上台大動物系，但我想先去考台大外文系，或者歷史系，讀一陣後，再轉到動物系，你覺得如何？」

　　哇靠，這是什麼樣的學生！我又如何回答呢？原來，他喜愛自然科學。可是，卻不想按部就班，循著過去的學習模式。他覺得，應該先到文學院洗禮，培養自己的人文思考能力。然後，再轉到生物科系就讀，思考科學事物時，比較不會僵硬。

　　一名高中生竟有如此見地，不禁教人讚嘆。近年來，台灣科普書籍的豐富引進，我始終預期，台灣的自然科學很快就能展現人文的成熟度。不意，在這位十七歲少年的身上，竟先感受到了這個科學藍圖的清晰一角。

　　但一個高中生如何窺透生態作家強納森‧溫納《雀喙之謎》的繁複分析和歸納？又如何領悟威爾森《大自然的獵人》所展現的道德和知識的強度？進而去懷疑，自己即將就讀科系有著體制的侷限，無法如預期的理想。

　　當我以這些被學界折服的當代經典探詢時，這才恍然知道，少年並未看過。我想也是，那麼深奧而豐厚的書，若理解了，恐怕都可以跳昇去攻讀博士班了。他只給了我「法布爾」的名字。原來，在日本版摘譯

編寫的《昆蟲記》裡，他看到了一種細膩而充滿濃厚文學味的詩意描寫。同樣近似種類的昆蟲觀察，他翻讀台灣本土相關動物生態書籍時，卻不曾經驗相似的敘述。一邊欣賞著法布爾，那獨特而細膩，彷彿享受美食的昆蟲觀察，他也轉而深思，疑惑自己未來求學過程的秩序和節奏。

十七歲的少年很驚異，為什麼台灣的動物行為論述，無法以這種議夾敘述的方式，將科學知識圓熟地以文學手法呈現？再者，能夠蘊釀這種昆蟲美學的人文條件是什麼樣的環境？假如，他直接進入生物科系裡，是否也跟過去的學生一樣，陷入既有的制式教育，無法開啟活潑的思考？幾經思慮，他才決定，必須繞個道，先到人文學院裡吸收文史哲的知識，打開更寬廣的視野。其實，他來找我之前，就已經決定了自己的求學走向。

第三次邂逅

第三次的經驗，來自一個叫「昆蟲王」的九歲小孩。那也是四、五年前的事，我在耕莘文教院，帶領小學生上自然觀察課。有一堂課，孩子們用黏土做自己最喜愛的動物，多數的孩子做的都是捏出狗、貓和大象之類的寵物。只有他做了一隻獨角仙。原來，他早已在飼養獨角仙的幼蟲，但始終孵育失敗。

我印象更深刻的，是隔天的戶外觀察。那天寒流來襲，我出了一道題目，尋找鍬形蟲、有毛的蝸牛以及小一號的熱狗(即馬陸，綽號火車蟲)。抵達現場後，寒風細雨，沒多久，六十多個小朋友全都畏縮在廟前避寒、躲雨。只有他，持著雨傘，一路翻撥。一小時過去，結果，三種動物都被他發現了。

那次以後，我們變成了野外登山和自然觀察的夥伴。初始，為了爭取昆蟲王的尊敬，我的注意力集中在昆蟲的發現和現場討論。這也是我第一次在野外聽到，有一個小朋友唸出「法布爾」的名字。

每次找到昆蟲時，在某些情況的討論時，他常會不自覺地搬出法布爾的經驗和法則。我知道，很多小孩在十歲前就看完金庸的武俠小說。沒想到《昆蟲記》竟有人也能讀得滾瓜爛熟了。這樣在野外旅行，我常

感受到，自己面對的常不只是一位十歲小孩的討教。他的後面彷彿還有位百年前的法國老頭子，無所不在，且斤斤計較地對我質疑，常讓我的教學倍感壓力。

有一陣子，我把這種昆蟲王的自信，稱之為「法布爾併發症」。當我辯不過他時，心裡難免有些犬儒地想，觀察昆蟲需要如此細嚼慢嚥，像吃一盤盤正式的日本料理嗎？透過日本版的二手經驗，也不知真實性有多少？如此追根究底的討論，是否失去了最初的價值意義？但放諸現今的環境，還有其他方式可取代嗎？我充滿無奈，卻不知如何解決。

完整版的《法布爾昆蟲記全集》

那時，我亦深深感嘆，日本版摘譯編寫的《昆蟲記》居然就如此魅力十足，影響了我周遭喜愛自然觀察的大、小朋友。如果有一天，真正的法布爾法文原著全譯本出版了，會不會帶來更為劇烈的轉變呢？沒想到，我這個疑惑才浮昇，譯自法文原著、完整版的《法布爾昆蟲記全集》中文版就要在台灣上市了。

說實在的，過去我們所接觸的其它版本的《昆蟲記》都只是一個片段，不曾完整過。你好像進入一家精品小舖，驚喜地看到它所擺設的物品，讓你愛不釋手，但是，那時還不知，你只是逗留在一個小小樓層的空間。當你走出店家，仰頭一看，才赫然發現，這是一間大型精緻的百貨店。

當完整版的《法布爾昆蟲記全集》出現時，我相信，像我提到的狂熱的「昆蟲王」，以及早熟的十七歲少年，恐怕會增加更多吧！甚至，也會產生像日本博物學者鹿野忠雄、漫畫家手塚治虫那樣，從十一、二歲就矢志，要奉獻一生，成為昆蟲研究者的人。至於，像我這樣自忖不如，半途而廢的昆蟲中年人，若是稍早時遇到的是完整版的《法布爾昆蟲記全集》，說不定那時就不會急著走出小綠山，成為到處遊蕩台灣的旅者了。

2002.6 月於台北

(本文作者為自然觀察家暨自然旅行家)

導讀

兒時記趣與昆蟲記

楊平世

「余憶童稚時，能張目對日，明察秋毫。見藐小微物必細察其紋理，故時有物外之趣。」

—清　沈復《浮生六記》之「兒時記趣」

「在對某個事物說『是』以前，我要觀察、觸摸，而且不是一次，是兩三次，甚至沒完沒了，直到我的疑心在如山鐵證下歸順聽從為止。」

—法國　法布爾《法布爾昆蟲記全集7》

　　《浮生六記》是清朝的作家沈復在四十六歲時回顧一生所寫的一本簡短回憶錄。其中的「兒時記趣」一文是大家耳熟能詳的小品，文內記載著他童稚的心靈如何運用細心的觀察與想像，為童年製造許多樂趣。在《浮生六記》付梓之後約一百年（1909年），八十五歲的詩人與昆蟲學家法布爾，完成了他的《昆蟲記》最後一冊，並印刷問世。

　　這套耗時卅餘年寫作、多達四百多萬字、以文學手法、日記體裁寫成的鉅作，是法布爾一生觀察昆蟲所寫成的回憶錄，除了記錄他對昆蟲所進行的觀察與實驗結果外，同時也記載了研究過程中的心路歷程，對學問的辨證，和對人類生活與社會的反省。在《昆蟲記》中，無論是六隻腳的昆蟲或是八隻腳的蜘蛛，每個對象都耗費法布爾數年到數十年的時間去觀察並實驗，而從中法布爾也獲得無限的理趣，無悔地沉浸其中。

遠流版《法布爾昆蟲記全集》

昆蟲記的原法文書名《SOUVENIRS ENTOMOLOGIQUES》，直譯為「昆蟲學的回憶錄」，在國內大家較熟悉《昆蟲記》這個譯名。早在 1933 年，上海商務出版社便出版了本書的首部中文節譯本，書名當時即譯為《昆蟲記》。之後於 1968 年，台灣商務書店復刻此一版本，在接續的廿多年中，成為在臺灣發行的唯一中文節譯版本，目前已絕版多年。1993 年國內的東方出版社引進由日本集英社出版，奧本大三郎所摘譯改寫的《昆蟲記》一套八冊，首度為國人有系統地介紹法布爾這套鉅著。這套書在奧本大三郎的改寫下，採對小朋友說故事體的敘述方法，輔以插圖、背景知識和照片說明，十分生動活潑。但是，這一套書卻不是法布爾的原著，而僅是摘譯內容中科學的部分改寫而成。最近寂天出版社則出了大陸作家出版社的摘譯版《昆蟲記》，讓讀者多了一種選擇。

今天，遠流出版公司的這一套《法布爾昆蟲記全集》十冊，則是引進 2001 年由大陸花城出版社所出版的最新中文全譯本，再加以逐一修潤、校訂、加注、修繪而成的。這一個版本是目前唯一的中文版全譯本，而且直接譯自法文版原著，不是摘譯，也不是轉譯自日文或英文；書中並有三百餘張法文原著的昆蟲線圖，十分難得。《法布爾昆蟲記全集》十冊第一次讓國人有機會「全覽」法布爾這套鉅作的諸多面相，體驗書中實事求是的科學態度，欣賞優美的用詞遣字，省思深刻的人生態度，並從中更加認識法布爾這位科學家與作者。

法布爾小傳

法布爾(Jean Henri Fabre, 1823-1915)出生在法國南部，靠近地中海的一個小鎮的貧窮人家。童年時代的法布爾便已經展現出對自然的熱愛與天賦的觀察力，在他的「遺傳論」一文中可一窺梗概。(見《法布爾昆蟲記全集 6》) 靠著自修，法布爾考取亞維農(Avignon)師範學院的公費生；十八歲畢業後擔任小學教師，繼續努力自修，在隨後的幾年內陸續獲得文學、數學、物理學和其他自然科學的學士學位與執照(近似於今日的碩士學位)，並在 1855 年拿到科學博士學位。

年輕的法布爾曾經為數學與化學深深著迷，但是後來發現動物世界

更加地吸引他，在取得博士學位後，即決定終生致力於昆蟲學的研究。但是經濟拮据的窘境一直困擾著這位滿懷理想的年輕昆蟲學家，他必須兼任許多家教與大眾教育課程來貼補家用。儘管如此，法布爾還是對研究昆蟲和蜘蛛樂此不疲，利用空暇進行觀察和實驗。

這段期間法布爾也以他豐富的知識和文學造詣，寫作各種科普書籍，介紹科學新知與各類自然科學知識給大眾。他的大眾自然科學教育課程也深獲好評，但是保守派與教會人士卻抨擊他在公開場合向婦女講述花的生殖功能，而中止了他的課程。也由於老師的待遇實在太低，加上受到流言中傷，法布爾在心灰意冷下辭去學校的教職；隔年甚至被虔誠的天主教房東趕出住處，使得他的處境更是雪上加霜，也迫使他不得不放棄到大學任教的願望。法布爾求助於英國的富商朋友，靠著朋友的慷慨借款，在 1870 年舉家遷到歐宏桔(Orange)由當地仕紳所出借的房子居住。

在歐宏桔定居的九年中，法布爾開始殷勤寫作，完成了六十一本科普書籍，有許多相當暢銷，甚至被指定為教科書或輔助教材。而版稅的收入使得法布爾的經濟狀況逐漸獲得改善，並能逐步償還當初的借款。這些科普書籍的成功使《昆蟲記》一書的寫作構想逐漸在法布爾腦中浮現，他開始整理集結過去卅多年來觀察所累積的資料，並著手撰寫。但是也在這段期間裡，法布爾遭遇喪子之痛，因此在《昆蟲記》第一冊書末留下懷念愛子的文句。

1879年法布爾搬到歐宏桔附近的塞西尼翁，在那裡買下一棟義大利風格的房子和一公頃的荒地定居。雖然這片荒地滿是石礫與野草，但是法布爾的夢想「擁有一片自己的小天地觀察昆蟲」的心願終於達成。他用故鄉的普羅旺斯語將園子命名為荒石園(L'Harmas)。在這裡法布爾可以不受干擾地專心觀察昆蟲，並專心寫作。（見《法布爾昆蟲記全集2》）這一年《昆蟲記》的首冊出版，接著並以約三年一冊的進度，完成全部十冊及第十一冊兩篇的寫作；法布爾也在這裡度過他晚年的卅載歲月。

除了《昆蟲記》外，法布爾在 1862-1891 這卅年間共出版了九十五本十分暢銷的書，像 1865 年出版的 《LE CIEL》(天空)一書便賣了十一

刷，有些書的銷售量甚至超過《昆蟲記》。除了寫書與觀察昆蟲之外，法布爾也是一位優秀的真菌學家和畫家，曾繪製採集到的七百種蕈菇，張張都是一流之作；他也留下了許多詩作，並為之譜曲。但是後來模仿《昆蟲記》一書體裁的書籍越來越多，且書籍不再被指定為教科書而使版稅減少，法布爾一家的生活再度陷入困境。一直到人生最後十年，法布爾的科學成就才逐漸受到法國與國際的肯定，獲得政府補助和民間的捐款才再脫離清寒的家境。1915年法布爾以九十二歲的高齡於荒石園辭世。

這位多才多藝的文人與科學家，前半生為貧困所苦，但是卻未曾稍減對人生志趣的追求；雖曾經歷許多攀附權貴的機會，依舊未改其志。開始寫作《昆蟲記》時，法布爾已經超過五十歲，到八十五歲完成這部鉅作，這樣的毅力與精神與近代分類學大師麥爾(Ernst Mayr)高齡近百還在寫書同樣讓人敬佩。在《昆蟲記》中，讀者不妨仔細注意法布爾在字裡行間透露出來的人生體驗與感慨。

科學的《昆蟲記》

在法布爾的時代，以分類學為基礎的博物學是主流的生物科學，歐洲的探險家與博物學家在世界各地採集珍禽異獸、奇花異草，將標本帶回博物館進行研究；但是有時這樣的工作會流於相當公式化且表面的研究。新種的描述可能只有兩三行拉丁文的簡單敘述便結束，不會特別在意特殊的構造和其功能。

法布爾對這樣的研究相當不以為然：「你們(博物學家)把昆蟲肢解，而我是研究活生生的昆蟲；你們把昆蟲變成一堆可怕又可憐的東西，而我則使人們喜歡他們……你們研究的是死亡，我研究的是生命。」在今日見分子不見生物的時代，這一段話對於研究生命科學的人來說仍是諍諍建言。法布爾在當時是少數投入冷僻的行為與生態觀察的非主流學者，科學家雖然十分了解觀察的重要性，但是對於「實驗」的概念還未成熟，甚至認為博物學是不必實驗的科學。法布爾稱得上是將實驗導入田野生物學的先驅者，英國的科學家路柏格(John Lubbock)也是這方面的先驅，但是他的主要影響在於實驗室內的實驗設計。法布爾說：

「僅僅靠觀察常常會引人誤入歧途，因為我們遵循自己的思維模式來詮釋觀察所得的數據。為使真相從中現身，就必須進行實驗，只有實驗才能幫助我們探索昆蟲·智力這一深奧的問題……通過觀察可以提出問題，通過實驗則可以解決問題，當然問題本身得是可以解決的；即使實驗不能讓我們茅塞頓開，至少可以從一片混沌的雲霧中投射些許光明。」(見《法布爾昆蟲記全集 4》)

這樣的正確認知使得《昆蟲記》中的行為描述變得深刻而有趣，法布爾也不厭其煩地在書中交代他的思路和實驗，讓讀者可以融入情景去體驗實驗與觀察結果所呈現的意義。而法布爾也不會輕易下任何結論，除非在三番兩次的實驗或觀察都呈現確切的結果，而且有合理的解釋時他才會說「是」或「不是」。比如他在村裡用大砲發出巨大的爆炸聲響，但是發現樹上的鳴蟬依然故我鳴個不停，他沒有據此做出蟬是聾子的結論，只保留地說他們的聽覺很鈍 (見《法布爾昆蟲記全集 5》)。類似的例子在整套《昆蟲記》中比比皆是，可以看到法布爾對科學所抱持的嚴謹態度。

在整套《昆蟲記》中，法布爾著力最深的是有關昆蟲的本能部分，這一部份的觀察包含了許多寄生蜂類、蠅類和甲蟲的觀察與實驗。這些深入的研究推翻了過去權威所言「這是既得習慣」的錯誤觀念，了解昆蟲的本能是無意識地為了某個目的和意圖而行動，並開創「結構先於功能」這樣一個新的觀念(見《法布爾昆蟲記全集 4》)。法布爾也首度發現了昆蟲對於某些的環境次機會有特別的反應，稱為趨性(taxis)，比如某些昆蟲夜裡飛向光源的趨光性、喜歡沿著角落行走活動的趨觸性等等。而在研究芫菁的過程中，他也發現了有別於過去知道的各種變態型式，在幼蟲期間多了一個特殊的擬蛹階段，法布爾將這樣的變態型式稱為「過變態」(hypermetamorphosis)，這是不喜歡使用學術象牙塔裡那種艱深用語的法布爾，唯一發明的一個昆蟲學專有名詞。(見《法布爾昆蟲記全集 2》)

雖然法布爾的觀察與實驗相當仔細而有趣，但是《昆蟲記》的文學寫作手法有時的確帶來一些問題，尤其是一些擬人化的想法與寫法，可能會造成一些誤導。還有許多部分已經在後人的研究下呈現出較清楚的

面貌，甚至與法布爾的觀點不相符合。比如法布爾認為蟬的聽覺很鈍，甚至可能沒有聽覺，因此蟬鳴或其他動物鳴叫只是表現享受生活樂趣的手段罷了。這樣的陳述以科學角度來說是完全不恰當的。因此希望讀者沉浸在本書之餘，也記得「盡信書不如無書」的名言，時時抱持懷疑的態度，旁徵博引其他書籍或科學報告的內容相互佐證比較，甚至以本地的昆蟲來重複進行法布爾的實驗，看看是否同樣適用或發現新的「事實」，這樣法布爾的《昆蟲記》才真正達到了啟發與教育的目的，而不只是一堆現成的知識而已。

人文與文學的《昆蟲記》

《昆蟲記》並不是單純的科學紀錄，它在文學與科普同樣佔有重要的一席之地。在整套書中，法布爾不時引用希臘神話、寓言故事，或是家鄉普羅旺斯地區的鄉間故事與民俗，不使內容成為曲高和寡的科學紀錄，而是和「人」密切相關的整體。這樣的特質在這些年來越來越希罕，學習人文或是科學的學子往往只沉浸在自己的領域，未能跨出學門去豐富自己的知識，或是實地去了解這塊孕育我們的土地的點滴。這是很可惜的一件事。如果《昆蟲記》能獲得您的共鳴，或許能激發您想去了解這片土地自然與人文風采的慾望。

法國著名的劇作家羅斯丹說法布爾「像哲學家一般地思，像美術家一般地看，像文學家一般地寫」；大文學家雨果則稱他是「昆蟲學的荷馬」；演化論之父達爾文讚美他是「無與倫比的觀察家」。但是在十八世紀末的當時，法布爾這樣的寫作手法並不受到一般法國科學家們的認同，認為太過通俗輕鬆，不像當時科學文章艱深精確的寫作結構。然而法布爾堅持自己的理念，並在書中寫道：「高牆不能使人熱愛科學。將來會有越來越多人致力打破這堵高牆，而他們所用的工具，就是我今天用的、而為你們（科學家）所鄙夷不屑的文學。」

以今日科學的角度來看，這樣的陳述或許有些情緒化的因素摻雜其中，但是他的理念已成為科普的典範，而《昆蟲記》的文學地位也已為普世所公認，甚至進入諾貝爾文學獎入圍的候補名單。《昆蟲記》裡面的用字遣詞是值得細細欣賞品味的，雖然中譯本或許沒能那樣真實反應

出法文原版的文學性，但是讀者必定能發現他絕非鋪陳直敘的新聞式文章。尤其在文章中對人生的體悟、對科學的感想、對委屈的抒懷，常常流露出法布爾作為一位詩人的本性。

《昆蟲記》與演化論

雖然昆蟲記在科學、科普與文學上都佔有重要的一席之地，但是有關《昆蟲記》中對演化論的質疑是必須提出來說的，這也是目前的科學家們對法布爾的主要批評。達爾文在1859年出版了《物種原始》一書，演化的概念逐漸在歐洲傳佈開來。廿年後，《昆蟲記》第一冊有關寄生蜂的部分出版，不久便被翻譯為英文版，達爾文在閱讀了《昆蟲記》之後，深深佩服法布爾那樣鉅細靡遺且求證再三的記錄，並援以支持演化論。相反地，雖然法布爾非常敬重達爾文，兩人並相互通信分享研究成果，但是在《昆蟲記》中，法布爾不只一次地公開質疑演化論，如果細讀《昆蟲記》，可以看出來法布爾對於天擇的觀念相當懷疑，但是卻沒有一口否決過，如同他對昆蟲行為觀察的一貫態度。我們無從得知法布爾是否真正仔細完整讀過達爾文的《物種原始》一書，但是《昆蟲記》裡面展現的質疑，絕非無的放矢。

十九世紀末甚至二十世紀初的演化論知識只能說有了個原則，連基礎的孟德爾遺傳說都還是未能與演化論相結合，遑論其他許多的演化概念和機制，都只是從物競天擇去延伸解釋，甚至淪為說故事，這種信心高於事實的說法，對法布爾來說當然算不上是嚴謹的科學理論。同一時代的科學家有許多接受了演化論，但是無法認同天擇是演化機制的說法，而法布爾在這點上並未區分二者。但是嚴格說來，法布爾並未質疑物種分化或是地球有長遠歷史這些概念，而是認為選汰無法造就他所見到的昆蟲本能，並且以明確的標題「給演化論戳一針」表示自己的懷疑。(見《法布爾昆蟲記全集 3》)

而法布爾從自己研究得到的信念，有時也成為一種偏見，妨礙了實際的觀察與實驗的想法。昆蟲學家巴斯德(George Pasteur)便曾在《SCIENTIFIC AMERICAN》(台灣譯為《科學人》雜誌，遠流發行)上為文，指出法布爾在觀察某種蟹蛛(Thomisus onustus)在花上的捕食行為，以

及昆蟲假死行為的實驗的錯誤。法布爾認為很多發生在昆蟲的典型行為就如同一個原型,但是他也觀察到這些行為在族群中是或多或少有所差異的,只是他把這些差異歸為「出差錯」,而未從演化的角度思考。

　　法布爾同時也受限於一個迷思,這樣的迷思即使到今天也還普遍存在於大眾,就是既然物競天擇,那為何還有這些變異?為什麼糞金龜中沒有通通變成身強體壯的個體,甚至反而大個兒是少數?現代演化生態學家主要是由「策略」的觀點去看這樣的問題,比較不同策略間的損益比,進一步去計算或模擬發生的可能性,看結果與預期是否相符。有興趣想多深入了解的讀者可以閱讀更多的相關資料書籍再自己做評價。

今日《昆蟲記》

　　《昆蟲記》迄今已被翻譯成五十多種文字與數十種版本,並橫跨兩個世紀,繼續在世界各地擔負起對昆蟲行為學的啟蒙角色。希望能藉由遠流這套完整的《法布爾昆蟲記全集》的出版,引發大家更多的想法,不管是對昆蟲、對人生、對社會、對科普、對文學,或是對鄉土的。曾經聽到過有小讀者對《昆蟲記》一書抱著高度的興趣,連下課十分鐘都把握閱讀,也聽過一些小讀者看了十分鐘就不想再讀了,想去打球。我想,都好,我們不期望每位讀者都成為法布爾,法布爾自己也承認這些需要天份。社會需要多元的價值與各式技藝的人。同樣是觀察入裡,如果有人能因此走上沈復的路,發揮想像沉醉於情趣,成為文字工作者;那和學習實事求是態度,浸淫理趣,立志成為科學家或科普作者的人,這個社會都應該給予相同的掌聲與鼓勵。

楊平世　　2002.6.18 於台灣大學農學院

（本文作者現任台灣大學昆蟲學系教授）

第一章
拿魯波狼蛛的洞穴

　　偉大的歷史學家米休列①，曾經向我們講述他在地窖裡學印刷時，如何與蜘蛛結下了友誼。一線陽光透過工廠簡陋的天窗，照在排鉛字用的方框上，長著八隻腳的鄰居從結網上下來，來到方框上分享陽光。孩子讓牠待在那裡，友好地接待了這位信賴他的客人。對他來說，這是長期無聊生活中僅有的愉快消遣。我們在缺乏人際交往時躲進動物世界裡，而這總是不會吃虧的。

　　謝天謝地，我可忍受不了地窖裡的愁悶。我也會孤獨，但卻是置身於明媚的陽光下和綠色的田野裡；還能夠適時地選擇參加田野間的盛會，聽烏鴉管弦樂隊的演奏，欣賞蟋蟀的交響

---

① 米休列：1789-1874年，法國著名的歷史學家、作家。——譯注

樂。然而，當我在與蜘蛛交朋友時，卻比年輕的排字工更加虔誠，我讓牠進入我舒適的工作室，在我的書中為牠留出空位，把牠安頓在陽光下的窗臺上，還興致勃勃地到牠鄉下的家中拜訪。我與牠交往不是為了排遣生活中的煩惱，逃避自己和旁人一樣所受的苦難，甚至是更大的苦難，而是打算把一大堆問題交給蜘蛛來回答。不過，對於這些問題，有時牠卻不屑回答。

啊！與之交往所衍生而來的問題多麼有趣啊！為了恰如其分地將這些問題描述清楚，用小印刷工所使用的那種神奇排筆[2]應該不算太過分，或是如果能用米休列的鵝毛筆當然最好不過了，可惜我只有一支削得歪歪扭扭的硬鉛筆。試試看吧，無論如何，真實的東西，即使外表再寒酸也是美的。

那麼，我就繼續研究蜘蛛的本能。上一冊中所敘述的一些實驗還不很完善[3]，自初步的研究之後，我的觀察範圍已有很大的擴展，一些較為突出的新事實充實了我的紀錄簿，理應利用這些材料寫一部更詳盡的傳記。

對於一些反覆提及的內容，我確實需要注重條理分明。當

---

[2] 排筆：畫家染色或裱糊匠所用的筆，以數管相連為一。——編注
[3] 相關文見《法布爾昆蟲記全集8——昆蟲的幾何學》第二十二章、第二十三章。
　　——編注

我們需要列一張總表時，不可避免地需要日復一日累積起來的細節材料，而這些材料常常是意外得到的，相互之間並無關聯。觀察者不是時間的主宰者，機會常以意想不到的方式支配著他，從初次產生某個問題到得出答案之間，經常需要歷時數年；何況問題本身又會因中途獲得的發現，進而得到延伸和完善。在這樣一種斷斷續續的工作中，需要一些反覆的證明，這對於連貫思想是有必要的，我將盡量做到簡潔。

　　我們再次把老相識的蜘蛛類主要代表——狼蛛和圓網蛛搬上舞臺。拿魯波狼蛛或稱「黑腹舞蛛」，選擇咖里哥宇常綠矮灌木叢為定居點，那裡的土地荒蕪、多卵石，非常適合百里香生長。狼蛛的住宅與其說是像瑞士山區的小木屋別墅，倒不如說是堡壘。這是一種大約一拃深的洞穴，直徑像瓶頸一樣寬。在挖掘多卵石的土質時，只要不遇上障礙，洞穴便是垂直的。蜘蛛若遇到小礫石，盡可以取出來扔到洞外，但是，如果遇上無法撼動的大卵石，牠就會讓通道拐個彎。假如多處受阻，那麼牠的住所就會成為帶著石拱門的洞穴，七彎八拐的，大街連著小巷。

2/3

拿魯波狼蛛

　　只要洞主憑著長期養成的習慣，知道哪裡有拐彎、有多少層，這種不規則也就不顯得有什麼不便了。如果上面有動靜，有引起牠注意的聲響，狼蛛就會從蜿蜒曲折的洞裡爬上來，行動就像爬垂直井那麼敏捷。牠甚至可能發現，當牠需要把具自衛能力的獵物引進危險場所暗殺時，這個曲折的洞更能顯示出優越性。

　　洞的底部通常擴展成一個廂房，是蜘蛛長思的地方，也是牠吃飽肚子後的靜休處。

　　洞壁上所塗抹的一層絲漿，是為了防止風化的泥土掉下來，不過，狼蛛的產絲量不如圓網蛛，所以牠很會精打細算。這層兼具凝固作用以及使凹凸處平滑的絲漿，主要是抹在與出口處相鄰的洞頂部。白天，如果周遭很平靜，狼蛛便停留在洞口，一方面是為了曬太陽，那是牠最大的幸福；另一方面是為了窺伺經過的獵物。如果有必要，牠會動也不動地在那裡待上幾小時，沐浴在暖和的陽光裡，或是突然躍起，抓住經過的獵物；防護絲網縱橫交錯地羅織在洞壁上，使牠的小爪子能在四面八方都有所依託。洞口周圍有一圈忽高忽低的護欄，是用細石子、碎木塊和附近禾本科植物的枯葉纖維疊起的，所有的材料都混在一塊，用絲固定住。這個具鄉村建築風格的作品從來不會被忽略，哪怕是縮減成一個普通的防風圈。

　　進入成年的狼蛛，一旦定居下來，就完完全全成了深居簡出者。我和牠密切地生活了三年。我把牠安頓在我工作室窗臺上的大罐子裡，每天都能見到牠，不過，卻很少看見牠出來；因為在離洞口幾法寸遠的地方，牠只要聽到一丁點動靜，就趕快鑽回洞裡去了。由此我肯定，在野外的自由環境中，狼蛛不會到遠處去收集建材整修護欄，而是利用家門口就近能找到的材料。在這種情況下，礫石很快就會用完，這位泥水匠就會因沒有材料而停工。

　　我想看看，如果蜘蛛能持續獲得材料供應，能把這個護欄建得多高。利用這些囚禁者，我親自當牠們的供應商，這不難辦到。了解我的研究對象用什麼材料建築，或許會對那些日後想再研究咖里哥宇矮灌木叢裡的大蜘蛛的人，有所助益。

　　我把一個一拃深的大罐子，裝滿含有大量碎石的黏性紅土，這與狼蛛經常出沒地帶的土質相符。在人造土中加適量的水，和成泥團，然後，一層一層地抹在一根直徑和狼蛛所挖洞穴一般粗的蘆竹乾莖周圍。容器完全裝滿後，將蘆竹抽出來，便在泥裡留下了一口垂直的井，一個用來代替野外洞穴的居所，就這樣建成了。要找一位隱居者入住，只需到附近走一趟。那隻剛被我從洞穴裡用小鏟子挖出來的蜘蛛，才被我移到人造住所裡，就迷戀上了這個新居，牠不再出門，也不再去別

處尋找更好的地方。罐子裡的泥土上罩了金屬網紗,以防牠逃跑。此外,我不需要嚴密監視牠。對新居心滿意足的囚犯,絲毫不眷戀原來的天然居所,牠根本沒有逃跑的企圖。要補充說明的是,每個罐子裡只能接納一位住戶。狼蛛特別排斥異己,對牠來說,鄰居就是獵物,當牠自認為比對方強時,便會毫無顧忌地把對方吃掉。起先,我還不了解這種野蠻的排斥性,這種情況在交配期間尤其嚴重,我就曾經目睹,在居民過多的罐罩空間裡所舉行的殘酷盛宴。如果以後有機會,我會來講述這些悲劇。

現在,我們來觀察那些獨居的狼蛛吧。牠們沒有對我的蘆竹人造居所進行修改,頂多不時地拋出一些土塊,也許是為了在洞底給自己建休息室,但所有這些土頭逐漸形成了圍住洞口的護欄。

我為牠們提供了大量首選材料,比牠們憑一己之力量找到的材料好得多。我提供的材料中,首先有打地基用的光滑小石子,有些像杏仁那麼大;還在這個礫石堆裡,摻進了酒瓶椰子短纖維——這種容易彎曲的軟帶子。這些材料能代替狼蛛常用的細胚莖和禾本科植物的枯葉。最後,還有牠們從不曾用過、聞所未聞的寶物——剪成一法寸長的粗毛線。

　　我想了解，狼蛛是否能用牠們那豆大的明亮眼睛辨別色彩，是否偏愛某些顏色。於是我把不同顏色的毛線混在一起，有紅的、綠的、黃的和白的。假如狼蛛有某種偏好，牠就會在毛線中做出選擇。

　　狼蛛總是在夜晚工作，這種不利的條件使我無法觀察到牠的工作方法。我只能看到結果而已。即使我提著燈去參觀工地，也得不到更多收穫。那隻害羞的昆蟲會馬上鑽進洞穴，而我卻得付出失眠的代價。另一方面，牠工作得並不勤奮，老喜歡蹉跎時間，一個晚上只用掉兩、三束毛線或是酒瓶椰子纖維，在牠磨蹭的時候，我們足以休息好長一段時間。

　　兩個月過去了，材料消耗的結果大大超出了我的預期。

　　那些一向被認為只會利用就近材料的狼蛛，用其家族前所未見的方法，為自己建起了堡壘。在洞口周圍略微傾斜的斜坡上，平滑的石子斷斷續續被鋪成了石板，而那些最大的——相對於搬動它們的狼蛛來說，顯得極為巨大的石頭，也和其他石頭一樣，被用掉了許多。

　　礫石堆上聳立起了一座塔。這是一座用酒瓶椰子纖維和隨便撿到的雜色毛線所壘成的塔。紅、藍、黃、綠色雜亂地混在

一起。可見狼蛛對色彩沒有偏好。

　　建築物的最終形狀像個套筒，高兩法寸。從狼蛛尾部的紡絲器噴出的絲，把一塊塊材料黏在一起，像一整塊粗布。儘管這並不是一個無可挑剔的作品，因爲始終有些棘手的材料露在外面，沒有被狼蛛制服；但這個建築物仍不乏優點，往鳥巢裡襯毯子的鳥也不見得會更加高明。任誰見了我那些罐子裡一座座特別的彩色建築，都以爲是我的手藝，是我用於實驗的手段。當我如實告知該作品的眞正作者是誰時，他們都大吃一驚，誰也想不到狼蛛能造出這樣的建築。

　　顯然，自由的狼蛛在貧瘠的咖里哥宇矮灌木叢時，不會造出這麼豪華的建築。原因我已說過：狼蛛不太愛出門，以至於不願去尋找材料，所以只能利用身邊的有限資源。小土塊、碎石子、細枝條、枯乾的禾本科植物，差不多就是全部的材料了，以此造出的建築物自然十分簡陋，只能是個幾乎不引人注意的水井護欄。

　　我的囚犯告訴我們，只要有充足的材料，特別是擁有可防坍塌的紡織材料，狼蛛還是熱衷於建高塔的，牠們了解造塔的方法，只要條件符合就會這麼做。

這種藝術與另一種藝術有關，看來它是從另一種藝術中衍生出來的。如果陽光太強烈或是有雨水威脅洞穴，狼蛛就會用絲網封住洞口。絲網上鑲嵌著各種材料，有時鑲著吃剩下的獵物殘渣。古代蓋耳人[4]把戰俘的頭顱釘在茅屋門上，野蠻的蜘蛛也同樣把被牠殺死的獵物頭蓋骨，鑲嵌在洞頂蓋上。

這種「礫石」很適合鑲在惡魔的圓頂屋上，但別以為這是好戰者的戰利品，動物並不了解我們人類野蠻的虛榮，牠只是利用洞口附近能找到的材料，比如蝗蟲的骨骸、植物殘渣，特別是小土塊。牠對材料的利用，完全是不經意的。一個被太陽烤乾的蜻蜓頭，正好相當於一粒石子，不大也不小。

狼蛛用絲和任何細碎物質建造居所出口處的頂蓋。但我還不太了解促使牠把自己圍在家裡的理由，何況牠們的隱居是臨時性的，隱居的時間長短也有很大的不同。有個狼蛛族群，在我對牠們的家庭分布情況進行研究之後，屋裡仍居住著許多成員。該族群在這方面為我提供了確切的資料，關於此族群成員的分布情況，稍後我將會提及。

---

④ 蓋耳人：蘇格蘭人的一支，是克爾特人的後裔，西元前一千年居住在蘇格蘭北部和西部山地，主要從事牧業。——譯注

在八月酷熱難當時，我看見有一些狼蛛不時在洞穴門口為自己砌一個凸頂蓋，頂蓋很難和周圍的地面區隔。這是為了遮擋強烈的陽光嗎？值得懷疑。因為幾天後，陽光依然灼熱，天花板卻被挖掉了，蜘蛛重新出現在門口，在那裡舒舒服服地吸收著火熱的陽光。

不久，十月到了，如果天氣多雨，狼蛛的屋頂還可遮雨，就好像牠們早已未雨綢繆。不過這也證明不了什麼：有好多次狼蛛偏偏在下雨的時候捅破了屋頂，大開門戶。也許只有在家裡處理重大事件，特別是產卵時，才需要蓋上蓋子吧；我確實曾看見一些還未成為母親的年輕雌狼蛛，把自己關在洞裡，等過了一段時日再出現時，身後已經吊上了一個卵囊。這麼說來，牠們關門或許是為了能更安靜地織卵囊囉！這似乎跟大多數狼蛛無憂無慮的性格不相符。我也見過狼蛛在洞穴產卵時不關門，還見過未擁有住所的狼蛛，在露天織卵囊並把卵裝進去。總之，不論天氣炎熱還是寒冷，乾燥還是潮濕，牠們都會關閉洞口，我弄不懂牠們的動機是什麼。

雖然如此，頂蓋照常時而打開，時而蓋上，有時甚至一天內反覆多次。儘管頂蓋上鋪著泥土，但底下有絲網，因此這是個軟封蓋，洞裡的狼蛛一頂，就能把網蓋頂破，而且頂蓋被打開時不會造成坍塌。頂蓋上的泥土向外翻落在洞口邊緣，隨著

頂蓋一次次被捅破，碎土和礫石就越堆越多，變成了井的護欄，狼蛛再用空餘時間一點一點地把它加高。洞穴上面的堡壘，最初就是起源於這個臨時的頂蓋，捅破的天花板現在變成了小塔。

這個小塔有什麼用呢？我的那些大罐子將會告訴我們。尚未定居以前，狼蛛熱中圍獵，一旦定居下來，牠就寧可窺伺等待獵物送上門來。每天我都看見我的囚犯冒著酷暑，慢慢從地下爬上來，趴在毛線築成的小城堡上，這時牠們的姿勢美極了，而且表情嚴肅。牠們的肚子在洞口裡，頭在外面，呆滯的目光凝視著前方，腳收攏著準備蹦起來。時間一小時一小時地過去了，牠們動也不動地等待著，痛痛快快地曬足了太陽。

只要有一隻合牠口味的獵物經過，窺伺者就會馬上從小塔裡衝出來，猶如離弦之箭。牠先在我提供的蝗蟲、蜻蜓和其他獵物的脖子上刺一刀，然後掐死牠們；牠帶著獵物爬上堡壘的速度也一樣快，真是敏捷得出奇。

牠很少失手，只要獵物位在牠的伏擊範圍內。但是，如果獵物離得較遠，比方說在金屬罩的網紗上，狼蛛就不予理睬。牠不屑去追擊，而是讓獵物四處遊蕩，要有成功的把握牠才下手。牠靠計謀獲取獵物。牠隱藏在圍牆後面，等著獵物走過

來；牠監視著獵物，當獵物進入伏擊圈時，便突然躍起，憑著
這個出其不意的方法，突襲萬無一失。不管那冒失的獵物長著
翅膀還是跑得飛快，只要走進埋伏圈就會沒命。

　　因此，狼蛛的確需要具備極佳的耐心。洞穴裡沒什麼東西
可以做為誘餌來吸引獵物，至多只有那個做為棲息地的突出城
堡，也許間或能引來一些疲勞的過路客。如果獵物今天不來，
明天、後天或更遲一些總會來的，在咖里哥宇矮灌木叢裡，有
的是蹦蹦跳跳的蝗蟲，牠們不大會控制自己跳躍的方向，總有
一天會有幾隻蝗蟲碰巧來到狼蛛的洞穴旁，那將是狼蛛從圍牆
上跳下來，撲向朝聖者的時候。牠得時時保持警覺，堅持到那
一刻到來；得等到有東西吃的時候才能吃，但最終總會有的。

　　由於深知機會終會降臨，於是狼蛛蓄勢以待，而且並不怎
麼擔心要持續地節食。牠有一個百依百順的胃，可以今天裝得
飽飽的，然後再維持長時間的空腹。有時我一連數週忘了履行
自己做為供應商的義務，但我的客戶並未因此體力不支。狼蛛
節食一段時間後不會變得衰弱，而是猛吃。牠們總是狼吞虎嚥
地大吃大喝，今天吃得過飽，是為了明天沒食物吃做儲備。

　　當狼蛛年紀輕輕，還沒有自己洞穴的時候，是以另一種方
式謀生的。牠和成年狼蛛一樣穿著灰衣服，但沒穿黑絲絨圍

裙，那要等到生育年齡時才穿。牠在稀疏的草地上流浪，這個
時期牠眞的是在圍獵。中意的獵物一出現，牠就去追捕，把獵
物從隱藏的洞裡驅趕出來，緊追不放。被追趕的獵物跑到高處
想要起飛，但還沒來得及飛起，狼蛛就垂直地向上一蹦，把牠
逮住了。

那些今年剛出生的最年幼寄宿者，在捕捉我所提供的蒼蠅
時，動作之敏捷，令我感到驚喜；就連這雙翅目昆蟲逃到兩法
寸高的草上也是徒勞，蜘蛛突然縱身一躍，騰空而起攫住獵
物，貓捉老鼠的動作也不見得比牠更快。

但這只是身體還未發胖、變重的年輕狼蛛的壯舉。以後，
當牠挺著滿載卵和絲的大肚子時，這種體操動作就不再適用
了。於是狼蛛便爲自己挖掘固定的居所，一個打獵的隱蔽處，
牠就在小城堡的頂上窺伺獵物的行動。

狼蛛是在什麼時候得到那個洞穴，並從此由流浪變爲深居
簡出，在那裡度過漫長一生的呢？是在天氣轉涼的秋季。田野
蟋蟀也是如此，只要天氣好，夜間還不太冷，這位春天合唱隊
的未來隊員就會在休耕的田間遊蕩，而不爲住所發愁；遇到壞
天氣，就用落葉遮蓋一下，做爲臨時藏身所就行了。臨近寒冬
時，狼蛛做爲長久居所的洞穴，才會終於挖好。

在這一點上，狼蛛和蟋蟀的觀點一致。和蟋蟀一樣，狼蛛也感到流浪的生活充滿了樂趣。近九月時，狼蛛身上出現了婚嫁年齡的標誌——黑絲絨圍裙。夜晚，在柔和的月光下，牠們約會、相互調情，婚禮結束後便出現了相互吞食的情景。白天牠們漂流四方、在矮草地上圍獵、分享溫暖的陽光，這比獨自在井底沈思有意思多了。因此，拖著卵囊、甚至是攜家帶眷的年輕母親還沒有住處的情況，也算常見。

十月是安家的時候了，此時的確可以找到兩種類型的洞穴，其直徑不同，最大的有瓶頸那麼粗，是屬於老婦的，牠們擁有這個住所至少兩年了；最小的只有粗鉛筆那麼粗，洞裡住著當年生的年輕母親。經過長時間的從容修改，新手蜘蛛的洞穴深度和寬度都擴大了，變得和前輩的豪宅一樣寬敞。兩種洞穴裡住的女屋主都有孩子，有的孩子已出生，有的還封在那個綢緞袋裡。

因為沒見到狼蛛擁有挖土必備的挖掘工具，所以我想，牠們或許會利用一些現成的洞穴，比如蟬或是蚯蚓的洞。狼蛛的裝備看起來很差，那麼偶然發現的小洞，或許可以減輕挖掘的強度；牠們只須把洞擴大，修整一下就行了。然而我錯了，那個洞穴的每一寸土都是狼蛛憑自己的力氣挖出來的。

　　那麼牠的鑽井工具在哪裡呢？我想到了牠的腳和爪。但是，思考一下就會明白，這麼長的工具在如此狹窄的空間是很難操作的。在這裡，需要的是礦工那種用來敲擊硬物的短柄鎬頭，鎬頭深入泥土，向上一撬就能挖出一塊土來。這裡需要的是能夠插進土堆，使土塊崩裂的尖頭工具。那就只有狼蛛的上顎了。可是，人們首先會猶豫：狼蛛是否會用這麼細的工具去工作。因為這就像用手術刀去挖井，非常不合邏輯。

　　這兩個鋒利彎曲的毒牙在沒事的時候，像手指般彎曲地藏在兩根有如大柱子的上顎後面。貓為了讓爪子保持鋒利，而將它藏在肉墊的紋理中；同理，狼蛛為了保護牠帶毒的匕首，因而將其彎折藏於兩根大柱子後面，那兩根柱子垂直地豎在面前，裡面有控制匕首的肌肉。

　　好吧，就算這把用於宰殺獵物的手術刀，現在成了用於艱苦挖掘工作的鎬頭。到地下去看牠挖掘是不可能的，但只要有點耐心，就可目擊牠們運泥屑上來。工程主要是在夜間進行，中間有很長的間斷，但只要我勤奮不懈地起個大早，去觀察那些囚犯，最終總能碰上牠們負重從深處爬上來。

　　然而，與我期待的相反，牠的腳根本沒有參與載物。而是由口器發揮著獨輪車的作用，上顎咬著一個泥團，用來進食、

短手臂似的觸角在底下托著。狼蛛小心翼翼地走下堡壘，走出一段距離才卸下重物，然後很快又鑽進地洞裡，把剩下的廢物運上來。

我們看到的已經夠多了，知道狼蛛的割喉武器——上顎，不怕黏土和礫石，牠們把挖掘出來的土揉成團，然後咬住運到洞外。狼蛛是用上顎敲擊、挖掘、運土。要使它在挖掘中不變鈍，日後還能用來割斷獵物的喉管，這上顎該有多麼堅硬啊！

我剛才說過，在洞穴的裝修和擴建工程之間，有很長的間斷期。要相隔好久，環形護欄才會翻修加高一些，至於住所的拓寬和加深，所拖的時間就更長了，通常那個莊園會好幾季都保持著原樣。到了冬末，尤其是三月，狼蛛對於擴大住所的迫切程度，似乎凌駕其他任何季節，現在該是牠承受一些考驗的時候了。

我知道，把田野蟋蟀從野外的洞穴裡取出，放進罩子裡時，哪怕那裡的條件允許牠再重新挖一個住所，牠也寧可移居到一個碰巧遇上、屬於別人的庇護所裡，或者乾脆不再考慮為自己建造一個永久性的居所。對於牠來說，喚起牠迫不及待想挖地道的這種本能的季節很短暫，這個季節一過，意外喪失了家園的挖掘藝術家，就成了不為住所操心的遊民。牠喪失了自

己的才能，露宿在外。

鳥類不用孵卵時會拋棄築巢藝術，這很合乎邏輯，因為牠是替孩子築巢而不是自己。那麼又如何解釋在住宅外，面臨種種惡運的蟋蟀的行為呢？屋頂的保護對牠來說很有必要，但這個冒失鬼可不是這麼想，儘管住宿條件艱苦了些，但還是比用牠強健的下顎去挖掘要好些。

牠為何這樣的漫不經心？除了頑強的挖掘時期已經過去之外，別無其他原因。本能的覺醒是有時間性的，需要的時候，本能會突然地覺醒，隨後又突然消失。這個固定的時期一過，靈巧的蟋蟀就變得無能了。

同樣的問題，我們來考察一下咖里哥宇矮灌木叢裡的蜘蛛。我把一隻當天從田野裡捉回來的狼蛛，放進紗罩下的洞穴裡，那裡已經準備好了牠們合意的泥土。我先用一根蘆竹造出跟牠被取出的洞穴差不多的人工洞穴，放進去的蜘蛛立刻顯得很滿意新居。我的藝術品被牠們當成了合法財產，而且幾乎未被加以修改。隨著時間的推移，唯一的變化就是洞口周圍立起了一座堡壘，以及洞穴的頂上用絲加固了一下。住在我所造的建物裡的狼蛛，其行為仍和生長在自然環境時一樣。

但是，假如我們把狼蛛放在泥土表面，沒有預先造一個洞穴，失去住所的蜘蛛會怎麼辦呢？牠大概會給自己挖一間小屋吧，因為牠有這種能力，牠充滿了活力。而且，這裡已經準備好了和牠老家土質相同的泥土。我們期望看到不久後，蜘蛛以其方式把自己安頓在一口井裡。

牠讓我們失望了。幾個星期過去了，牠什麼也沒做，絕對是什麼也沒做，那隻狼蛛為沒有地方埋伏而氣餒，牠幾乎完全沒注意我給牠的獵物，白白放過了經過牠身邊的蝗蟲，常常對牠們不屑一顧。牠絕食、苦惱，慢慢使自己衰竭，最後死了。

可憐的傻瓜，你該重操礦工職業的，既然你有這種能耐，就再造一座房子好了，生活還很漫長，它將使你感受到溫馨。這個季節氣候宜人，食物也豐富，你應該挖坑、掘土、鑽到地下，這才是出路。而你卻傻呼呼的什麼也不做，偏要死。這是為什麼？

這是因為過去的技藝已被遺忘；因為持之以恆挖掘的年齡已經過了，還因為你低下的智力無法回憶起經歷過的事情，再做一遍以前做過的事超出了你的能力。看你一副深沈的樣子，竟然解決不了重建家園的問題。

現在，我們去請教一下比較年輕、正值挖掘期的狼蛛。大約在二月底，我挖出六隻大小只有老蜘蛛一半大的年輕狼蛛。牠們的洞穴有一根小指那麼粗，井口周圍散布著一些新鮮的泥土，顯然是最近剛挖出來的。

關在紗罩裡的這些狼蛛會有什麼樣的行為方式，完全取決於我是否已經為牠們挖好了洞穴。說洞穴有點太誇張，我給牠們提供的，只是一口剛開始挖的井，只有一法寸深。有了這個基礎，狼蛛便毫不遲疑地繼續牠剛才在田間被我打斷的工作。夜間，牠們頑強地挖掘。這是從一大堆拋出來的泥土看出來的。最後，牠們得到了一個合意的新家，上面照例聳立著一個堡壘。

而另一些則相反，因為我沒有用鉛筆做模子，按照自然洞穴的特點造一個垂直的洞穴，牠們堅決拒絕工作。儘管有豐富的糧物，牠們還是死了。

前者繼續適時的工作，我抓住牠們時牠們正在挖掘，並且根據牠們的活動進度，繼續在我的實驗容器裡挖掘。牠被那個剛開始挖的井所朦騙，沿著那個鉛筆印深挖下去，還以為是把自己原來的那個門廳給挖深了。牠們不是從頭開始挖掘工作，而是在繼續剛才中斷的工作。

後者沒有這個圈套，沒有可以被當成類似自己作品的洞穴，於是便拒絕挖掘，並且讓自己死去；因為牠得倒退到前面的一系列程序，要重新用鎬頭挖。重新開始需要思考力，而這是牠們所不具備的能力。

對昆蟲來說，做完的事就完了，絕不會再重複，我們已經在許多情況下發現了這一特點。手錶的指針不能倒轉，昆蟲的行為方式也幾乎相同。牠的行為牽著牠朝一個方向走，總是向前而不允許倒退，縱使因為發生意外而需要返回工作也不行。

這一點，從前石蜂和其他昆蟲就已告訴過我們了，現在狼蛛又以其方式證明之。第一個家被毀了以後，由於無法再重建第二個家，牠將流浪，闖入某個鄰居的家；如果牠不夠強大，就有被吃掉的危險；即使如此，牠還是不準備重新建一個家。

昆蟲的思維真是特別啊！牠既帶有機械似的刻板，又帶有人腦的靈活。牠們到底有沒有清晰的規劃能力和達到目的的願望呢？繼眾多的昆蟲之後，狼蛛使我們對這一點產生了懷疑。

第二章
拿魯波狼蛛的家庭

　　狼蛛拖著那個吊在紡絲器上的卵囊，長達三週之多。請諸位回想一下前一冊裡講述過的實驗，特別是狼蛛把軟木球和線團當成自己的小球，愚蠢地接納下來的事實。然而，這位如此遲鈍、對任何跟在腳後跟的東西都滿意的母親，牠的盡忠職守將會讓我們驚嘆不已。

　　不管是從井底上來趴在井邊曬太陽，還是有危險時突然回到地下，或者是安家前漂流四方，對於那個給行走、攀登和跳躍帶來許多麻煩的寶貝袋子，狼蛛都寸步不離。若遇到意外而使卵囊脫落，牠會非常驚慌地撲向那個寶物，憐愛地將它緊緊抱住，並準備去咬任何一個想奪走它的強盜。有時我自己就是那強盜，因此就會聽見牠的毒牙尖與我的金屬鑷子磨擦，發出尖銳刺耳的聲音；我的鑷子往一邊拉，狼蛛則

向另一邊拉。不過我們還是讓這隻動物安寧點吧。狼蛛用紡絲器輕觸一下，那卵囊小球就復位了。狼蛛迅速地跑開，不過卻始終擺著一副威脅的架勢。

夏末，所有已定居的狼蛛——不論老少，或是被囚禁在窗臺上，還是自由地住在荒石園的小徑上的，每天都能讓我見到這種讓人受益匪淺的情景。早晨，陽光開始發熱，照在洞穴上，這時隱居者們便攜著牠們的袋子，從洞底爬上來待在洞口。在爽朗的秋季裡，在城堡門口的太陽下睡個長長的午覺，已成了牠們的習慣，但是現在的姿勢卻與從前不同了。

以前狼蛛曬太陽是為了自己，那時牠是趴在堡壘上，上半身伸出井口，下半身在井裡，眼睛飽受陽光照射，大肚子卻在暗處。攜帶卵囊的蜘蛛卻相反，變成上半身在井裡，下半身在上面。牠用後腳支撐那個裝滿生命種子的白色小球，保持在洞口外，並輕輕地轉動小球，讓每一面都能照到帶來生氣的陽光。只要氣溫高，這種姿勢能維持半天。這種耐心十足的日光浴，會在三、四週內反覆進行。為了孵化蛋，鳥類以羽毛豐厚的胸口孵蛋，把蛋偎在溫暖的心口上。狼蛛則是在洞穴門前翻曬牠的卵，以陽光做為孵化器。九月初，封閉了一段時間的卵已然成熟，即將出殼，小球中間的接縫處裂開了一條縫。我在前一冊已經介紹過這條接縫的來歷。是不是母親察覺到孩子在

緞套子裡焦躁不安，及時地打開了小球呢？有這種可能。但也可能像我們稍後會看到的彩帶圓網蛛的氣球一樣，那個堅韌袋子在母親死後很久才自動裂開。

一窩小狼蛛一下子全從袋子裡冒了出來，並立刻爬到母親背上，至於那個空無一物、毫無價值的破袋子，則被扔出了洞穴，狼蛛不再去注意它。小狼蛛密密麻麻地擠在一起，依數量的不同，有時疊成兩、三層，把雌狼蛛的背脊全覆蓋起來了。雌狼蛛在七個月的時間裡，將日日夜夜馱著牠的孩子們。看到狼蛛馱著孩子的家庭景象，真是再感人不過了。

我不時會在大路上，見到一群波西米亞人到附近的集市去趕集。新生兒在母親胸前用手帕做成的吊床裡啼哭，剛斷奶的孩子跨在母親的肩上，還有一個孩子抓住母親的襯裙慢慢走著，其餘的緊跟在後面，押後的老大在茂密的老樹籬間東張西望，真是個無憂無慮的大家庭。陽光溫暖，土地肥沃，他們雖然身無分文卻很快活，就這樣地走啊走的。

但是，這畫面和狼蛛那有數以百計成員的大家庭相比，波西米亞家庭就顯得遜色了！狼蛛所有的孩子們，從九月到次年四月，片刻不離地待在耐心的母親背上，在那裡愉快地生活，讓母親馱著走。

　　而且，這些小傢伙很乖，誰也不亂動，不和鄰居吵架，牠們互相交錯構成了一塊完整的帷幔——一件粗布褂，在下面的母親已面目全非了。這到底是一隻動物、一個毛團，還是附著在上面的一批種子？乍看之下並不容易分辨。

　　這條蓋在背上由活物鋪成的毯子，還沒平穩到能夠常固定在背上，尤其是在母親從洞穴裡爬到洞口，給孩子曬太陽的時候，只要稍稍擦到一點牆壁，有些孩子就會栽跟頭。不過，事故並沒有引起嚴重的後果。擔心小雞的母雞會去尋找迷路的小雞，呼喚牠們，把牠們召集在一起。雌狼蛛可沒有一般母親們常有的那種擔憂，牠無動於衷，讓那些栽下來的孩子自己爬起來，非常迅速地爬回牠的背上。再說，這些孩子的確會一聲不吭，自己爬起來撣撣灰塵，再騎上去。跌落的孩子立刻抓住母親那常被當做爬桿的腳，以最快的速度向上攀，回到母親的背脊上。頃刻，那條由小狼蛛組成的蓋毯又恢復了原狀。

　　在這裡談母愛，我覺得似乎是奢談。狼蛛對自己孩子的體貼跟植物差不多，植物不懂什麼情感，但是對自己的種子卻關懷備至。大抵來說，動物沒有對下一代的關愛之情。而對狼蛛來說，牠的孩子也沒特別的重要性，牠對別人的跟自己的孩子都一視同仁；只要有一大群孩子騎在背上牠就滿足了，管牠是自己的還是別人的呢。這裡談不上什麼真正的母愛。

　　我在別處已談到過蜣螂的英勇行為，牠守護著並非自己的建築，裡面也沒有自己孩子的巢。[1]蛇以一種難以削減的熱情，去擦拭別人蛋殼上的黴點，那些蛋的數量遠遠超過了平常一窩蛋的正常數量。牠輕輕地擦拭著蛋殼，把它們擦亮，挽救它們，用耳朵仔細地為它們聽診，了解胚胎的生長情況。牠自己的蛋恐怕也不會得到比這更好的照顧。自己的孩子還是別人的孩子，對牠來說都是同一回事。

　　狼蛛也同樣無所謂。我用畫筆去掃一隻狼蛛背上的孩子，讓牠們跌落在另一隻背上布滿了小狼蛛的雌狼蛛身邊。那些摔下去的小狼蛛小跑幾步，抓住另一位母親的腳，快速攀登上那位友善的母親的背脊。那位仁慈的母親平靜地讓牠們爬上來，這些小狼蛛就插進了其他孩子中，或者當背脊上堆得太厚時，牠們就往前爬，從那位母親的腹部爬到前胸，甚至爬到頭上，使頭部只露出兩隻眼睛。儘管牠們擠得密密麻麻，為了確保眾蛛的安全，不能把搬運工弄成獨眼龍，這一點牠們還是懂的，因此不敢損害那豆粒似的眼睛。那隻雌狼蛛除了步足得保行動自由，還有身體下面怕磨到地面而沒被蓋住外，身體的其他部位都蓋上了小狼蛛組成的毯子。

---

[1] 蜣螂的行為見《法布爾昆蟲記全集5──螳螂的愛情》第七章。──編注

　　在已經超載的情況下，我的畫筆又把第三隻狼蛛的孩子強加給牠，這群孩子也平平安安地被接受了。現在更擠了，牠們層層疊疊地堆起來，大家都找到了位置。雌狼蛛已經面目全非，看不出是什麼了，只看得到是一隻帶刺的東西在行走，還不時有孩子從上面掉下來，又不斷地爬上去。

　　我發現這已經達到了保持平衡的極限，卻還不到搬運工誠意的極限。如果背上還有地方可以讓孩子坐穩，牠還會不斷接納所遇到的孩子。就此罷手吧。我把隨意取來的那些孩子還給各自的母親，當然免不了會有換錯孩子的情況，但這並不要緊，在狼蛛眼裡，親生子和養子是一樣的。

　　我想知道假如不靠人工，在我不插手的情況下，那位心胸寬厚的母親是否有時也會額外照顧別家的孩子。我還一心想知道，這個合法者和外來者的聯盟將會如何發展。對以上這兩個問題的答案，我是再滿意不過了。

　　我在同一個罩子裡放了兩隻背上馱著孩子的老狼蛛。只要牠們共同占有的罐子夠寬敞，兩家都會盡量讓彼此隔得遠遠的。可是，牠們之間的距離只有一拃，或更遠一些。這是不夠的，相互毗鄰馬上引起了排斥異者的可怕嫉妒心。牠們必須分開居住，以保證自己有足夠的捕獵區。

　　一天早晨，我剛好碰上這兩隻鄰居在地面上爭吵，戰敗者
仰面朝天躺著，戰勝者用肚子頂著對手的肚子，用腳抱住對
方，使牠動彈不得。雙方都張開了毒牙，作勢要咬卻還不敢眞
咬，因爲彼此都很害怕對方。雙方相互威脅，僵持了好一陣子
之後，那隻占據上位、較強的狼蛛，闔上牠的死亡裝置，咬碎
了躺在地上的那隻狼蛛的頭，然後慢條斯理、小口小口地吸食
著那具屍體。

　　現在母親被吃掉了，孩子怎麼辦？沒想到，牠們很容易安
撫，並不在意那可怕的一幕，牠們爬到勝利者的背上，平靜地
在那裡安頓下來，和那些合法的孩子混在一起。惡魔對此並不
反對，把牠們當做自己的孩子留了下來。惡魔吃掉了母親，卻
收容了孤兒。

　　這裡需要補充的是，在長達數月的時間裡，直到最後孩子
們獨立，雌狼蛛都將收養的孤兒們視如己出。自此之後，如此
戲劇性結合起來的兩個家庭就成了一家。但我覺得，在這裡用
母愛和溫柔這些字眼，似乎還是有些牽強。

　　狼蛛至少總該餵養在牠背上群集了七個月的孩子吧？當牠
捕捉到獵物時，是否請牠們用餐呢？一開始我相信是的，並且
想親眼看看牠們的家庭聚餐。我特別注意觀察正在用餐的那些

母親，牠們通常在洞穴裡用餐，避開了監視，但有時也會在露天的家門口。再說，在金屬紗罩下餵養狼蛛和牠的一家子，也是件容易的事，那些囚徒根本不打算利用罐子裡的土挖一口井，現在已經不是挖井的季節了，於是一切都在暴露的狀態下進行。

當母親把食物嚼了又嚼，搾乾汁水，吞嚥下去的時候，那些孩子沒有離開背上的營地，沒有一個離開自己的位置，也沒有一個流露出想下去分享便餐的表情。母親根本沒有邀請牠們來吃東西，也沒有特地為牠們留一些下來。自己吃得飽飽的，孩子們卻只有看的份，或者根本是漠不關心。雌狼蛛大吃大喝的時候，孩子們能如此平靜，這表明牠們的胃不需要食物。

在母親背上養育的七個月時間裡，牠們靠什麼維生呢？一般會以為牠們靠吸食母體所分泌的物質，就像寄生蟲那樣吸取寄主身上的營養，漸漸地將牠搾乾。

放棄這種想法吧。我從沒看見牠們把口器靠在理應被視做乳房的母親皮膚上，而且，母狼蛛也沒有被搾乾和衰弱的跡象，牠仍保持著非常豐滿的體態。養育期過後，牠和以往一樣大腹便便，非但沒瘦反而胖了，並為下一次生育吸足了營養。來年的夏天，牠又將生下這麼一大群孩子。

　　但我們還是要問，小狼蛛靠什麼來維持生命？應該不是來自於卵的營養儲備，這種特別的物質，理應是節省來用於未來生產絲──這種有大用途且極其重要的物質。如此說來，在這微小動物的活動中，應該是其他物質在起作用。

　　如果小狼蛛呆滯不動，那麼牠們完全節制飲食的現象或許能夠理解，因為靜止就不是生物。但是，儘管小狼蛛習於安靜地待在母親背上，卻動個不停，且攀登迅速。牠們一旦摔下來，能很快地爬起，馬上沿著母親的一隻腳重新爬上去。這顯示出牠們非常敏捷和活躍。

　　由於一歸回原位就得保持整體的穩定平衡，牠們始終必須伸出肢體與鄰居的肢體勾在一起。實際上，完全的靜止對牠們來說根本不存在。

　　然而，生理學告訴我們：任何纖維活動都需要消耗能量，在很大的程度上，動物也像工廠裡的機器一樣，一方面要恢復消耗掉的體力，另一方面要維持可以轉化為動力的熱量。

　　我們或許可以把動物比做火車頭，在工作中，這頭鋼鐵動物的活塞、傳動桿、車輪和煙管都受到不同程度的磨損，所以需要時時讓它保持良好狀態。鑄工和鍛工幫它修復，並經由某

種方式提供能融入整體、成為其中一部分的「可塑性物質」。

　　但是即使它剛從製造廠出來，也還是沒有活動力，為了使它能夠運轉，得靠司爐為它提供產生能量的燃料，亦即往它的火箱裡添幾鏟煤，使它燃燒。煤燃燒產生熱量，進而帶動機器運轉。

　　動物也一樣，就像巧婦難為無米之炊一樣，卵首先提供孕育新生兒的物質，然後是可塑性物質──這生物鑄造工使生物體成長到一定的程度，當牠有所磨損就得幫牠修復。與此同時，司爐不停地工作。燃料這種能源在身體中只是暫時停留，它在內部被燒光釋放出熱量，並由熱量轉化為動力。生命是一座鍋爐。動物機器靠燃燒食物來發熱，從而能夠活動、前進、衝刺、跳躍、游泳、飛翔；以無數種方法使運輸工具運行。

　　我們回過來看看小狼蛛吧。從出生直到脫離監護這段時間，牠們根本沒長大。我見到小狼蛛出生七個月後，還和剛出生時一樣大。卵提供了構成肌肉和骨骼的必要物質，此時，由於物質損耗極少，甚至是零，只要小動物不長大，額外的可塑性物質就沒有用處。在這種情況下，持續的節制飲食並不困難。但是牠們仍需要能轉化成能量的食物，因為必要時狼蛛還是得運動，而且還很活躍。那麼當動物絲毫未進食時，能轉化

為動力的熱能從何而來呢？

　　一個疑問由此衍生。人們認為，無生命的機器不只是物質而已，因為已經有一部分生命本質注入機器之中。因此，消耗煤的鋼鐵動物，其實就相當於在啃食那種積蓄著太陽能的古老喬木狀蕨類。

　　由血肉和骨骼組成的動物也不例外。牠們相互吞噬，或者從植物身上提取養分。總是藉儲存於草、水果、種子和其他食物中的太陽能來激發活力。太陽——世界的生命，是至高無上的能量給予者。

　　太陽能是否能像乾電池強行給蓄電池充電那樣，直接進入動物體內，使動物充滿活力，而不必讓動物藉由骯髒、曲折的腸道，對食物這種仲介物質進行加工來獲得能量呢？我們吃葡萄和其他水果，追根究底是為了獲得太陽能，那我們何不靠太陽能來維持生命呢？化學，這個大膽的革命使我們可以合成食物，農場將被工廠代替。為什麼物理不也來參與呢？它將可塑性物質扔進轉爐加工，從而得到含能量食物，這種食物已不再是有形物質，而是一種純粹的還原物。物理學借助精巧的儀器為我們輸入太陽能，補充在運動中消耗的能量。屆時，生命機器是否就不需要像往昔那樣，艱難地依靠腸胃和附屬構造的幫

助來獲得養分呢？啊！一個「人們可以把陽光當飯吃的世界」該是多麼奇妙！

這是夢想，還是對遙遠未來的預測？對此問題的可能性進行論證，是科學家研究的最高深課題之一，現在，我們還是先聽聽小狼蛛的證詞吧。

在七個月裡，牠們沒有吃任何食物，而且還在運動中消耗能量。為了恢復肌肉的能力，牠直接靠光和熱來恢復體力，當卵囊還掛在母親腹部末端時，母親就在白天太陽最好的時候，把卵囊放在太陽下曬。牠用兩隻後腳把小球托出洞口，使它充分獲得日曬，並輕輕地把小球翻來翻去，以使每一面都得到帶來活力的陽光。這喚醒了生命萌芽的日光浴，現在仍繼續在維持稚嫩的新生兒的活力。

只要天氣晴朗，雌狼蛛每天都背著孩子從洞穴上來，趴在洞口邊，曬好幾個小時。小狼蛛在母親的背上打呵欠伸懶腰，得到了足夠的熱量，儲存了動力，充滿了活力。

牠們待著不動，但只要我對著牠們吹氣，牠們就會站立不穩直打哆嗦，好像一陣狂風刮過似的，牠們迅速散開，又迅速聚攏。這證明了在不得已的情況下，即使沒有營養物質，這部

小小的動物機器還是能夠運轉。直到天色暗了，母親才帶著飽吸陽光的孩子回到洞穴裡，陽光餐廳的能量宴席今天就到此為止了。即使是冬天，只要天氣好，牠們也會每天出來，直到小狼蛛脫離監護，自己開始進食為止。

第三章
拿魯波狼蛛攀高的本能

三月過去了，在一個太陽高照的晴朗晌午，小狼蛛們開始出發了。背著孩子的雌狼蛛從洞穴裡出來，蹲在洞口的護井欄上，好像對眼前發生的事無動於衷，聽其自然，既不鼓勵孩子們走，也不挽留，想走的就走，想留下的就留下。

當小狼蛛厭倦了陽光時，就會一組一組地離開母親，現在一批，待會兒又一批。牠們在地上疾走一陣，就來到了網紗上，以一種特別的熱情攀登著。牠們穿過網眼，爬到圓頂上。並且無一例外地待在高處，而不是在地上走動。小狼蛛全往圓網罩頂上爬，我真想不出這種奇怪的做法有什麼意義。

還是罩子頂上那個垂直的環提醒了我，小狼蛛都往那裡跑，牠們一定認為那是健身房的橫架。牠們在圓環上對拉了幾

條絲線，又從圓環向周圍的網紗上拉了幾條絲。牠們在這些索橋上練習走鋼絲，沒完沒了地走過來、走過去，細巧的小腳不時地張開伸出去，像是為了搆到更遠的地方。我終於想到，這些雜技演員可能希望到達比那個圓頂更高的高度。

我把一根樹枝架在網罩上，高度比原先增加了一倍。閒晃的一群小狼蛛急忙向上爬去，抵達樹枝的最高點，在那裡拉了幾根懸絲，絲的另一端繫在周圍的物體上，形成了幾座吊橋。那些小傢伙們迫不及待地上了吊橋，在上面不停地走來走去，似乎還想爬得更高些。好吧，我會讓你們如願的。

我把一根三公尺長的蘆竹接在細樹枝上。這根長竿聳立在罩子上，小狼蛛們往上爬去，一直爬到頂端。更長的絲從那裡拉下來，有的盪在半空中，有的另一頭繫在周圍的支撐物上，變成了橋。走鋼絲演員站在橋上，形成了一個花環，微風吹來使花環緩緩地晃動。在缺乏光線照出絲線時，看上去就像是一行小飛蟲在跳空中芭蕾。

突然，流動的空氣把固定在頂上的絲扯斷了，絲在空中飛舞，現在，移民們吊在絲線上出發了。如果順風，牠們會在很遠的地方著陸。在一、兩週內，根據氣溫和日照的變化，牠們組成大小不等的小組陸續出發。如果遇上陰天，誰也不想走，

啓程的小狼蛛需要得到賦予牠生機和活力的陽光的撫慰。

　　最後，全部的孩子都被索道車帶走，消失無蹤了。母親孤身一人，孩子們的離去似乎並未引起牠的傷感。牠依然色澤光亮，體態豐滿。這顯示著對牠而言，做個母親並未體驗到太多的辛勞。

　　我還發現牠捕獵的熱情更高了，背著孩子時，牠真是特別節儉。也許是因為寒冷的季節不易得到豐盛的食物，也有可能是背著孩子妨礙了牠行動，使牠攻擊獵物時更加謹慎。

　　如今，天氣晴朗加上行動自由，使牠恢復了活力，每當我在洞口讓牠喜歡的獵物發出響聲時，牠都會從洞底爬上來，從我的手上叼走美味的蝗蟲。只要我有空照顧牠，同樣的情景每天都會出現；經過多天的省吃儉用之後，大擺豐盛宴席的時候到了。

　　狼蛛的極佳胃口顯示牠的大限未到，如果食慾減退，牠就不會大吃大喝了。我的寄宿者充滿活力地進入了第四個年頭。冬天，我見到過一些帶著孩子的大個子母親，以及另外一些個頭小一倍的母親，牠們是一家三代。

孩子們離開後，在罐子裡的老母親還活著，牠和以前一樣健壯。一切跡象表明，雖然牠們已經當了曾祖母，但還保持著生育能力。

事實印證了這種推測。秋季又到了，我的那些囚犯們，又拖著那個跟去年一樣大的袋子。雌狼蛛每天會到洞口來曬小球，即使別的狼蛛的卵已經孵化幾週了，牠們的堅持還是持續了很久。但是牠們不懈的努力並未奏效，沒有小生命從綢袋裡出來，裡面沒有任何動靜。為什麼？

因為，囚禁在罩子裡的那些卵沒有父親。狼蛛厭倦了等待，並且明白了這些卵是不能孵化的，於是牠們把卵囊推出洞外，再也不管了。春回大地時，老狼蛛死了。牠那些孩子如果出生的話，這時應該已經長大，獨立生活了。比起鄰居聖甲蟲來，咖里哥宇矮灌木叢中的狼蛛已經夠幸福了，牠們體驗了長壽的滋味，至少活了五年。

讓那些母親們去忙自己的事吧，我們回頭談談孩子們這邊的情況。看到剛獲自由的小狼蛛急急忙忙往高處爬，不禁令人感到幾分驚奇。注定要生活在地面上的矮草叢裡，然後長久定居在其井裡的狼蛛，現在卻開始熱中於雜技了。在進入牠們慣常居住的低窪地之前，牠們需要高地。

蹬得高一些，再高一些，是牠們的第一需要。看來我提供的三公尺竿子，相當粗糙便於攀登，但尚未達到牠們攀登本能所制定的極限高度。到達頂端的攀登者們用腳比比劃劃，試探著高度，好像是為了抓住更高的細枝。實驗應該在更佳的條件下重新開始。

就暫時性的爬高癖好而言，拿魯波狼蛛是所有蜘蛛當中最讓人感興趣的，因為牠們習慣居住在地下。然而就小蜘蛛分離時的景象而言，狼蛛卻沒有什麼特別的驚人之處，因為小狼蛛並非全體同時遷移，而是在不同時間結成不同小組離開母親

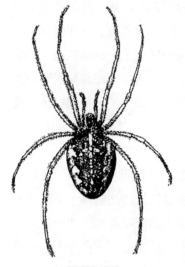

冠冕圓網蛛

的。冠冕圓網蛛分離時的景象則更為壯觀。

冠冕圓網蛛的背上鑲嵌著三個白色的十字圖案，在十一月初產卵，初寒時死亡，狼蛛的長壽與牠無緣。初春時牠從卵囊裡孵化出來，從來活不到下一個春季。牠的卵囊絲毫不像我們欣賞過的彩帶圓網蛛和圓網絲蛛的那樣精巧。它既不是優美的氣球形狀——或者說是

基座爲星形的拋物面，也沒有用柔韌性強、不透水的絲綢布料
所做的外套；既沒有狀似一片紅色煙霧的羽絨被，中間也沒有
一個蓄卵的小桶，結實的布料和多層外套的藝術均未被採用。

　　冠冕圓網蛛的作品是一個白色的小絲球，編織得很稀鬆，
新生蛛得以毫不費力地鑽出來，而無需母親幫助，因爲那時母
親早已經死了；至於讓小球及時開裂的特殊方法牠們也不需
要。牠的卵囊幾乎和普通的李子乾一般大。

　　從袋子的結構就可判斷出冠冕圓網蛛的製袋方法。正如前
一章裡我所介紹的，和在大罐子裡編織的狼蛛一樣，冠冕圓網
蛛靠拉在周圍物體上的幾根絲支撐，先織一個淺淺的厚茶杯
托，以後就不必修改了。操作方法可想而知，織工的腹部末端
有節奏地晃動，上上下下，上上下下，緩緩地移動。每次紡絲
器都要把一根絲黏在織好的莫列頓呢上。

　　茶杯托達到適當的厚度之後，排卵者一次就把卵巢排空。
卵被安置在那個托盤中間，溼答答地黏在一起。卵呈漂亮的橘
黃色，黏在一起形成了球體。紡絲器又繼續工作了，卵球上戴
了一頂帽子，外觀與下面的底托一樣。兩個半球體的織物完滿
地合在一起，形成一個球體。

擅長用防水布的彩帶圓網蛛和圓網絲蛛，把牠們產的卵放在毫無遮掩的高處荊棘上，厚厚的袋子足以保護卵免受冬天的嚴寒，尤其是雨水的侵襲。而對於套著一層無防水功能的呢子外套的冠冕圓網蛛的巢來說，則需要一個隱蔽處。冠冕圓網蛛有時會到碎石堆裡，選一些大一點的石頭來做屋頂，把牠的小球和冬眠的蝸牛一塊兒放在下面。

更多的時候，牠寧可選擇冬季不落葉、樹葉茂密、高一拃的矮荊棘叢。在沒有更佳選擇下，一塊草皮也可以滿足牠的要求。不管用什麼做隱蔽所，卵囊總是被放在靠近地面的地方，並且盡可能地隱藏在細樹枝中間。冠冕圓網蛛所使用的場所，除了用大石頭做屋頂外，都不太符合衛生要求。冠冕圓網蛛似乎也意識到了這一點。為了補救，即使是在石頭下，牠也不會忘記在卵囊上蓋一層茅草。把一束束很細、乾枯的禾本科植物黏上一些絲，就建成了庇護所，卵的寄居處就成了一間茅屋。

我有幸在荒石園外、小徑旁的一簇簇薰衣草下，得到了兩個冠冕圓網蛛的巢。這正是我計劃要做的事。這個發現，剛好也有助於我對冠冕圓網蛛即將到來的遷徙期進行研究。

兩根高約五公尺的竹竿準備妥當，從上到下都纏著細細的荊棘束。一根豎在薰衣草叢中，緊挨著第一個蛛巢，我把周圍

的草除掉一些；周圍茂密的植物可能會利用被風帶來的絲，使遷徙者偏離我為牠們準備好的路線。我把另一根竹竿豎在院子中間，完全是孤立的，離周圍的物體有幾步遠。裹著薰衣草的第二個冠冕圓網蛛的巢，被原封不動地固定在纏著荊棘的高竿底部。

期待的事情不久發生，五月中旬前後，被賜予攀登竿的兩窩冠冕圓網蛛的卵，先後破殼而出，從袋子中鑽出。鑽出的過程不值一提，只需穿過由很稀的網結成的外套。尾部帶有黑色三角形斑的橘黃色小昆蟲，還很虛弱，但只消一上午，小蜘蛛全都鑽出來了。獲得自由的小傢伙們，漸漸都爬到了周圍的小樹枝上，牠們在上面拉了幾根絲，很快湊成一堆，擠在一起，形成一個核桃大的球形。牠們在那裡一動也不動，腦袋聚在一起，後半身露在外面，靜靜地打著瞌睡。在太陽的撫愛下，逐漸成熟起來。牠們的肚子裡有的是萬能的絲，正準備分散到廣闊的大地上去。

用一根草稈敲一下，就會引起聚成團的蜘蛛不安，牠們即刻醒過來，圓團慢慢地膨脹、擴散開，就像受到離心力的影響，變成了一個透明的軌道包圍面，成千上萬隻小腳在那裡亂動，絲線繃在軌道上。全體蜘蛛共同努力織出一張纖細的網，裹住了散開的小蜘蛛。這是一種朦朧之美，在乳白色的帷幔

上，微小的昆蟲像橘黃色的星星一閃一閃。散開的狀態雖然要保持長達幾小時，但仍是暫時的；當天氣變涼，大雨將至時，小蜘蛛立刻又會恢復成球形。這是一種保護的方法，陣雨後的第二天，我發現兩根竹竿上的兩窩小蜘蛛，和前一天的狀態一樣良好，因為有那張網，再加上牠們聚做一團，才安然躲過了雨淋。在田間遭遇暴雨的羊也同樣會聚攏，互相緊挨在一塊，用牠們的背脊共同組成屏障。

在陽光和煦而寧靜的日子裡，經過一上午的疲勞之後，牠們也照常會聚做一團。下午，攀登者聚集在更高處，以一根細樹枝為頂點，在那裡織一頂圓錐形的帳篷，牠們抱成一團在帳篷裡過夜。第二天，天又熱起來的時候，小蜘蛛又繼續排著像一串串念珠似的長隊，沿著探險者已經拉好的繩索開始攀登。

每天晚上小蜘蛛們都聚成一團，躲在一頂新帳篷下。早晨，太陽剛出來還不太熱時，兩根竹竿上的小移民又一層一層地往上攀登。三、四天後，牠們到達了五公尺高的頂點，由於沒有支撐物，攀登便停止了。

在一般情況下，攀登應該更快些，因為小冠冕圓網蛛可以利用灌木荊棘；在荊棘叢中，四周都有支撐點來支撐在風中波動的絲線。有了凌空架起的索橋，分散就更容易了。每個移民

按自己的時間出發，選擇適合自己的時間去旅行。

我採用的人工方法稍微改變了一些條件，那兩根帶荊棘的竿子，特別是插在院子中央的那一根，遠離了周圍的灌木。這樣是無法架橋的，因為拋向空中的絲不夠長。而雜技演員們急於離開，因此總是向上攀，從不肯下來，牠們被竿子牽引到更高的一站，尋找在下面一段沒能找到的出路。這兩根竹竿的頂端，也許並不是虔誠的攀登者所能達到的極限。

我們等一下再來看看，牠們為什麼會有登高的癖好，這種本能在那些利用普通荊棘來牽絲的圓網蛛身上，已經表現得很突出。但是在那些從不離開地面，而一旦離開母親的背脊，就立刻變得像圓網蛛一樣熱中於登高的狼蛛那裡，則有更為特別的表現。

我們特別來觀察一下狼蛛。到了該遷徙的時候，牠身上突然會顯現一種本能，但幾小時後又倏地消失，不可逆轉。成年狼蛛所喪失的登高本能，也很快就會被那些剛獨立的小狼蛛忘卻。牠們無家可歸，注定要長期在地上流浪。

不管是成年狼蛛還是年輕狼蛛，都不會毫無顧忌地爬到禾本科植物的頂上。成年狼蛛潛伏捕獵，埋伏在塔樓裡；年輕狼

蛛在稀疏的草地上圍獵。兩種情形都不需要織網，因此根本不需要高高的黏接點。離開地面爬到高處，對牠們來說是禁忌。

然而，當小狼蛛想離開母親的城堡，以輕鬆快捷的方式到遠方旅行時，就突然熱中於登高了。牠們狂熱地爬到出生地的紗罩上，匆匆忙忙地爬到我為牠們準備的竿子頂端。牠們也爬到咖里哥宇矮灌木叢的荊棘頂上。

這隱約可以看出牠們的目的，因為在高處可以看見下面遼闊的空間，可以讓隨風飄搖的絲線帶著自己飄盪。我們人類有氣球，狼蛛也有牠們的飛行工具。一旦旅行結束，這種絕技也就隨之喪失。登高的本能會在需要時突然出現，也會在用不著時突然消失。

第四章

蜘蛛的遷徙

植物種子一旦成熟，就會傳播出去，也就是會撒在泥土表面，在土地上發芽，在適合它生長的廣闊大地上繁殖。

路邊的瓦礫堆裡長出了一株葫蘆科植物，學名叫「彈性噴瓜」，俗稱「驢瓜」，是一種小圓瓜。它的果實味道非常苦澀，有椰棗那麼大，成熟時中間的果肉融化成液體，裡面有種子在游動。富彈性的果壁收縮時，裡面的液體被擠到肉柄底部，然後慢慢倒流回來，被一個塞子似的東西擋住。當塞子脫落，出口暢通無阻時，種子和果肉便會突然從出口噴出來。沒有經驗的人去搖動那被烈日烤黃的噴瓜植株時，一定會為葉叢裡發出的響聲，以及臉上遭噴瓜機槍式的掃射，弄得不知所措。

花園裡的鳳仙花果實熟透的時候，只要有人碰一下，就會迸裂成五個捲曲的瓣，裡面的種子隨之噴得老遠。人們給鳳仙花取的植物學名稱叫「急性子」，就是影射這種蒴果突然爆裂的現象，它無法忍受觸摸而不爆裂。

在潮濕林蔭下，生長著另一種和鳳仙花同屬一科的植物，由於它具有同樣的特點，因而有個更名副其實的名稱——「鳳仙花別碰我」。

蝴蝶花的蒴果裂開呈三瓣，中間凹陷成吊籃形，裡面排列著兩行種子，由於蒸發作用，果瓣的邊緣捲曲起來，擠壓了種子，將種子擠出來。

有些很輕的種子，特別是蒲公英之類的菊科類種子，具有浮空器、冠毛、翼以及羽狀冠毛，這些器官使它能飄在空中，甚至旅行至遠方。因此，只要輕輕吹一下，蒲公英的種子就會像羽毛似地飄起，從乾花托上飛走，緩緩地在空氣中飄動。

除了羽狀花冠之外，翼是最適合靠風傳播的器官。借助那些狀似薄鱗片的膜狀邊緣，黃色紫羅蘭的種子能飄到建築物的簷口上，飛到無法伸入的岩石縫和老牆的牆縫裡。只要先前長過苔蘚的地方留下一點點土，它們就會在裡面發芽。

65

　　榆樹的翅果由一個大而輕的翼構成，中間鑲著種子；槭樹的翼果兩個兩個連在一起，看起來像鳥的展翼；白蠟樹的翼果像槳葉，要有暴風雨襲捲，才能完成最遙遠的遷徙。

　　不過，昆蟲有時也像植物一樣有旅行工具，能夠使大家庭迅速分散到鄉間，好讓每個成員各自擁有地盤，鄰里間互不干擾。牠們的工具和方法可以媲美榆樹的翅果、蒲公英的羽毛、驢瓜的彈射器。

　　我們特地來觀察圓網蛛這種了不起的蜘蛛。為了捕捉獵物，圓網蛛在兩棵灌木間垂直地拉開大網，使人聯想起捕鳥者用的網。在我居住的地區，最有名的是彩帶圓網蛛。牠身上有非常漂亮的黃、黑、銀白相間的橫紋，牠那精美無比的巢是個緞做的袋子，形狀像個小巧的梨，袋子的頸部頂端是個凹陷的出口，嵌入出口的封蓋也是絲綢做的，一些棕色的飾帶像任意分布的經線，錯落地鑲在袋子的兩端之間。

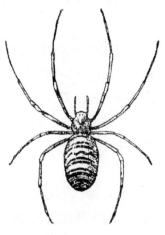

彩帶圓網蛛（放大1¼倍）

　　打開這個巢，能看見什麼呢？我們在前一冊裡已經知道了，現在再重述一遍。在那個結實如布且防水性極佳的外套裡，有一條極精緻的棕紅色羽絨被，一團煙霧似的絲團。母親為孩子準備了如此柔軟的小床，恐怕世上再難找到這樣的關懷。在柔軟的絲團中間，吊著一個頂針形狀的小卵囊，上面蓋著活動蓋。囊袋裡裝著漂亮的橘黃色卵，大約有五百粒。

　　整體來看，這個優美的建築難道不是一個動物果實，一個種子盒，一個類似植物蒴果的卵囊嗎？只不過圓網蛛的囊袋裡，裝的不是種子，而是卵。但是這種差別主要表現在外觀上，並不在實質意義上，卵和種子是同一回事。

　　這顆蟬所嗜食的動物果實，被太陽曬熟後是怎樣裂開，尤其是如何進行播種的呢？卵囊裡的幾百粒卵，理應分散開來到遠方去，各自獨占一塊地盤，那樣就不必太過擔心鄰里間的競爭了。但是這些脆弱的傢伙跑得很慢，牠們是採取何種方法遷徙到遠方的呢？

　　我從另一種比較早熟的圓網蛛那裡，得到第一個問題的答案。五月，我在荒石園裡一棵絲蘭上，發現了圓網蛛的幼蛛。這棵植物去年已開過花，那已完全乾枯的花莖依然長在那裡。花莖高一公尺多，多枝杈，劍形的綠葉上爬滿了剛孵化出來的

兩窩小圓網蛛。暗黃色的小傢伙尾部帶有一個三角形的黑色斑點，今後牠們背上那三個白色十字圖案，將昭示這些小傢伙是冠冕圓網蛛的孩子，而不是彩帶圓網蛛的孩子。

太陽照到荒石園中這塊地方時，兩群小圓網蛛中有一群非常激動，好動的雜技演員小蜘蛛一隻一隻爬上花莖頂端。牠們在上面走了一下又折回來，一片喧鬧和混亂，因為此時吹來了微風，打亂了這群小蜘蛛的活動。我看不清牠們後來的動作了，牠們陸陸續續地從花莖上出發，猛然一躍，可以說是飛了起來，好像長著翅膀的小飛蟲。

小蜘蛛很快從我的視野中消失了，我完全看不出這種奇怪的飛行是怎麼回事，因為在喧鬧的露天環境下，無法進行仔細的觀察。這需要平靜的氣氛和實驗室的寧靜。

我把那窩小蜘蛛裝進一個小盒，馬上蓋起來帶回動物實驗室裡，放在正對著敞開窗戶有兩步遠的一張小桌上。剛才所見的情景提醒我，小蜘蛛有爬高的癖好，因此我為牠們提供了一綑半公尺長的細樹枝做為爬竿。整群蜘蛛匆匆爬上樹枝，直達頂端，才一眨眼的工夫全都到了高處。未來我們將知道，牠們聚在灌木制高點上的動機是什麼。現在，小蜘蛛盲目地在這裡那裡拉一根絲，上上下下，就這樣以樹枝梢為頂點，桌子邊緣

為底邊，織出了一張薄薄的放射狀的網，高度為兩拃。這個網是一座工廠，為出發做好準備工作。

那些小生靈在網上忙忙碌碌，不知疲倦地跑來跑去。在陽光照耀下，牠們變成了點點閃光，在乳白色的網上構成了一個星座，彷彿是要用望遠鏡才能看清的遙遠天空中，那無數星星的影像。無限小和無限大的物體看起來竟然差不多，這是距離造成的。

但是，這團生機勃勃的模糊星雲不是由固定的星星構成的，相反地，這些光點不斷移動。小蜘蛛在網上走動個沒完，好多蜘蛛摔了下來吊在絲端，然後以自身重量把絲從紡絲器裡拉出來，然後迅速地循那根絲重新爬上去，一邊把絲捆紮成束。隨後蜘蛛又摔下來，再把絲拉長。其他的小圓網蛛只在網上跑，好像也在織一個網袋。

原來絲不是從紡絲器裡流出來的，而是要用一點力氣拉出來。絲是拔出來的，而不是射出來的。為了得到一點細細的絲，蜘蛛必須移動，朝後拉扯──不是靠從高處跌下來，就是靠行走，就像製繩工倒退著編麻繩一樣。在操作網上進行的活動是為下一步疏散做準備，是旅遊者在準備行囊。

不久，有幾隻圓網蛛在桌子和敞開的窗戶之間小步疾跑。牠們像在空中跑，可是在什麼東西上面跑呢？在能見度佳的時候，有時可以看見小傢伙的身後有條光線似的絲線，只顯現了一下，閃閃發光，然後就消失了。仔細看時才能看見蜘蛛身後確實有一根絲，但是朝向窗戶的一面，什麼也看不見。

我上下左右觀察，什麼也沒發現，再變換不同的觀察角度還是徒勞無功，沒能發現任何可支撐小動物行走的支撐物。小傢伙們彷彿是在空中划槳，這讓人想到繩子捆腳的小鳥向前衝的樣子。

但這只是一種假象：飛行是不可能的，對蜘蛛來說，必須有一座橋才能越過這片開闊地。我看不見這座橋，但至少可以毀掉它。我用棍子在那隻朝窗口跑的蜘蛛前面當空劈下去，不必再劈第二下，小精靈立刻停止前進，跌落下來。看不見的天橋斷了。我的助手小保爾，也就是我的兒子，被小棍子的魔力驚得目瞪口呆。儘管他有一雙雪亮的眼睛，也沒能看見小蜘蛛前面有個能讓牠在上面行走的支撐物。

相反地，蜘蛛後面那根絲線卻看得見。這種差別很容易解釋；行進中的蜘蛛同時拉出一根保險帶，以便保護隨時有可能掉下來的走鋼絲演員。在牠的身後，有兩根絲線，所以能夠得

見，而在牠面前的絲線則是單根的，因此幾乎看不出來。這條看不見的絲線顯然不是小傢伙拋過去的，而是被一陣風帶著拉過去的。有了這樣一條絲，圓網蛛讓絲飄盪在空中，不論風力多微弱，都能把它帶走、拉長，就像煙斗裡冒出的裊裊上升的煙圈。

這條飄絲不論觸到周圍什麼物體，都能固定在上面。天橋架好了，蜘蛛可以行走了。據說南美洲的印第安人，是藉著藤蔓來盪過山脈中的深澗，小蜘蛛卻是踏著看不見的、不可丈量的天橋跨越空間。

但是，要把飄盪的絲頭帶到別處，需要一股風。在工作室裡所開的門和窗之間，就有這麼一股風，微弱到連我都難以察覺。然而，看到我煙斗的冒煙緩緩朝某個方向飄旋時，我才恍然大悟，原來外面的冷空氣從門口進來，房間裡的熱空氣從窗口流出去，正是空氣的流動帶走了絲，使蜘蛛可以出發。

我關上門窗切斷流動的空氣，並用小棍把窗戶和桌子之間的通路全都切斷，之後，在靜止的空氣中再也沒見到出發者。沒有空氣流動，絲線就拉不出來，遷移也成了不可能的事。

不久遷徙又開始了，卻是朝著我想像不到的方向。火熱的

陽光照到了地板上，這裡比其他地方熱，在此產生了一股輕輕的向上氣流。如果這股氣流托起了那些絲，我的小蜘蛛們應該會爬到房間的天花板上去。

這種奇怪的上升現象確實發生了，不幸的是，許多蜘蛛已從窗戶出發，剩下的蜘蛛為數不多了，不足以做一次漫長的實驗。我得重新開始。

第二天，還是在那棵絲蘭上，我抓來了第二窩小蜘蛛，數量跟第一窩一樣多。準備工作又像昨天一樣重覆了一遍。這群蜘蛛先織了三個放射狀的網，這個網從移民們擁有的灌木梢開始，直達桌子邊緣，五、六百隻小傢伙在這個工廠裡忙碌。

當這群小精靈忙碌地為出發做準備時，我也在做我的準備工作。我關上了所有門窗，讓空氣盡量保持靜止狀態。我在桌腳邊點起了小煤油爐，把手放在蜘蛛織網的那個高度試了一下，沒覺得熱；這是個很小的爐子，靠爐子上升起的氣流柱，應該能夠把絲拉長並把它帶到高處去。首先得弄清楚氣流的方向和強度，蒲公英的毛可以做為測量器，我在火爐上方與桌面平齊的高度，放掉抓在手裡的蒲公英毛，蒲公英毛緩緩上升，大部分都到達了天花板上。遷移者的細絲應該也辦得到，甚至應該更容易升上去。

一切就緒了，我們在場的三個人只看見一隻小蜘蛛在往上爬，別的什麼也沒看見。小傢伙用八隻腳在空中疾走，緩緩升高，越來越多的蜘蛛從幾條不同的路徑跟著往上爬，也有的就沿同一條路向上爬。要不是我們知道謎底，肯定會被這種沒有梯子的魔幻登高驚得目瞪口呆。只用了幾分鐘時間，大部分蜘蛛都到了上面，緊貼在天花板上。

並非所有蜘蛛都上了天花板，我也看到一些蜘蛛，儘管賣力地迅速向上邁著步子，可是只到達一定的高度就停止了，甚至倒退了。牠們越是拼命往上爬，下滑得越厲害，每下滑一次就抵銷掉已經走過的路程，甚至還倒退了一段，打滑的原因不難解釋。

那條絲沒到達天花板，是飄動的，只有下面那端固定，只要絲的長度適當，就算會晃動，還是可以支撐住微小動物的體重；隨著蜘蛛上升，飄浮的線同時逐漸在縮短，有時會出現向上的浮力和向下的重力達到平衡狀態，這時儘管小動物一個勁地爬，還是停滯不前。隨後重力超過了浮力，絲便縮得更短，蜘蛛雖然一直向前行，結果卻倒退了。

牠們通常能搆到天花板。天花板高四公尺，小蜘蛛竟能在絲毫未進食前，拉出一根至少四公尺長的絲來，這是牠們的紡

絲器所生產的第一件產品。而製繩工和繩子——所有這一切都
來自於那個微乎其微的小卵球裡。小蜘蛛以其織材加工所得的
產品該是多麼精細啊！工廠加工鉑線時必須把材料燒紅，而小
蜘蛛採用的方法卻簡單的多，牠的拉絲廠採用陽光加熱法拉
絲，這是人們意想不到的。

別讓所有的登高者都在登天花板行動中失敗，如果找不到
停泊處，大部分蜘蛛也許會死；因為不吃東西，牠們無法再產
出另一根絲來。我打開窗戶，一股來自煤油爐的熱氣從窗口流
了出去，這是從朝該方向飛去的蒲公英毛所得知的。飄浮的絲
線肯定會被這股氣流帶走，並向吹著微風的窗外延伸。

我用小剪刀穩穩地剪斷了其中幾根絲；雙股的絲底端比較
粗，能看得見。絲被我剪斷後，產生了奇妙的結果，吊在細絲
上的蜘蛛突然被窗外的風帶著穿過窗戶，飛走並消失了。啊！
多方便的旅行方式，要是那交通工具有個舵，想在哪裡著陸就
在哪裡著陸該有多好！聽憑風擺布的可愛小傢伙，會在哪裡落
腳呢？也許在幾百步、幾千步遠的地方，但願牠們旅行成功。

疏散的問題已經解決，如果疏散不是靠人工方法促成，而
是在自由的田野裡進行，又會是什麼情景呢？顯然，天生的雜
技演員和走鋼絲演員——年輕的圓網蛛們，是為了使自身底下

有夠寬的地方施展技藝，才爬到細樹枝梢去的。牠們從各自的
製繩廠裡拉出的一根絲，隨風飄去。從太陽烤熱的地面上所升
起的氣流，緩緩地將絲向上托，這根絲上升飄搖、起伏波動，
使勁拉扯著固定的一頭，最後掙脫了束縛，帶著吊在上面的紗
廠主人消失在遠方。

　　剛才帶白十字的冠冕圓網蛛，提供了有關蜘蛛疏散的第一
手資料，但牠的手藝平凡無奇。牠的蓄卵容器只是個簡單的絲
球，與彩帶圓網蛛織的氣球相比，真是太寒酸了！我指望從彩
帶圓網蛛那裡得到最有價值的資料。秋天，我用飼養雌彩帶圓
網蛛的方法，儲備了一些小蜘蛛。為了不錯過任何主要過程的
觀察，我把那個幾乎在我全程目睹下所織出來的氣球狀財產，
分成了兩組：一組留在實驗室裡有小綑荊棘做為支撐物的金屬
網罩下，另一組則放在室外的迷迭香圍籬上，承受天氣變化的
考驗。

　　這些充滿期待的準備工作，並未讓我看到預期的情景，亦
即與居住環境相應的壯觀遷移。不過我還是記錄下了一些不乏
價值的結果，在此簡要地敘述一下。

　　孵化是在近三月時進行的，這時，用剪刀把彩帶圓網蛛的
圓形巢剪開，會看到一些小蜘蛛已經從中間的小房間裡出來，

分布在周圍的絨被上，而其餘橘黃色的卵還是堆成一堆。小蜘蛛並非同時孵化出來，孵化是斷斷續續進行的，要持續兩週左右。這個花花綠綠的袋子完全讓人猜不著，下一批蜘蛛何時會孵化出來。小彩帶圓網蛛有白色的肚子，前半段像覆蓋了一層粉，後半段是黑棕色，除了眼睛在前面形成黑框外，身體的其他部位是淺棕色。沒有干擾的時候，這些小傢伙在棕紅色的絨被裡一動也不動；受到驚嚇時，牠們會在原地懶洋洋地踩著腳，或是猶豫不決、搖搖晃晃地亂轉。可見牠們還需要再成熟些，才能到外面去闖蕩。

小蜘蛛在裹著產袋的精美絲團裡成熟了，並撐大了氣球。這個絲團是個接待站，小傢伙的肌肉在這裡變結實。所有的小彩帶圓網蛛一離開中間的小房間，就都鑽進絲團裡，要到四個月後，天氣炎熱時才會離開。

小蜘蛛的數量很可觀，我耐心地數了一下，有六百隻，這麼多小蜘蛛全都出自一個不過豌豆大的袋子。蜘蛛是用什麼奇妙的方法，把這麼一大家子安置在裡面的呢？那麼多的腳擠在裡面，不會扭傷嗎？

在前一冊裡我們已經了解到，那個卵囊是個短圓柱體，底部呈弧形，是用一塊屏障似的密實白色綢子所製成。卵囊上開

著一扇圓形的門，門裡嵌著一個同質料的蓋子，柔弱的小昆蟲不可能穿過這個小蓋子鑽出來，這個蓋子是一種不透水的毛毯，和外袋一樣採用同樣結實的布料。那麼，牠們有何訣竅自行脫出呢？

請注意，那個相當於蓋子邊緣的圓墊，突然彎曲形成折邊，伸進袋口內，就像一個邊緣突出的桶蓋嵌在桶裡，不同的是，桶蓋是活動的，而蜘蛛卵囊上的蓋子是焊死的。然而在孵化期間，這個圓墊得自動開封、翹起，讓新生兒通過。

假如這個蓋子可活動，是隨便嵌在裡面的；假如這窩彩帶圓網蛛會在同一時間孵化出來；那麼可以想像，在小蜘蛛們的脊背合力推動下，那扇門會被潮水般湧出的小昆蟲衝垮，就像水壺裡沸騰的水將壺蓋頂開一樣。

但是，蓋子的布料和袋子的布料是一個整體，緊緊地黏在一起，而蜘蛛是一小撮一小撮孵化出來的，一點力氣也使不出來。因此這個蓋子應該是自動開裂，不是靠小動物合力開啟的，而應該是像植物囊袋那樣自動裂開。

龍頭花的乾果熟透時，會打開三扇窗子；海綠果會分成兩個香皂盒形的球冠；石竹的果瓣會部分裂開，頂端張開一個星

形洞口。每個種子盒上的鎖都有自己的系統，只有陽光的愛撫才能巧妙控制它們的運轉。

那麼，另外一種「乾果」——彩帶圓網蛛的卵囊也有同樣的開啓原理；只要卵未孵化，門就關得好好的，牢牢固定在環箍裡。一旦有小彩帶圓網蛛在裡面動彈，想出來時，它就會自動打開。

蟬所喜歡的六、七月來了，想從卵囊裡出來的小彩帶圓網蛛也喜歡這個季節。要在牢固的球壁上開闢一條通道，很困難，自動開啓再次顯出其必要性。但從哪兒開啓呢？

我們馬上回想到，是從頂端的蓋子邊緣開啓。回想一下前面章節裡的資料，球頸部頂端是個像大火山口的開口，上面蓋著一個小碗似的蓋子，那層布料和其他地方的一樣結實。由於蓋子是這個袋子的最後一道程序，我們便指望它沒有完全焊牢，可以裂開。

然而，我們受了此結構的蒙蔽。天花板是不可撼動的，在任何季節，我的鑷子都沒辦法將它撬開，除非把這個建築整個毀掉。所以說，應該是在別處開啓，在旁邊的某處；可是，沒有任何跡象顯示開啓的位置，也無法讓人預測到底是在何處。

　　老實說，隨後發生的開啓並非以機械般的精密進行，這條裂痕很不規則，綢布像過熟的石榴皮在強烈的日照下突然裂開。根據那些裂痕，我猜想，爆裂可能是因內部空氣經陽光加熱發生膨脹所造成。種種跡象顯示出，有一股自內而外的力量發揮了作用，因爲撕破的布是向外翻的。此外，總有一坨塞在袋子裡的棕紅色絨棉，從裂口處噴出來，被爆炸彈出來的小蜘蛛在噴出的絲團上躁動不安。

　　彩帶圓網蛛的氣球像炸彈，爲了釋放出裡面的蜘蛛，它在炎炎烈日的照耀下爆炸了。要使它爆裂，需要暑天似火的驕陽，儲存在我那個溫和實驗裡的氣球大都沒有裂開，也沒有小蜘蛛出殼，除非我插手；另外極少的幾個卵囊上，出現了一個像用鑽頭鑽過的圓洞。很明顯的，這是隱居在裡面的小蜘蛛鑽的洞，牠們輪流用牙齒，耐心地在氣球的某一點上鑽洞。

　　相反地，迷迭香圍籬上的氣球暴露在烈日下，則在爆裂時噴出了棕紅色的絲團和小動物。在自然日照下的田野裡，也發生了同樣情形，當酷熱的七月到來時，荊棘叢裡那些毫無遮掩的彩帶圓網蛛卵囊，因內部空氣壓力的作用而爆裂了。要讓蜘蛛自由，就得把住所炸開。

　　一小部分蜘蛛隨著淡黃褐色的絲團被噴了出來，大部分仍

在裂開的絲團袋子裡。既然出口已經打開，想什麼時候出去都沒關係，不用著急。而且，在遷移前還有一項重要的任務要完成，那就是得換一層新皮。蛻皮不見得都在同一天完成，撤離卵囊要花上好幾天，隨著舊皮蛻去，小蜘蛛一小批一小批地疏散出去。

出發者爬上附近的細樹枝，沐浴在陽光下進行疏散。牠們採用的方法跟我介紹過的冠冕圓網蛛相同，紡絲器順風射出一根細絲，細絲隨風飄盪掙斷束縛，帶著製繩工飛走了。同一天早晨，只有小部分蜘蛛出發，這使得出發的場面好沒氣氛，一點也不熱鬧，因為牠們不是一大群地走。

令我大失所望的是，圓網絲蛛也不是熱熱鬧鬧地集體遷移。我們再回憶一下牠的作品，那個僅次於彩帶圓網蛛的傑作。美麗的卵囊呈鈍圓錐形，有個星形的圓盤封口，製作這袋子的布料比彩帶圓網蛛用的布料更結實，主要是更加厚實，因此，它就更加有必要自行破裂。

裂口出現在袋子四周，離蓋子不遠的地方。和彩帶圓網蛛的氣球一樣，這袋子的裂開也需要七月的炎炎烈日幫忙。破裂的原理似乎還是空氣受熱膨脹，因為袋子裡裝的絲團也有一部分被彈了出來。

　　這回小圓網絲蛛是在蛻皮之前一起傾巢出動，也許是因為輕微擦傷的表皮大可不必換掉。圓錐形的袋子遠不如氣球形袋子寬大，擠成一堆的小蜘蛛如果單獨把腳從套子裡拔出來，可能會扭傷，因此牠們得全部一起出來，再到附近的小樹枝上安頓下來。

　　小圓網絲蛛們在這個臨時營地共同編織，不一會兒就織好了一頂透光的帳篷，牠們大約會在那裡住上一週。並開始在這個縱橫交織而成的臨時營帳裡蛻皮，蛻下的舊皮堆積在營地的地面上。剛蛻完皮的小蜘蛛在高處的鞦韆上養精蓄銳，隨著牠們不斷成熟起來，就該陸續出發了。牠們一會兒走了幾隻，過了一會兒又走了幾隻，總是不告而別。但是這裡可沒有像乘坐氣球般的絲去旅行的大膽飛行者，牠們的旅行是一小段一小段完成的。吊在絲端的蜘蛛，在離地一拃高的地方垂直降落，一陣風吹得牠晃來晃去，像個鐘擺，有時把牠吹到附近一根小樹枝上，這才完成疏散的第一步。達到一個目標後，蜘蛛再往下落，像鐘擺那樣擺動起來，擺到擺長所能及的最遠處。由於線總是不夠長，只能這麼一小段一小段地前進。小蜘蛛的旅行就是這樣進行，直到牠找到一個滿意的地方為止。

　　如果風力較強，遠征的時間就可縮短，擺絲一斷，小蜘蛛就會被飛出的絲帶到一定的距離外。總之，蜘蛛遷移的方法實

質上都是一樣的。在我的家鄉，最精通織卵囊藝術的兩種圓網蛛，辜負了我的期望，我耗費了許多精力飼養牠們，卻只得到這麼一點點成果。我還能在哪裡看到在冠冕圓網蛛那裡偶見的情景呢？在那些被我忽視的普通蜘蛛那裡，我將再次見到相同、甚至更加驚心動魄的場面。

第五章

蟹蛛

讓我見識到蜘蛛遷移壯觀景象的蟹蛛，在正式分類學中被命名爲 Thomisus onustus Walck。如果這個名稱絲毫引不起讀者注意，那麼它至少有一點長處，就是念起來和聽起來很順，

蟹蛛（放大2倍）

不像一般學術名詞，聽起來像打噴嚏而不像說話。既然用拉丁語給動植物命名是規矩，那至少也得遵守古諧音。我們還是別發出刺耳的咳痰聲吧，那簡直是把動物的名稱像咳痰一樣吐出來，而不是念出來。

未來要如何面對那些以發展爲藉口，排山倒海迅速增加、卻掩蓋了眞理的野蠻詞彙呢？這些詞彙將會被拋棄在遺忘的角落裡，而通俗、順耳、形象傳神的詞永遠不會消失。蟹蛛就屬

於這類名詞，古人就用牠來稱呼包括蟹蛛在內的那一類蜘蛛，在牠們身上展現出蜘蛛和螃蟹的相似處。

蟹蛛像螃蟹那樣橫著走，也是前步足比後步足粗壯，只是牠的兩隻前步足上沒戴拳擊護套。體態形似螃蟹的蟹蛛不會織捕獵網。牠不用繩圈也不用網，而是埋伏在花叢中等待獵物到來，牠會靈巧地掐住獵物的脖子。本章的主角蟹蛛，尤其嗜好捕獵蜜蜂，我在別處已經描寫過蜜蜂和劊子手之間的糾紛。

一向好和平，只是想採些蜜的蜜蜂突然到來，牠用舌頭在花叢裡探測，選擇花粉多的開採區，很快就沈浸於忙碌的收穫中。當牠把自己的花籃裝滿，肚子鼓起來時，蟹蛛從花叢下的隱藏處蹦了出來，包抄了那隻忙碌的蜜蜂，偷偷趨近牠，猛然躍起掐住牠的後脖頸根部。蜜蜂無助地掙扎，螫針亂刺，可是攻擊者仍不鬆手。

儘管蜜蜂死命反抗，但由於頸部神經被掐住，脖子閃電般被咬住，頃刻間，可憐的蜜蜂蹬蹬腳死了。現在，劊子手自在地吸吮著受害者的血液，然後不屑一顧地將吸乾的屍體扔掉，再重新埋伏起來，伺機殺害另一位花粉採集者。

每每見到蜜蜂在健康快樂的工作中被殺害，我總是感到非

常憤慨，為什麼辛勤工作者要養活遊手好閒者？為什麼被剝削者要養活剝削者？為什麼那麼多善良的動物，會犧牲在極其猖獗的掠奪中。整體的和諧之中存在著可憎的不和諧，尤其是那位兇殘的吸血者竟成了忠實於家庭的模範。這一切使思想家感到震驚。

那個惡魔愛自己的孩子，卻吃別人的孩子。

受腸胃制約的動物和人類都是惡魔。工作的神聖、生活的快樂、母性的溫柔、臨終的痛苦，這一切只對別人有意義，對自己來說，最重要的是獵物的肉要嫩，味道要鮮美。

根據其名 $\theta\omega\mu\iota\zeta\omega$（「我用繩子捆」之意）的詞源學解釋，蟹蛛可能就像古代羅馬執法官底下、手執束棒的侍從官，專管把犯人綁在柱子上。許多蜘蛛為了制服獵物，以便隨心所欲地吃掉牠，就用繩子把獵物綁起來，從這一點來看，這個比喻挺恰當的。但關鍵問題卻是，蟹蛛與牠的名字不符，牠沒有捆綁蜜蜂，蜜蜂是因脖子被咬傷而驟死，而且牠也沒向劊子手做任何反抗。我們這位受慣用策略支配的「蜘蛛教父」，沒有嘗試別的方法，牠不了解那種毫無意義使用繩索的陰險進攻法。那個繁瑣累贅的名字「onustus」也不是最佳的選擇，不能因為捕殺蜜蜂者挺著沈重的大肚子，就以此做為區別牠的特徵。蜘蛛

幾乎都有個大肚子，裡面儲存著絲，有些蜘蛛用腹中的絲製細絲線，所有的蜘蛛都用絲來編織卵囊中的莫列頓呢。蟹蛛也和其他蜘蛛一樣，這位築巢高手肚子裡儲存的，是給嬰兒保暖的材料，但牠並不會過分臃腫。

「onustus」一詞，只是影射牠側著身子走路和慢吞吞的步態嗎？這個解釋我同意，但還不盡滿意。除了極度驚慌的時候，任何蜘蛛都步履穩健，小心謹慎。

總之，這個詞彙是誤用，是個毫無意義的修飾詞。給蜘蛛取個合適的名稱是多麼困難啊！我們還是對專業詞彙分類者採取寬容的態度吧。詞彙貧乏，再加上要編進目錄的新詞源源不斷，讓人無暇講究音節的搭配。

如果術語無法告訴讀者什麼，又怎能讓讀者了解它的代表意義呢？我看只有一種方法，就請讀者參加在南地中海地區的常綠矮灌木叢中，所舉行的「五月節」吧。蜜蜂殺手很怕冷，在我國，牠幾乎沒離開過橄欖樹的故鄉。牠偏愛一種叫岩薔薇的灌木，這種植物會開大朵的玫瑰色花，皺皺的，曇花一現，只能維持一上午，翌日涼爽的黎明到來，就被新開放的花取代；燦爛的花季持續五、六週。

　　蜜蜂熱切地來此採集花粉，牠們在雄蕊那寬大的管圈上忙碌著，身體擦上了黃色的花粉。牠們的糾纏者得知來了大群的蜜蜂，便躲在一片花瓣構成的玫瑰色帳篷下，準備伏擊獵物。放眼望去，四處的花上都有一些蜜蜂，如果發現一隻蜜蜂不動了，伸直了腳和舌頭，我就趕快過去，因為十之八九是蟹蛛在那裡；兇手剛作完案，正在吸吮死者的血。不管怎樣，蜜蜂的捕殺者是隻非常漂亮的小動物，儘管那金字塔形的軀幹上有個累贅的大肚子，下端左右兩側各隆起一個駝峰狀的乳突，但牠的皮膚看上去比綢緞還要柔和。有些蟹蛛的皮膚是乳白色的，另一些是檸檬黃色；有些講究打扮的蟹蛛還在腳上戴了許多玫瑰紅色的鐲子，背上裝飾著胭脂紅色的曲線，胸部兩側有時帶著一條淡綠色的細帶。蟹蛛的服裝色彩雖不如彩帶圓網蛛豐富，但是從簡潔、精緻程度和色彩的搭配來看，卻優雅的多。就連討厭蜘蛛的沒經驗新手，也不得不承認蟹蛛的優雅，他們會毫不懼怕地抓起一隻看來如此平和的蟹蛛。

　　這個蜘蛛中的珍寶會做什麼呢？首先，是造一個適合自己的巢。金翅雀、燕雀及其他建築師，用植物的側根、植物纖維、棉團等，在小樹枝上建造貝殼形的巢。蟹蛛也喜歡高處。為了建造牠的窩，牠在平時捕獵的岩薔薇上，選擇一根熱到枯萎的極高樹枝，枝上掛著一些捲成小窩棚的枯葉。蟹蛛就在這裡築窩產卵。

蟹蛛那梭子似的肚子裝滿了絲，輕輕地上下擺動，把絲拉向四周。牠織了一個袋子，袋壁和周圍的乾樹葉合為一體，這個純白、不透明的巢，一部分露在外面，一部分被樹葉遮住。這個插在樹葉夾角裡的袋子是圓錐形的，像圓網絲蛛織的袋子，但體積略小一些。

卵裝進去後，一個用相同白絲織成的蓋子，把容器口密封起來，最後用幾根絲織成的薄簾在卵囊上做個床頂，再用彎曲的葉尖做個凹室，蜘蛛母親就住在裡面。

這不僅是疲勞產婦產後休息的地方，還是一個掩體，一個監測哨。母親堅守在那裡，平趴著，直到孩子們大批遷移。產卵及大量消耗絲讓牠變得很消瘦，現在只是為了保護牠的巢而活著。

如果有流浪者經過附近，牠會飛快地衝出哨所，抬腳趕走那個不速之客。我用一根草去騷擾牠時，牠拚命地反擊，用拳頭擊打我的武器，好像在打拳擊。我要是有意做些實驗，想挪動牠的窩，不費些功夫還辦不到，牠牢牢地抱住絲織的地板，打敗了我的進攻，再者，我怕傷著牠，所以也沒用力。這個頑強的傢伙剛被引出來，旋即又回到自己的崗位上，牠不想離開自己的寶貝。

　　拿魯波狼蛛遇到有人想奪取牠的小球時，會進行搏鬥，蟹蛛也一樣。兩者一樣勇敢，一樣忠誠，但又是同樣的糊塗，分不清那是自己的還是別人的寶貝。狼蛛會毫不猶豫地接受替換給牠的陌生小球，牠分不清別人產的卵和自己產的卵，也分不清別人的織品或自己的織品。

　　母愛這個神聖字眼在這裡也不適用，這裡有的只是狂熱的衝動，可說是機械式的愛，不存在什麼真正的溫柔。生活在岩薔薇上的高雅蟹蛛也不見得更聰明，當牠被轉移到另一個形狀相同的巢裡，便在那裡安家，不再挪動，儘管袋子上排列規則不同的樹葉足以提醒牠已不在自己家裡。但只要腳下踩著絲，牠就不會發現自己搞錯了，牠像監護自己的巢般，警戒地監護著另一個巢。

　　在母性的盲目這一點上，狼蛛表現得更為突出。牠把我用銼刀銼成的軟木球、紙團和線團當成了自己的卵囊，黏在紡絲器上，帶著走來走去。為了了解蟹蛛是否會犯同樣的錯誤，我在封閉的圓錐形卵囊裡放了些蠶繭的碎片，把碎片更細更平的那一面朝上；我的企圖沒有成功。離開了自己的家，被安置在人造袋子上的母蟹蛛，堅決不肯在此安家。牠是否比狼蛛聰明呢？也許是，但不要因此過度讚揚牠，因為那個巢模仿的相當粗糙。

　　五月底，產卵的工作完成了，這時，平臥在巢頂上的雌蟹蛛，不論日夜都不再走出掩體。看牠那麼瘦那麼乾癟，我想，供給牠一些蜜蜂應該能取悅牠；我以前就這樣做過。

　　我對牠的需要判斷錯誤了。在此之前牠一直熱衷的蜜蜂已經不具吸引力了。在罩子裡，能夠輕易捕捉的蜜蜂在牠身邊嗡嗡叫，可是守衛沒離開崗位，也不在乎這個好機會，牠只靠母親的忠貞——這種值得讚美、卻沒有營養的糧食維持著生命。

　　因此我只能看著牠一天比一天衰弱，越來越乾癟。消瘦的蟹蛛死等什麼呢？

　　牠在等自己的孩子出世，這個垂死者對孩子們還有用處。彩帶圓網蛛的孩子從氣球出來時早已成了孤兒，沒人來幫助牠們，而牠們也沒有力氣把自己從袋中解放出來，必須靠氣球自動爆裂。氣球爆裂時，把小彩帶圓網蛛和棉床墊一起亂七八糟地彈了出來。

　　蟹蛛的袋子外面大都加了一層樹葉，它永遠不會自己裂開，只要封條還貼著蓋子，就不會自動打開。孩子們獲得解脫後，我們發現蓋子周圍有個大開的小洞口，像個天窗。這扇天窗是誰開的？它原先並不存在。

布料太厚太結實了，不可能是被關在裡面、年幼體弱的小蟹蛛扯破的。是母親感覺到絲棉頂篷下的孩子急得跺腳，才把袋子捅破了。牠拖著糟透的身體堅持活了三週，就是為了最後要用牙把卵室咬開。這項任務完成後，牠便安然死去，並緊緊貼在牠的窩上變成了乾屍。

七月來臨時，小蟹蛛出世了。預料到牠們有表演雜技的習性，於是我在牠們出生的那個罩子頂上，安置了一把很細的樹枝。牠們真的全都鑽過網紗，聚集在荊棘頂上，並且很快地在那裡，用交錯的絲織了一個寬敞的臨時營地。頭兩天，牠們躲在裡面還算安靜，接著開始在物體和物體間架起天橋來。這是個適當的時機。

我把一束爬著小蜘蛛的荊棘置於敞開窗戶前，一張小桌子上的向光處，大遷移即刻展開，但是緩慢又混亂。小蟹蛛們有些猶豫，有的向後退，有的吊在絲的一頭垂直地跌下來，然後絲向上收，又把吊在空中的蟹蛛帶了上去。總之，動作不小，但效果甚微。

事情拖了很久，大約十一點時我忽然想到，把載著急於出發的小蜘蛛的荊棘，放在烈日烤曬的窗臺上。讓太陽曬了幾分鐘後，情形完全不同了，小移民爬到小樹枝頂上，活躍地動個

不停。這裡簡直就像個令人目眩的製繩工廠，幾千隻腳從紡絲器裡往外拉絲，纜繩製好後，甩出去任由風將它帶走。當然我並未看見纜繩，只是猜想罷了。三、四隻蜘蛛同時出發，然後分道揚鑣，各隨其願。從腳的敏捷動作就能知道蜘蛛都在往上爬，順著一個支撐物向上攀登。儘管如此，在攀登者們身後的那根絲還是看得見，因為這是一條複線。之後到達某個高度時，出現了停滯不前的現象，小傢伙盪在空中，在陽光照耀下閃閃發光，緩緩地晃動著，隨後突然飛了起來。

出了什麼事？外面刮起了微風，飄蕩的絲斷了，小蜘蛛出發了，被牠的降落傘帶走了。我看著牠遠去，像個光點，閃現在離我二十步遠的那片墨綠色的柏樹林上。牠上升，越過柏樹林，消失了；其他蜘蛛也跟在後面，有的飛得高些，有的飛得低些，朝著不同的方向飛去。

現在蜘蛛群已經完成了準備工作，大批疏散的時候到了。就在這時，從荊棘頂上不斷地投射出出發者，像發射出的原子彈一樣升起，像綻開的花束，最後放出來的是煙火，一束同時放出的煙火。這個比喻很確切，就連發出的光也相似。在陽光下，驟然發出耀眼光芒的小蜘蛛就像是煙火。多麼榮耀的出征、多麼隆重的入駐儀式！小傢伙們抓緊飛絲，飛向了極高的境界。

　　或遠或近，牠們遲早都得降落。唉！為了生活必須降落，常常得降落在很低的地方。帶冠毛的夜鶯搗爛路上的驢糞，從裡面索取食物。牠在天上飄蕩，扯著嗓子直唱歌是找不到燕麥粒的，應覓食的本能所需，牠必須飛下來。小蜘蛛為著同樣的原因也得著陸，在降落時因為有降落傘保護，削弱了重力作用，因此避開了摔傷的危險。

　　後續情況我就不知道了。在有能力捕捉蜜蜂以前，小蟹蛛能抓到多少小飛蟲呢？會採用什麼方法呢？是否靠施展詭計與小飛蟲較量呢？最終會在哪裡過多呢？這些我都不了解。春天到來時我們還會和蟹蛛見面的，那時牠已開始長大，並潛伏在蜜蜂採花粉的花叢中了。

第六章

圓網蛛的結網

　　捕鳥網是人類巧妙而卑劣的一種手段。用網繩、小木椿和四根棍子，掛上兩張土色大網，一左一右地放在光禿禿的空地上，便成了一個捕鳥網。捕鳥者躲在灌木叢中操縱一條長繩子，並適時拉動這兩張網，讓網幕像百葉窗似地突然閉合。

　　兩張網中間放置著餌鳥：小朱頂雀、燕子、翠雀、黃鸝和雪鴝的籠子。這些鳥的聽覺靈敏，聽到同伴打老遠經過，便立即發出啁啾的召喚聲。其中一種名叫桑貝的媒鳥，特別善於引誘。牠蹦蹦跳跳地拍動著翅膀，一副自由的樣子，其實這個勞役犯是被一根細繩牢牢繫在木椿上的。但是一旦牠精疲力竭，因飛走的企圖落空而陷入絕望，這個勞役犯便會趴下來，拒絕繼續執行引誘的任務。可是躲在隱蔽處的捕鳥者，能就地使牠重新活躍起來。一根長長的細繩拉動裝在軸上的活動吊桿，小

鳥被這鬼玩意掀動，飛起來，又掉下來；繩子每拉一下，牠就飛一下。

秋天的上午，陽光和煦，捕鳥者在等待著。突然，籠子裡一陣騷動。燕雀發出聲聲召喚：「潘克！潘克！」空中來了新夥伴。這些幼稚的傢伙受召喚而來，降落到危機四伏的空地上。埋伏者猛一拉繩，網閉合了，所有的鳥都被抓住了。

人類的血管裡流著猛獸的血。捕鳥者立即跑去進行屠殺。他用大拇指壓迫囚虜的心臟，把牠憋死，然後打開牠的腦袋，用繩穿著牠們的鼻孔，十二隻一串地拿到市場上去賣。

就那卑劣手段的巧妙而言，圓網蛛的網堪與捕鳥者的網相媲美。如果耐心地加以研究，我們會發現這高度完美的蛛網的主要特點。從這方面來看，牠甚至比人類高明。為了吃幾隻蒼蠅，需要多麼卓絕巧妙的技術啊！圓網蛛因進食所需而衍生出來的捕食法，其巧妙居各類蜘蛛之冠。讀者諸君在看過以下敘述後，肯定會跟我有同感。

首先，必須親眼目睹結網的情形；看牠如何施工，一看再看；因為這個複雜建築物的施工說明書，只能片段片段地閱讀。今天觀察一個細節，明天觀察第二個細節，我們將獲得一

些新知。觀察的次數多了，每一次，就會出現某事實證實了某
觀點，或者讓我們從預期之外的方向去考慮問題，如此一來就
會豐富我們現有的知識。

雖然每次沾上的只是薄薄的一層，雪球還是越滾越大。在
科學觀察中所得到的真理正是如此。真理是靠著耐心，一點一
滴累積起來的，這點點滴滴的收穫要耗費大量時間，但這收穫
的取得至少無需遠赴他處，非得靠碰運氣尋求不可。即連最小
的花園裡，都有圓網蛛這些紡織高手存在。

在我的荒石園裡，我精心準備了最有名的幾種圓網蛛，並
觀察了其中六種。這六種蜘蛛的尺寸都很大，都是才能卓絕的
紡織姑娘，牠們是彩帶圓網蛛、圓網絲蛛、角形圓網蛛、蒼白
圓網蛛、冠冕圓網蛛和漏斗圓網蛛。

在氣候宜人的季節裡，我隨時都能加以觀察、密切注意牠
們的工作。有時這隻，有時那隻，到底觀察哪一隻，則視當天
情況而定。前一天沒看清的，我可以在第二天或以後哪一天，
在更有利的條件下觀察，直到完全弄清楚所研究的事情為止。

我們不妨每天傍晚從一株迷迭香到另一株迷迭香，沿著花
徑邊走邊看吧。如果時間拖長了，就在灌木叢下坐定吧，選擇

光線明亮處面對紡織廠，孜孜不倦地注意觀察。每次這麼繞一圈，我都能得到某個細節，補充原有概念中的某個空白。

對於這六種圓網蛛各自的工作步驟，用不著一一贅述，稍後我將擇某些細節做必要的敘述。這六種蜘蛛的工作方法相同，織出的網相似。因此，根據牠們所提供的資料，我在此就其共同點做一綜述。

我的觀察對象是不太肥壯，跟秋末冬初時相差甚遠的小圓網蛛。肚子——絲庫的體積幾乎只有梨子的種子那麼大。但可不要因為紡織姑娘這麼小，就錯估牠們的織網能力。牠們的才能並不是與年俱增的。發育完全的雖然肥大，織網能力卻不如牠們呢！

另外，對於觀察者來說，小圓網蛛還有一個寶貴的優點：牠們在光天化日下工作；而老圓網蛛則只在深夜時分才織網。前者慨然告知紡織廠的秘密，而後者卻隱藏秘密。在七月末，太陽下山前兩小時，小圓網蛛的工作開始了。

這時，荒石園裡的紡織姑娘離開了白天的隱蔽所，選擇好工作崗位，在各處開始工作。牠們數目眾多，我可以任意挑選中意的對象。現在，讓我們停在這隻圓網蛛面前吧，牠正在為

自己的建築打地基呢。

在沒有明確順序的情況下，牠在迷迭香的綠籬上，大拇指到小指的範圍內，從枝椏的一端跑到另一端，用後步足的剝棉櫛①從絲庫裡拉出一根絲，固定在上面。這項準備工作完全看不出有什麼精心的策劃。牠充滿熱情，狀似隨意地來回走動，一再地爬上爬下，用多道纜繩把分散在各處的繫著點加固起來，結果做出一個雜亂無章、很難看的框架。

但我能說它雜亂無章嗎？也許不能。對這類事情，圓網蛛的眼光比我更內行，牠能夠辨認出工地的總體布局；據此建造用繩索紡織的建築體，這個建築在我看來非常不合規則，卻非常適合蜘蛛的計畫。什麼是圓網蛛所需的呢？是能夠把網鑲上去的框架。而牠剛剛織就的框架正符合所需；這框架劃定了一塊可自由通行的平面垂直空地，這就是牠所需要的一切。

不過這框架的存在時間短暫，每天傍晚都要徹底翻修，因為獵物會在一夜之間將它全毀。這種蛛網比較脆弱，經不住被捕獵物絕望的掙扎；它不像成年圓網蛛的網，是由比較牢固的

① 剝棉櫛：位於第四步足蹠節背側，由櫛狀剛毛排列而成，用以抽出體內的線。
——編注

絲編成，能夠維持一段時間。所以圓網蛛必須更加精心建好網的框架，這點我們將在下文中看到。

　　一根特別的長絲橫跨過這個隨意劃出來的空地，這才是網絡的第一個要件。這根晃顫的長絲和可能有礙於延伸的枝椏隔開了一段距離，從而與其他的絲分別開來。在這根長絲的中央，絕對會有一個大白點——它是注記在未來建築物中心的標竿，是指引圓網蛛在令人詫異的混亂變化過程中，按部就班地工作的基準點。

　　紡織捕蟲網的時刻到了。蜘蛛從中心位置的白色基準點出發，靠著那根橫穿的絲橋，迅速到達周邊，即圍繞著空地的那個不規則「框架」。然後牠猛然一跳，從周邊返回中心，又開始來回走動，往左往右，往上往下；牠攀登，下降，又上升，落下，通過完全想不到的斜角，總是返回到中心點的標竿上。每走一次，牠就鋪下一道「輻射絲」，時而這裡，時而那裡。總之，在我們看來，是非常雜亂無章的。

　　這作業進行得如此隨心所欲，除非堅持不懈地觀察，否則是看不出個究竟的。蜘蛛通過一條已鋪設好的輻射絲到達空地邊緣，把絲固定在框架上，再循原路返回中心。

　　在這種折線式行程中所產生的絲，一部分繞在框架上，這絲線比起從周邊到中心點的距離長的多。當牠回到中心點後，便調整線長，適度地拉線，把線固定住，並把多餘線頭都聚集在中心的基準點上。每拉出一根輻射絲，就對多餘部分做同樣的處理。結果基準點越變越大，它最初是個點，最後成了一個線團，甚至成了有一定體積的小坐墊。

　　稍後我們就會看到，蜘蛛這個精打細算的家庭主婦，會把這個存放牠節餘線頭的小坐墊變成什麼樣子。現下我們看到的，是圓網蛛在每鋪一根輻射絲後，用步足對小坐墊進行加工，用小爪調整坐墊的位置，將它黏結起來。這種孜孜不倦的精神，不由得引起我們的注意。這樣牠便給了所有輻射絲一個牢固的共同支撐物，就像我們車輪的車軸。

　　建築物最終所具備的規則性似乎證明了，這些輻射絲就是按照它們在蛛網上的先後次序編織出來的，而且越織越密，根根緊鄰。雖然進行方式最初顯得雜亂無章，但事實上的確非常合理。

　　圓網蛛在一個方向鋪了幾根輻射絲之後，便跑到對面，在反方向也鋪幾根輻射絲。這樣子的突然改向非常符合邏輯，顯示蜘蛛極為精通讓繩索得到平衡的方法。倘若繩索維持在同一

方向，由於缺乏與之抗衡的輻射絲，繩索的張力就會使工程變形，甚至因為沒有穩定的依託而毀壞整個工程。所以在繼續鋪設輻射絲之前，需要鋪一組反向的輻射絲。朝任何方向繃緊的系統，都必須用另一個反向繃緊的系統來與之相抗衡。力學是這樣教導我們的。蜘蛛是繩索結網的大師，牠無需學習，就完全依此原理加以實踐了。

你如果以為，這種看來雜亂無章的持續施工，會產生出混亂的作品，那你就錯了；所有的輻射絲間距相等，形成了十分有規則的太陽形圖案。輻射數目隨各種圓網蛛而有所不同；角形圓網蛛的蛛網有二十一根輻射絲，彩帶圓網蛛有三十二根，圓網絲蛛有四十二根。這些數目雖然並非絕對固定不變，但差異很小。

但是，人類有誰不需要長期摸索、不需要使用測量儀器，一下子就能把圓面分成那麼多開度相同的扇形面呢？圓網蛛捧著沈重的絲庫，在風吹晃顫的絲線上蹣跚行走，無需小心翼翼，便把這微妙的扇形面劃分完成。人類的幾何學家說牠的方法荒謬，可是牠卻能做到這樣的劃分，能以雜亂無章的方式進行井井有條的工作。

不過，我們也別過度誇大牠的本事。這些角度只是大致相

等；看起來好像符合要求，卻經不起嚴格的測量。不過，數學的精確性在這裡是多餘的。我們對於牠所取得的成就已經讚嘆不已了。圓網蛛這麼奇怪地成功處理了困難重重的問題，牠是怎麼做到的呢？我再次思忖著。

　　鋪設輻射絲的工作結束了。蜘蛛神態傲然地踞在中心區，在最初的瞄準點歇息，那由切斷的絲線頭所構成的小坐墊上。牠又著手忙於一樁精細的工作：用一根非常細的絲線，從中心點出發，繞著一根根輻射絲編織細密的螺旋絲。在成蛛的蛛網上，如此編織出來的中心區有一個巴掌大；而在幼蛛的蛛網上，中心區非常小。但總有這麼一個中心區，我稱之為「休息區」，原因稍後再說。

　　然後，絲線逐漸增粗。第一根絲幾乎微不可見，第二根就清晰可見了。蜘蛛大步斜走，移動位置，稍稍轉了幾圈，逐步離開了中心，把絲線固定在穿過的輻射線上，最後來到框架的下部邊緣。牠剛剛畫了一個螺旋圈，圈的寬度迅速增大，從某個圈到另一圈的平均距離為十公分，甚至幼年圓網蛛的網也是這樣。

　　螺旋這個字眼令人想到一條曲線，但千萬別誤會了。圓網蛛的網中根本沒有任何曲線，只有直線和直線的組合。因此，

我們在這網上看到的，是一條多邊形的線，這種線在幾何學中列入曲線之內。這種多邊形的線是臨時性的作品，隨著真正的捕蟲網織成，它注定要消失掉。我把這種多邊形線稱為「輔助螺旋絲」。

使用這種絲的目的是提供橫樑，是完成編織過程的梯級；尤其是在邊緣地區，輻射絲的間隔太遠，更需要合適的支撐物。另一個作用，則是指引蜘蛛稍後將進行的極精密作業。

但是在著手這項作業前，最後還需要注意一件事。輻射絲所占據的空間太不規則了，它是由做為支撐物的枝椏所決定的。在一些隱蔽的角落，枝椏突出，距離很近，會破壞所要編織的網的秩序。圓網蛛需要一個合適的空間，能讓牠循序把螺旋絲一步步地安放上去。另外牠還不能留下空隙，讓獵物能夠找到逃逸的出路。

蜘蛛對於這類事十分在行。牠很快就發現了，這些隱蔽的角落必須加以填補。於是牠先在一個方向，然後在另一個方向，來回運動著，在這些支援輻射絲的枝椏上放上一根絲，這根絲在有缺陷處的側面邊緣猛然彎折了兩次，劃了一道「之」字形曲線，這曲線跟稱為「希臘方形」的迴紋飾有點相似。

現在，所有角落都布滿了這種之字形充填絲。執行主要工作——編織捕蟲網的時刻到了，前面所做的一切，都只是為這件事鋪路而已。圓網蛛緊抓住輻射絲和輔助螺旋絲，往放置輔助螺旋絲的相反方向走去——先是離開中心，現在則向中心走近；牠每走一次，圈子就密一些，數目就多一些。最後，牠從離框架不遠的輔助螺旋絲底部走開了。

這之後的活動，觀察起來很艱難，因為蜘蛛的動作太迅速、太急遽，而且不連貫。一連串突如其來的急奔、搖晃、跳躍，讓人的目光應接不暇，很不舒服。必須堅持不懈地注意和反覆觀察，才能稍微弄明白牠的工作進程。

兩條後步足是紡織工具，不斷活動著。我根據它們在這個紡織廠中的地位，把圓網蛛走路時，朝著繞線中心的那隻步足稱為「內足」，而把位於繞線外面的那隻步足稱為「外足」。

外足把細絲從紡絲器中拉出來，遞給內足；內足以優美的動作把細絲放在身後的輻射絲上。與此同時，外足負責理解距離；它抓住已經放好的最後一個圈，將絲線把跟輻射絲連接起來的那個點，拉到合適的距離。絲線一碰到輻射絲，就靠自己的黏結劑固定在輻射絲上。這一過程中沒有慢吞吞的動作，連接處也沒有接頭，焊接是自動進行的。

　　當牠以狹窄的度數轉過身來，紡織姑娘就接近了剛剛做為依託的輔助橫線。最後，當橫線間距密集時，它們就該消失了，因為輔助橫線妨礙了作品的勻稱。於是蜘蛛便抓住一行梯級做為支撐，隨著牠的行進，把已經沒有用的橫線收回來，聚攏成為一個小球，放在下一根輻射絲的連接點上。這樣就產生了一系列絲粒，標誌著已經消失的輔助螺旋絲曾行經的路線。

　　遭銷毀的絲線僅有的殘餘就是這些點了，這些絲點要光線正好照到才分辨得出來。要不是這些絲點分布得非常規則，令人想到已經消失的輔助螺旋絲，我們可能會以為它們只是灰塵微粒呢。直至整個網最後毀掉為止，這些絲點會一直存在，並且都辨認得出來。

　　就這樣，蜘蛛不停地轉圈子，一直轉圈地向中心接近，同時把絲線焊接在穿過的每根輻射絲上。整整半個小時，成蛛甚至一個小時，都要花在這種螺旋圈上。圓網絲蛛的網有五十來圈，彩帶蛛和角形蛛的網有三十來圈。

　　最後，在離中心一定距離處，也就是在我稱之為「休息區」的邊緣，蜘蛛驟然結束了紡織螺旋圈，而餘下的空間還夠牠轉好幾圈呢。稍後，我們會看到牠突然停止轉圈的原因所在。這時，不管是哪種圓網蛛，也不管是老還是少，都撲向中央的小

坐墊，把它拉出來捲成小球，想來牠是要把小球扔掉了。

但並非如此。牠秉性節約，不會這樣揮霍。牠把這個先是做爲原始標竿，然後成爲一團絲球的小坐墊吃了下去；牠把可能要呑到絲庫裡去的東西，放到消化器裡去加以溶解。這個被吃下去的東西是啃不動的，靠胃很難消化，但畢竟很寶貴啊，丟掉太可惜了。把小坐墊呑下去，織網工作便結束了，於是圓網蛛立即穩坐在網的中心，頭朝下，擺出等待捕獵的架勢。

剛剛所看的這個紡織廠，其運作引人思索。我們生來便慣於使用身體的右半部分，關於這種不對稱現象的原因尚不清楚。人類的右半邊身子比左半邊有力、靈活，這種顯著的不均等現象特別表現在手部。語言爲了表示右手得天獨厚的明顯優勢，便用「輕巧」、「靈活」、「敏捷」這些字眼來形容。

動物是不是也慣用右手，或者是左撇子，還是左右都沒差呢？我們已經有機會看到蟋蟀、白面螽斯，以及其他許許多多拉著琴弓的昆蟲，牠們的琴弓就在右前翅上，而發音器官則位於左前翅。牠們也都是慣於使用身體右半部分的。[2]

---

② 蟋蟀、白面螽斯的發音器見《法布爾昆蟲記全集 6──昆蟲的著色》。──編注

當我們以腳跟原地旋轉時，若非刻意，我們總是以右腳跟做為支撐點，從比較壯實的右邊轉到比較無力的左邊。帶螺殼軟體動物的渦紋，幾乎全是由左往右生長。在眾多水生動物和陸地動物中，除了幾種外，幾乎全是自右向左旋轉的。

稍微弄清楚在二元結構的動物中，哪些慣用身體的右半部分，哪些慣用左半部分，並非不具意義。不對稱現象是否普遍？有沒有某一些中性的動物，身體兩邊都同樣靈活、同樣有力呢？是的，有這樣的動物，圓網蛛就是其中之一。牠具有一種很令人羨慕的特性，左邊身體和右邊身體一樣靈活。下面的觀察將證明這一點。

為了架設捕蟲的螺旋絲，任何圓網蛛都能夠任意從四面八方轉動。這是從堅持不懈的觀察中所得知的。至於牠因何故朝哪個方向轉，個中奧秘我們仍不明白。但是一旦決定了，即使有時發生某些變故打亂了牠的工作進程，這個紡織姑娘也不會改變轉動的方向。我曾見過這樣的情況。突然，一隻小飛蟲陷入了已經織好的那部分網中，蜘蛛立即暫停作業，奔向獵物，將牠捆綁起來，然後回到停止作業的地方，按原先的次序繼續編織牠的螺旋絲。

剛開始工作時，圓網蛛一會兒從這個方向轉，一會兒又朝

那個方向轉，所以在向中心鋪設螺旋絲時，一下子用右邊身子，一下子用左邊身子。然而我們前面說過，牠總是用後面的內步足，即對著中心點的那隻步足來織網，也就是說，在某些情況下牠用右步足，在另一些情況下，牠又用左步足來安放螺旋絲。鋪絲的作業非常精細，牠必須恪守間距相等的準則，而蜘蛛的動作又迅速非常，所以牠必須相當靈活。只要看到牠今天用左步足，明天用右步足，所有的運作都那麼精確，任誰都會深信，圓網蛛是節肢動物中，左右「開弓」極其靈活的卓越高手。

第七章

我的鄰居圓網蛛

　　圓網蛛的才能不會因為年齡不同，而在基本特徵上有什麼變化。幼年圓網蛛怎麼工作，老年圓網蛛雖然積累了一年的經驗，也是這樣工作。在牠們的公會中，沒有徒弟，也沒有師傅；從鋪設第一根絲起，每隻蜘蛛都已通曉牠的職技了。我們已經了解新手的情況，現在就來考察一下年長者，看看隨著年齡的增長，造物主有沒有因此對牠們提出更多的要求。

　　七月初始，想看什麼就有什麼可看。有一天傍晚，暮靄沈沈，在荒石園裡的迷迭香上，新的居民正在編織蛛網時，我在門前發現了一隻大腹便便、高傲漂亮的蜘蛛。這個「胖婦人」是去年出生的，牠那威風凜凜的富態樣，在這一季節是罕見的。我認出了這是角形圓網蛛，牠身穿一襲灰衣，兩

條暗色飾帶勾勒在身體兩側，在後部會聚成尖形。在短時間裡，牠從左右兩側把下腹部脹得鼓鼓的。

這個鄰居，現在成為我關注的對象了，只要牠工作的時間不太晚，我就能夠加以觀察。一開始有好兆頭，我看到這個大腹便便的婦人拉出了一批絲。這顯示牠有可能讓我如願以償，我不用犧牲太多的睡眠時間。果然，七月一整月和八月的大多數日子裡，每晚八點到十點，我都得以追蹤織網過程。因為蛛網在每晚捕捉飛蟲時，多少都有些損壞，到了第二天，破得太厲害了，就得重新編織。

在盛夏的這兩個月裡，當炎熱的白天結束，夜幕低沈，晚上有一絲涼意時，我手持提燈，毫不困難地追蹤著我這個鄰居的各種作業。牠置身於一排柏樹和一叢月桂之間，端坐在適合我觀察的高處，面向著姬天蠶蛾常常光臨的狹徑。看來這位置很理想，因為在整個夏季裡，角形圓網蛛雖然幾乎每天傍晚都要翻新牠的網，卻並不改變位置。

黃昏結束時，我們全家準時去拜訪牠。看到牠在顫動的繩索上，那麼大無畏地做出驚險萬分的雜技動作時，大人小孩都驚歎不已。完全符合幾何規則的網完成了，我們都十分讚賞。在提燈的燈光照射下，一切都閃閃發光，蛛網變成了美妙的圓

花飾，彷彿是用月光織成的。

遇到我想弄清楚某些細節，而在荒石園裡待久一點晚回家的時候，全家人雖然都已躺好，卻還醒著在等我。「今晚牠做了些什麼？」家人問我，「牠抓到蛾了嗎？」我便講述事情的經過。第二天，家裡人就不那麼急著去睡覺了，大家都想把整個過程看完，直到結束。啊！這些天真的人，這麼美好的夜晚竟然就在蜘蛛的工廠前度過了。

我們把角形圓網蛛的偉業，一次次地記載下來。通過這些大事紀，我們首先了解了，構成建築物框架的絲線是怎樣得來的。角形蛛整天都蜷縮在柏樹的綠葉中，到了晚上八點鐘左右，牠莊嚴地從隱居地出來，來到樹杈頂梢。在這高崗上，牠首先要花點時間根據現場的情況安排計畫，考察天氣情況，了解夜裡天氣會不會晴朗。

然後，突然間，牠把八隻步足伸得開開的，身體懸掛在從紡絲器裡拉出來的絲橋上，呈垂直線墜下。就像搓繩工有規則地後退，把繩子從麻裡抽出來一樣，角形圓網蛛利用下墜的動作，抽出了牠的絲。牠的體重就是拉力。

但是下墜並不因重量產生的引力而加速，而是受紡絲器的

調節。牠一邊下降一邊收縮，或擴張或閉合紡絲器的毛孔，隨之緩緩地減慢速度，這條充滿活力的垂直絲拉長了。提燈讓我清楚地看到秤錘，卻不見得老是能看到絲。這時，這隻大腹便便的蜘蛛把步足伸展入空中，好像沒有任何憑依似的。

到了離地兩法寸處，牠突然停住，紡絲器不再動作了。蜘蛛抓住剛剛拉出來的絲，回轉身，又一邊紡織一邊從原路往上爬。但是這一次，體重不再能給牠幫助了，牠又用別的方式來拉絲：後面的兩隻步足交替迅速運轉，把絲從絲庫裡拉出來，又逐漸把絲拋棄掉。

蜘蛛回到了出發點，兩公尺多的高處。這時牠擁有一根雙股絲，結成環柄狀，在風中軟弱無力地漂浮著。牠把絲的一端固定在適當的地方，等待另一端被風吹起，把環柄黏結在附近的細枝上。

也許要等待許久，才能得到所期待的結果。角形圓網蛛沒有失去耐心，我卻等得不耐煩了，便給了牠一點幫助。我用麥稈挑起飄盪的環，把它放在一根高度適中的細枝上。經我插手搭起來的絲橋，就跟蜘蛛自己放置的一樣，足堪使用。角形圓網蛛感到絲黏住了，便從兩端來來回回好幾趟，每跑一趟就在絲橋上加一股線。撇開我的助力不論，框架的主要部件──懸

掛纜,就這樣鋪設好了。這絲橋非常細,但根據它的結構,我把它稱為「絲纜」。它看起來很簡單,但兩端卻散成花開似的枝狀,來回多少次,便有多少分叉。這一股股分叉的絲,黏著點各不相同,使絲纜兩端固著得更加牢靠。

懸掛纜比整個網的其他部分都牢靠的多,所以能夠存在很久。經過夜間的捕獵,網一般都會損壞,第二天傍晚幾乎都要重新編織。在清理了廢墟之後,就要在原地全部重起爐灶,只有絲纜除外,因為重織的網要懸掛在這根絲纜上。

鋪設這根絲纜並非易事,因為鋪設成功與否,並不全然取決於蜘蛛的技藝,還必須有待氣流將細絲帶到灌木叢中去找到依託。有時一絲風都沒有,有時絲線會掛到不合適的地方。架這根絲線往往要耗費很長的時間,卻沒有把握一定會取得成功。所以一旦架設好既牢固、方向佳的懸掛纜後,除非發生了極其嚴重的事件,角形蛛一般是不會更換懸掛纜的。每天傍晚,牠從這絲橋上走過,再走過,用新的絲來加固。

當角形圓網蛛無法充分下墜,不能把絲的環固定在遠處,從而得到雙股絲時,牠便採用另一種辦法。就像我們先前所見,牠墜下,然後又爬上來;不過這一次,絲的一端像蓬鬆的畫筆尖,細叉各自分離,就像從紡絲器的蓮蓬頭裡灑出來一

樣。然後這根狐狸尾巴似的濃密細絲，彷彿用剪刀剪斷似地延伸開來，整根絲拉長了一倍。現在長度已經足夠，蜘蛛把一端固定起來，另一端則隨著分散的細叉隨風飄盪，以便輕易地黏到灌木叢上。

總之，不管方式如何，鋪設好絲纜後，蜘蛛便有了一個基地，可以隨時接近或離開做為依託的枝椏了。這根絲纜是牠擬建工程的上限。從這根絲纜的高處，牠變換降落點，往下滑一些兒，然後又沿著下降時抽出來的絲往上爬，從而產生了雙股絲。蜘蛛在大絲橋上行走時，這雙股絲一直延伸到繫著絲橋的細枝，而把這絲的活線頭或高或低地固定在細枝上。這樣便從左邊和右邊產生了幾個斜向的橫線，連接絲纜和枝椏。

這些橫線又支撐著其他各個方向的橫線。當橫線達到一定數目時，蜘蛛就不用藉著下墜來抽絲了；從一根繩索到相鄰的繩索，牠都一直用後步足拉絲，一步步把絲架設好，由此就產生了一系列直線的組合。這組合沒有任何秩序，但均保持在接近垂直的同一平面上。一個非常不規則的多邊形空間便這樣被劃分出來，網就編織在這空域中，是非常有規則的作品。

這個傑作是怎樣做出來的，無需贅述，幼蛛已經清楚地告訴了我們。圓網蛛皆以中心瞄準點為標竿，來鋪設等距離的輻

射絲；都有用完即丟的臨時構架——輔助螺旋絲，也都有圈圈緊密的捕蟲螺旋絲。這些就說到此為止了，因為有一些別的細節引起了注意。

鋪設這種捕蟲螺旋絲是非常精微的作業，因為施工需要具備規則性。我很想知道：在喧囂的吵嚷聲中，蜘蛛會不會遲疑不決，犯下某些錯誤？牠能不能鎮靜沈著地工作？牠是不是需要在安靜的環境中思考？我已經知道，牠對於我的靠近和燈光，並不怎麼激動，手提燈驟然射出的光線，並未使牠工作分心。就像摸黑轉動紡車，牠在光線照耀下繼續轉動著，既不加快也不放慢。這對於我打算進行的實驗，是個好兆頭。

八月的第一個星期天，是村裡的守護聖人節。星期二是慶祝的第三天，晚上九點鐘要施放煙火歡送節日。煙火施放正好在我家門前大路上，離蜘蛛的工作地點只有幾步遠。當人們敲著鼓、吹著號，手持火把，後面跟著一群頑童來到時，這個紡織姑娘正好在鋪設牠的大螺旋絲。

比起放煙火的熱鬧場面，我更希望了解昆蟲的心理學。我手持提燈，密切注視著角形圓網蛛的行動。人群的喧嘩聲、鞭炮的爆炸聲、金色煙火在空中發出的劈啪聲、煙火的呼嘯聲、火花如雨般落下，白的、紅的、藍的光突然閃亮，在在都沒讓

這個女工不安，牠有條不紊地紡著、紡著，一如平常在寂靜夜晚作業一樣。

蜘蛛才在休息區邊緣猝然結束了大螺旋絲的鋪設工作，便把用節餘絲頭做成的中央坐墊吃掉了。但是在吃這一口標誌著織網結束的宵夜之前，蜘蛛類中只有彩帶圓網蛛和圓網絲蛛，還要對其工程進行驗收和蓋章，也就是說，要從中心到休息區下部邊緣，鋪一條緊貼的白色之字形帶子。有時在上部還有第二條同形狀稍短的帶子，不過這並不一定都有。

我從這些古怪的章自然看出，這是用來加固網的設備。年幼的圓網蛛最初是不使用這種加固法的。現下牠們對未來無憂無慮，還不知要節絲省用，所以即便網的損壞程度不大，還堪使用，牠們仍然每天傍晚重新織網。在日落時分，牠們家中按慣例都有一張嶄新的網。既然這工程明天還要重做，加固不加固就不大重要。

可是到了秋末冬初，成蛛感到產卵期近了，便不得不節約起來。因為不僅卵囊需要花費大量的絲，還由於成蛛的網面積大，也需要很多絲，所以牠盡量節約，讓網堪用得久些，以免在築窩時絲庫告罄。

　　出於此因或是其他我尚不知道的原因，彩帶圓網蛛和圓網絲蛛認為有必要建築經久的工程，用一根橫穿的帶子來鞏固牠們的捕蟲網。而其他圓網蛛製造的卵囊就比較省工，只是個簡單的小丸子；牠們的絲網沒有加固用的之形帶，所以和幼蛛一樣，幾乎每天傍晚都重新織網。

　　在手提燈光照耀下，我的胖鄰居角形圓網蛛，將要告訴我們重新織網的工作如何進行。在暮靄低沈時，牠從隱居地小心翼翼地走下來，離開柏樹葉子，來到捕蟲網的懸掛纜上。牠在那裡待了一會兒，然後下到網上，大把大把地把廢網收攏起來。螺旋絲、輻射絲和框架，全都耙到步足下面。只有一件東西沒有耙掉，那就是懸掛纜，這個結實的部件是先前建物的地基，在稍微加工之後，還要用於編結新網。

　　收攏來的廢網成了一粒小丸子，蜘蛛像吃獵物般津津有味地把這丸子吞了下去，一點也不剩。這再度顯示圓網蛛對絲有多麼儉省。我們前面看到，蜘蛛在織好網後，把中心的瞄準點吃下去，而這不過是微不足道的一口而已，現在牠們品嚐的，才是豐盛的食物──整個蛛網。這些舊網的材料經過胃的精製，又變成液體，將用於別的用途。

　　場地清掃乾淨後，角形蛛便在留下來的懸掛纜上，開始編

織框架和網。舊網被勾破的地方再補一補，通常都能再用，這樣修補舊網豈不是更簡單嗎？是的，情況似乎如此。但是，蜘蛛會像家庭主婦縫補襪衣那樣織補牠的網嗎？問題就在這裡。

補上裂開的網眼、更換斷掉的絲線，把新舊部分銜接得天衣無縫，最後把毀壞的部分收攏起來，網又和新的一樣了。這工作真是太有意義、太了不起了。那麼，蜘蛛有沒有這樣清醒的意識呢？有的人未經認真觀察便斷言牠有。我沒有這麼大膽，我們要先進行了解，透過實驗，才能夠弄清楚蜘蛛是否真的會整修牠的成品。

我的鄰居角形圓網蛛在晚上九點才剛剛織好網。夜晚氣候極好，樹梢紋絲不動，正適合尺蠖蛾出來巡遊，捕獵一定會大有收穫。當大螺旋絲已然鋪設完畢，角形圓網蛛即將吃掉中央的小坐墊，在休息區安居之際，我用小剪刀把蛛網剪成對半。輻射絲收縮回來，網上出現了一個足足可以放進三根手指頭的空洞。

蜘蛛躲在絲纜上看我這麼做，並不太驚慌。我剪完後，牠平靜地走了回來，在剩下的那半張網上，牠停在曾經是整個圓面的中心處。但是由於有一側身體的步足沒地方支撐，牠很快便知道這個捕蟲網已經損壞。於是牠拉了兩根絲橫穿在缺口

上，僅僅兩根，多一根也沒有；原先沒有依託的那些步足現在伸到這兩根絲上，然後蜘蛛再也不動了，開始專心一意地等待捕蟲。

看到這兩根絲連結上裂縫的邊緣後，我便期待能看到縫補的工作。我心想，蜘蛛即將在這缺口上的兩端拉上許多絲，即使增添的這部分跟網的其餘部分並不完全相符，但至少牠會填滿空缺部分，而綴補起來的網面跟合乎規則的網一樣，都能有效運用。

結果並不如我的預想。這位紡織姑娘整個晚上再也沒做啥事，牠就用這張被剪破的網將就著捕蟲。因為第二天我發現，這張網還像昨晚我離開時那樣原封不動，絲毫沒有任何縫補的跡象。

橫拉在缺口上的那兩根絲，不能視做企圖進行整修的證據。而是由於身體一側的那些步足沒有地方憑依，蜘蛛要去打探捕獵情況時，便從裂縫中穿了過去。牠在來回的路途中，就像其他圓網蛛的慣常做法那樣，留下了一根絲。但這並不是因為牠自己試圖進行修補，而只是由於牠心情不安地來回走動所帶來的後果罷了。

　　也許被實驗者認為沒有必要再花費氣力，因為網被我剪了後，完全還可以使用。整體來說，這兩張半面網還跟原先的面積一樣大，可以捕蟲。只要蜘蛛待在某個中心位置，伸出來的步足能找到必要的憑恃就行了；而拉在裂隙兩邊的那兩根絲，幾乎已足夠支撐牠的步足了。所以我的辦法行不通，得想個好一點的法子。

　　第二天，把前一天的網吞下後，蜘蛛又織出了新網。當工作結束，角形圓網蛛一動也不動地待在中央區時，我用一根麥稈小心翼翼地不破壞輻射絲和休息區，只撥動螺旋絲，把絲拉了出來。螺旋絲晃動著，一截截斷了。捕蟲螺旋絲毀了，網就沒用了，尺蠖蛾從那裡飛過也抓不到了。那麼面對這場災難，角形圓網蛛做了些什麼呢？

　　牠什麼也沒做。動也不動地待在我手下留情的休息區裡，等待捕捉獵物，牠在那已經沒有用的網上，白白等待了一整夜。早上，我發現網仍然和昨晚一樣。飢而生巧，然而飢餓卻沒有讓蜘蛛下決心，稍稍修復一下牠那殘破的大本營。

　　也許，這對牠的謀生手段來說要求太高了。在鋪好那根大螺旋絲之後，絲庫裡的絲可能已經用罄，不可能再持續地吐絲了。我希望能有什麼狀況發生，以說明牠不修補並非因為沒有

絲。我堅持不懈，終於等到了。

在我密切注視蜘蛛繞大螺旋絲時，一隻獵物落入了殘破的陷阱。角形圓網蛛中止了工作，奔向這個冒失鬼，把牠用絲捆綁起來，就在那裡享用美食。就在這場搏鬥中，紡織姑娘親眼看到網的一角被撕破。一個大窟窿將會影響網的作用。面對這個討厭的窟窿，蜘蛛會怎麼辦呢？

修補破網此時正是時候，否則便永遠不會加以修補了。既然事故就在此時，蜘蛛的腳下發生了，牠肯定知情的；另外，這時紡織廠正在充分運作著，紡絲器裡不會沒有絲的。

本來這種情況是非常有利於織補的，可是角形圓網蛛根本沒去補網。牠把獵物吸了幾口就扔掉了，然後跑到為了捕尺蠖蛾而暫時中斷的工作處，繼續鋪大螺旋絲。撕破的部分仍然原樣保留著。由機械齒輪控制的織布梭，沒有回到破損的布上，蜘蛛就是這樣織網的。

這並不是心不在焉，也不僅是某隻蜘蛛的疏忽，所有的蜘蛛都有類似的不修補現象。彩帶圓網蛛和圓網絲蛛在這方面值得注意。角形圓網蛛幾乎每晚都把網整個翻新；而彩帶圓網蛛和圓網絲蛛卻越來越少修補自己的網，雖然網破得很厲害，卻

繼續使用著，用一張爛得不成樣的破網繼續捕獵。或許只有在舊網破爛得認不出來時，牠們才會下決心編織一個新網。

可是，我好幾次把這些廢墟的樣子記了下來，第二天看到時仍然是老樣子，甚至破得更加厲害。從來沒有進行修補，完全沒有。我們的理論出於某種需要，對蜘蛛的織補能力讚美有加，可是我對牠們的名聲卻感到很遺憾：蜘蛛完全不會補網。儘管牠有副沈思的模樣，卻不會做一絲絲必要的思考，在因事故而產生的窟窿上補上一塊布。

其他一些蜘蛛不會編織大網眼的網，在牠們織出來的綢緞上，絲線隨意地交叉，形成了連續不斷的布匹。這些蜘蛛中有家蛛。牠們在我們的牆角鋪設一塊寬大的絲布，固定在牆角的突出地方。業主的豪宅就在側邊角落裡。這是一根絲管，一個洞口呈錐形的長廊，蜘蛛躲在裡面監視著外界情況，而別人卻看不到牠。這塊布的其餘部分，精細度超過我們最柔軟的平紋細織。說穿了，它並不是捕獵工具，而是一座平臺；尤其在夜間時，家蛛在那上面巡邏，密切注視著領地裡的一切。真正的捕獵器是一堆張在這塊布上的亂繩。牠編織捕獵器的規則跟圓網蛛不同，其運作方式自然相異。這裡沒有黏稠的線，只有簡單的線圈，鋪得密密麻麻，獵物怎麼跑都跑不掉。一隻小飛蟲撲到這個錯綜複雜的陷阱裡，就被逮住了，牠越掙扎就捆得

越緊。被纏住的蟲子掉到絲布上，家蛛便跑過去把牠咬死。

　　現在，我們來做一點實驗。我在家蛛的絲布上開了個圓洞，有兩個手指那麼寬。這洞整天都張得大大的，但是到了第二天，破洞總是被蓋住了。有一片很細的薄紗把缺口蓋了起來，缺口黑漆漆的樣子跟四周不透明的白布形成了對比。那薄紗薄到肉眼看不出來，必須用一根麥稈才感覺得出來。當麥稈碰到這地方，引起布的搖動時，才能肯定遇上了障礙。

　　這樣，事態就很明顯了。夜裡，家蛛修補了牠的建築物，給撕破的布料縫上了補丁，這是圓網蛛所欠缺的才能。要不是進一步認真研究出另一個結論，恐怕我們就要稱讚家蛛的本事真是太卓越了。

家蛛

　　我們說過，家蛛的網是個監視哨和開發地，也是一塊捕獵網，昆蟲被上面的吊索抓住並掉到這塊布上來。這塊場地不斷會有獵物掉到上面，卻非常不牢固，因為牆上脫落的細泥灰會弄破它，所以屋主得不斷對網進行加工，每天夜裡都要在上面加上新的一層。

每次從管狀隱蔽所出來或回去，牠總要把繫在身後的一根絲牽在走過的地方。搭在表面的線的方向便是證明：這些線隨著散步者的心意或直或彎，但全都匯聚於絲管的入口處。無疑地，牠每走一步路就給這塊布添上一根線。松毛蟲（我在別處曾介紹過牠們的習性）①也是如此。夜間，毛毛蟲從牠們的絲屋裡出來進食或返回休息時，總要在住宅的表面紡上一點絲線。每次出征都要使房屋的圍牆加厚一點。

毛毛蟲們在我剛剪了一長條縫的絲囊上走來走去，根本不注意這裂縫，牠在裂縫上進行織補，就像在完好無損的絲囊上添絲一樣。牠們對於事故毫不在意，過去在未被開膛破肚的房屋上怎麼做，現在也照做不誤。裂縫漸漸被縫合了，這並非出自有意識的行為，而僅僅是紡織習慣使然。

對於家蛛也可以得出這樣的結論。牠每晚在平臺上散步，給平臺加建新的一層，不管上面有沒有空洞。牠並不是有意在被撕破的布上補一塊，而只是繼續做習慣的工作。如果這個洞終於堵住了，這滿意的成績也只是永遠不變的工作方法的結果，而不是特意這麼做的。

---

① 文見《法布爾昆蟲記全集6──昆蟲的著色》第二十章。──編注

　　另外，如果蜘蛛真想修補牠的網，那麼牠就應該將注意力都放在那塊撕破處，把所有的絲都用在那上面，一次就要織出一塊跟其餘部分沒多大差別的布來。然而，實際情況並非如此。我們發現了什麼呢？幾乎什麼也沒有，只是一塊近乎看不見的薄紗而已。

　　顯而易見地，蜘蛛在破洞上的所為，跟牠在別處所為一模一樣，不多也不少。牠沒有把絲都花在這破洞上，牠屬行節約，以便有絲織在整張網上。隨著一層層新紗加固著這個網，這個缺口便漸漸地堵住了。不過這得花上很長一段時間。兩個月後，我開的天窗隱隱約約還看得出來，在這塊沒有光澤的白布上還露著一個黑點。

　　可見，不管是地毯女工還是紡織姑娘，都不會修補牠們的作品。而我們的縫衣女工，即使是最沒本領的，由於有理性這個神聖蠟燭的微光，所以都能夠補好襪子的破後跟。可是這些織網的能工巧匠，卻沒有這樣的理性。於是我們只好拋掉這種錯誤的有害想法：即蜘蛛網檢查員的職業可能還是有用的。

第八章

圓網蛛的黏膠捕蟲網

　　圓網蛛的螺旋絲網非常巧妙。我們最好多留意彩帶圓網蛛或圓網絲蛛的網，在沁涼的早晨觀察它們。

　　稍微注意就看得出來，組成捕蟲網的絲跟構成框架的絲不一樣。它們在陽光下閃閃發光，其中顯現的結節像是小顆粒編成的念珠。用放大鏡直接觀察這網不大可能，因為稍有微風，網便顫動不已。於是我把一塊玻璃片放在網下，把網抬起來，取下幾段要進行研究的絲，平行地固定在玻璃上。現在可以使用放大鏡和顯微鏡了。

　　眼前所見令人目瞪口呆。這些絲在肉眼可見和不可見的末端，是一圈圈非常密的螺旋絲。另外，絲是空心的，是一根非常細的管子，裡面裝滿了好像溶解的阿拉伯樹膠般的黏

液。這黏液從絲的端頭流出半透明的液體。放在顯微鏡載物臺上用玻璃片壓住，螺旋絲便延伸成從一端到另一端都扭捲著的細帶，在中間有一道暗線，這是空腔。

穿過這捲曲管狀絲的管壁，絲內所含的黏液一點點地滲出來，使整個網都具備黏性，而且黏度令人詫異。我用一根細麥稈輕輕碰了碰一段絲的三、四節。雖然是很輕的碰觸，麥稈還是立刻就被黏住。我把麥稈抬高，絲就被拉了過來，長度比原來長一至二倍；最後由於繃得太緊了，絲脫落下來，但它並沒有斷，只是縮回原樣。絲拉長時，螺旋絲鬆開，縮短時又重新捲曲起來。最後黏液滲到絲的表面，使絲成為黏合物。

總之，這螺旋絲是物理學中前所未見的一種纖細如髮的細管。它捲成螺旋狀以具備彈性，可以經受獵物的掙扎而不致被拉斷。絲管裡儲存著大量黏質物，以備在絲表面因暴露於空氣中，而使黏附力減弱時，藉由不斷的滲出來恢復黏力。這真是太奇妙了。

圓網蛛不是在一般的網上，而是在帶黏膠的網上捕獵。那種黏膠奇妙至極，什麼東西碰上去都跑不掉，甚至連蒲公英的冠毛輕輕擦過都要被黏住，可是圓網蛛整天跟它打交道卻不會被黏住。這是為什麼呢？

我們首先回想一下，蜘蛛在牠的捕蟲網中央有一個區，黏性螺旋絲不進入這個區裡，它們在離中心一定距離處就突然停止了。這中心區占整個大網的面積掌心大，由輻射絲和輔助螺旋絲的開端構成，不具黏性。用麥稈試著探測一下就能得知，麥稈在中心區內的任何地方都不會被黏住。

圓網蛛只是駐守在這個中心區，這個休息區內，待上幾天幾夜等著獵物到來。牠和網的這部分儘管接觸得這麼密切，待的時間又這麼久，卻沒有被黏在那裡的危險，因為構成中心區的輻射絲和輔助螺旋絲，並沒有黏性的塗料和管狀扭捲的螺旋絲，只是一種實心的普通直線絲。可是，獵物往往是在網的邊緣處被黏住，這時蜘蛛就迅速過去把牠捆綁起來，制止牠掙扎。如此一來，蜘蛛就必須在網上行走，但我發現牠並沒有絲毫的為難。黏性絲也沒有因為蜘蛛步足的移動而被提起來。

我小的時候，每個星期四我們都成群結隊到麻田裡抓金翅雀。在給細竹竿塗上黏膠前，我們都要先在手指上抹幾滴油，免得手被黏住。那麼，圓網蛛了解油脂物的秘密嗎？

我用紙沾了一點油，擦了擦麥稈，再把麥稈放到螺旋絲上，現在麥稈不會被黏住了。原理找到了。我從一隻活的圓網蛛身上取下一隻步足，把它放在麥稈上跟黏絲相接觸，可是它

就像在非黏性絲上一樣，沒有被黏住。圓網蛛在任何情況下都不會被黏住，我們早該料到的。

現在再做的一個實驗，結果卻徹底改變了。我先把這隻步足放在油脂物的最佳溶解劑──硫化碳中浸泡一刻鐘，然後，用一支浸著這種液體的毛筆仔細清洗這隻步足。洗好後，步足就像別的東西，例如沒塗油的麥稈一樣，和捕蟲網的螺旋絲牢牢地黏在一起了。因此，我認為圓網蛛不會被黏性螺旋絲黏住，身上肯定有一種脂肪物質。這種看法對不對呢？硫化碳的作用似乎肯定了這一點。何況這樣的物質在動物體內十分常見，所以肯定沒理由否定，就算只是出汗，也會在蜘蛛身上輕輕抹上這樣的脂肪物質。我們在手指上擦點油，好處理用來黏金翅雀的竿子；同理，蜘蛛身上所塗的特殊汗液，則是為了在網上任意活動而不致被黏性絲黏住。

但是，在黏性絲上不宜待太久。跟這些絲接觸久了，就會引起黏附，從而妨礙蜘蛛的行動，而蜘蛛必須完全保持敏捷，以便在獵物尚未掙脫之前衝過去，所以牠的長時間待機處是絕對沒有黏性絲的。

圓網蛛只在這個休息區裡，才一動不動地待著，牠伸開八隻步足，隨時準備察覺蛛網的晃動。牠用餐也是在這裡，如果

抓到的獵物是肥美的佳餚，進食往往要花上很長的時間。牠通常先在這兒把獵物捆綁好，咬了咬後，再把俘虜拖到一根絲的末端，在沒有黏性絲的地方慢慢享用。圓網蛛準備了一個沒有黏膠的中心區，做爲自己的捕獵哨所和餐廳。

關於這種黏膠，由於數量少，不太可能研究其化學特性。我們從顯微鏡下看到，從斷絲中流出一股略帶粒狀的透明液。以下的實驗將進一步告訴我們，關於這種液體的情況。

用一塊玻璃片穿過蛛網，我採集到了一些固著成平行線的黏膠絲。把玻璃片放在一層水上面，用一個罩子罩起來。在這充滿濕氣的環境中，不一會兒蛛絲邊就伸展開來，在一種可溶於水的套管中逐漸膨脹，變成了流體狀。這時絲管的螺旋形消失了，在蛛絲的管道裡出現了一種半透明的圓珠，也就是說，出現了一些極細的小粒。

二十四小時後，這些絲裡面的膠液沒有了，絲變成了幾乎看不見的細線。這時，我如果在玻璃片上滴一滴水，便會得到一種像溶解的阿拉伯樹膠似的黏性分解物。結論顯而易見：圓網蛛的黏膠是一種對濕度非常敏感的物質，在濕度飽和的環境下，它大量吸水，然後通過絲管滲出來。

　　這些資料說明了有關蛛網工作的某些事實。成年的彩帶圓網蛛和圓網絲蛛，在大清早天還沒亮前便忙著結網。如果天氣變得多霧，牠們便會擱下未完成的工程。霧天並不會妨礙牠們構建總體框架、架設輻射絲，甚至繞輔助螺旋絲，這些構件並不會因為濕度過大而受損。可是牠們卻不會在霧天編織黏膠捕蟲網，因為捕蟲網被霧浸濕便會溶解成黏性的破片，受潮而失去效用。如果天氣條件合適，已經開始編織的網將在第二天夜裡織好。

　　雖然捕蟲絲對濕度的高度敏感有些不方便，但它的好處卻更大。這兩種圓網蛛在白天捕食，要在艷陽照射下忍受酷熱，而這時正是蝗蟲樂於出沒的時候。在炎熱的盛夏，除非有專門的預防措施，否則膠蟲網將會變乾，萎縮成僵硬無活力的細絲。然而事實正好相反。即使在最炎熱的時節，膠蟲網也始終很靈活、有彈性，而且黏附力還越來越強。

　　怎麼會這樣呢？這純粹出於它對大氣濕度的高度敏感性。空氣中永遠都會有濕氣，濕氣會慢慢浸入黏性絲裡，隨著原先的黏度逐步消失，它會按所需來稀釋絲管裡濃稠的膠汁，並讓膠汁滲到管外來。在調製黏鳥膠的技術方面，有哪個捕鳥者能跟圓網蛛一較高下呢？為了捕捉一隻尺蠖蛾，牠需要多麼巧妙的技術啊！

　　不僅如此，牠的生產熱情還十分高昂！了解一下圓面的直徑和所繞的圈數，就能夠輕易計算出黏膠螺旋絲的總長度。如此一來便會發現，每當角形圓網蛛重新織網時，一次就要生產二十公尺的黏性絲。圓網絲蛛更靈巧，生產三十多公尺。可是我的鄰居角形蛛，在兩個月中每晚都要重新編織牠的捕蟲網。在這段期間，牠生產了一千多公尺這種充滿黏膠、緊捲呈螺旋狀的管狀絲。

　　但願有個解剖學家，比我擁有更好的工具、眼力比我更強，向我們解釋這出色的拉絲廠是怎樣運作的。絲質的東西怎麼會鑄造出微細的管子，這管子怎麼會充滿黏膠並捲成螺旋形；這同一所拉絲廠又怎麼會提供普通的絲，用來加工成框架、輻射絲和螺旋絲，而且還提供彩帶圓網蛛卵囊裡那棕紅色的煙，以及裝飾在卵囊上的橫條黑飾帶？蜘蛛的大肚子這個奇怪的工廠，生產了多少產品啊！我雖然看到了產品，卻無法了解這機器如何運作。且容我把這個問題留待解剖學家和生物學家研究吧。

第九章

圓網蛛的電報線

在我所觀察的六種圓網蛛中，只有兩種——彩帶圓網蛛和圓網絲蛛，即便在熾熱陽光下，也始終待在牠們的網上。其他蜘蛛一般只在夜間露臉。牠們在離網不遠的灌木叢中，有個簡單的隱蔽所，一個由幾片掛著蛛網的葉子所構成的埋伏地。牠們白天通常都動也不動，集中精力駐守在那裡。

但是，使圓網蛛感到不便的強烈光線，卻給田野帶來了歡樂。此時，蝗蟲比任何時跳得更遠，蜻蜓比任何時候都飛得更輕捷。另外，黏膠捕蟲網雖然在夜間被撕破了些，但多半都還可以使用。要是有哪個莽撞者被黏住了，藏身在遠處的蜘蛛會知道這意外的收穫嗎？別擔心，牠會即刻趕到的。那麼，牠是如何得知消息的呢？讓我們來解釋一下吧。

　　網的顫動比親眼看到獵物更會使牠警覺起來，一個很簡單的實驗便足以說明。我在彩帶圓網蛛的黏膠網上，放了一隻剛因硫化碳中毒窒息的蝗蟲，把死蝗蟲擺在守著網中心的蜘蛛附近。如果實驗對象是白天躲在樹葉中的蜘蛛，死蝗蟲就擱在網中心或近或遠處，怎麼放都可以。

　　不管怎麼放，一開始都毫無動靜，即使蝗蟲就擺在牠前面不遠處，蜘蛛也一直不動。牠對獵物無動於衷，似乎一無所覺。終於我不耐煩了，便用一根長麥稈稍稍撥動一下死蝗蟲。這下子，彩帶圓網蛛和圓網絲蛛立刻從中心區跑過來了，別的蜘蛛也從樹葉中下來，全都奔向蝗蟲，用絲把牠捆起來，就像對待正常情況下捕捉到的活獵物那般。可見需要網發生震動，才會使蜘蛛決定進攻。

　　也許是因為蝗蟲顏色灰灰的，看不清楚，引不起蜘蛛注意的緣故吧。那就試試對人類視網膜，以及可能對蜘蛛的視網膜來說，最鮮豔的顏色──紅色吧。由於蜘蛛吃的野味中沒有穿著紅色外衣的，我便用紅毛線做了一個小包裹，一個像蝗蟲大小的誘餌黏在網上。

　　我的妙計成功了。只要這包裹不動，蜘蛛就沒什麼感覺，可是當我用麥稈撥動包裹，牠就匆忙跑來了。有一些頭腦簡單

的蜘蛛用腳尖碰碰這玩意，就像對待一般獵物那樣，用絲把這個沒發出其他訊息的包裹捆了起來，甚至按照事先讓獵物中毒的慣例，咬了咬這個誘餌。只是到了這個時候，牠才發現上當了，於是受騙者便走開了。我把占住蛛網的東西扔掉很久過後，牠們才回來。

有一些卻很狡猾。牠們跟別的蜘蛛一樣，向紅毛線誘餌跑過來，用觸角和步足探了探，立刻發現這玩意沒有價值，便毫不浪費絲去做無用的捆紮。我那顫動的誘餌騙不了牠們，經過短暫的檢查，便被扔掉了。

可是，不管是狡猾還是幼稚的，所有的蜘蛛畢竟都從遠處，從設在枝椏中的埋伏地跑來了。牠們是怎樣得到消息的呢？肯定不是靠視覺。在發現錯誤之前，牠們必須用腳抓住這東西，甚至還要咬一咬。牠們有深度的近視。這個無生命的東西不會使網顫動，即使在一巴掌那麼近的距離，蜘蛛也看不見；何況在許多情況下，捕獵是在漆黑的夜間進行，這時牠的眼力再好也沒有用。

如果連在咫尺之近處，眼睛都算不上是好嚮導的話，那麼需要從遠處偵察獵物時，該怎麼辦？在這種情況下，一個遠距離傳遞訊息的儀器必不可少。要找到這種儀器毫不困難。

　　隨便找一隻白天躲在隱蔽處的圓網蛛，在牠編織的網後面注意觀察，我們會看到一根絲從網的中心拉出來，以斜線上拉到網的平面之外，直到蜘蛛白天所待的埋伏地。除了中心點外，這根絲和網的其他部分完全無關，跟框架的線也沒有任何交叉。這條線毫無阻礙地從網中心直通到埋伏地。線的平均長度為一肘。圓網蛛高踞樹上，牠的線長度有兩、三公尺。

　　無疑地，這根斜絲是一座絲橋，讓蜘蛛在緊急事態發生時能夠及時趕到網上，而在巡查結束後又能夠返回駐地。事實上，這也就是我看見牠來回行走的路徑。但是僅是如此而已嗎？不，因為如果圓網蛛只是為了在隱蔽所和網之間有一條快速通道，那麼把絲橋搭在網的上部邊緣就行了，這樣路程會更短，而且斜坡也不那麼陡。

　　另外，為什麼這根線總是以黏性網的中心為起點，而絕不在別處呢？因為這個中心點是輻射絲的匯聚處，是一切震動的中心點。一切在網上動盪的東西都把其顫動傳到這裡來，所以只要一根從這個中心點拉出來的線，就可以把獵物在網上任何地點掙扎的訊息輸送到遠處。這根超出網平面的絲不止是一座橋，它首先是個信號器，是條電報線。

　　來看看實驗的情況吧。我放了一隻蝗蟲在網上，被黏住的

昆蟲死命掙扎；蜘蛛旋即熱情地跑出住所，從絲橋下來，直奔蝗蟲，按慣例把牠捆綁起來，對牠施行手術。一會兒過後，牠用一根絲把蝗蟲固定在紡絲器上，拖到自己的隱蔽處，慢慢地飽餐一頓。到此為止，都沒有什麼新鮮事發生，一切經過一如既往。

讓蜘蛛自個兒忙去吧，過幾天我再來插手。我打算給牠的還是一隻蝗蟲，但這次我沒有碰動任何東西，只是用剪刀輕輕地把信號線剪斷了。獵物放到了網上；完全成功了，蝗蟲掙扎著，晃動了網，可是蜘蛛卻一動也不動，似乎對這些事情完全無動於衷。

可能有人會認為，圓網蛛動也不動地待在住所裡，是因為絲橋斷了，沒辦法跑過來。快醒醒吧！牠有條條道路可通往牠該到的場所。網由繁絲繫在枝椏上，走起來都很方便。可是圓網蛛哪條路都不走，牠一直集中精神，一動也不動地待著。

為什麼？因為牠的電報線壞了，牠沒有得到顫動的信息。牠看不見黏住的獵物，獵物離牠太遠了，牠不知道有這回事。整整一個小時過去了，蝗蟲一直蹬著腳，蜘蛛依然無動於衷，而我一直在旁邊觀察著。圓網蛛終於警覺起來，牠腳下的信號線被我剪斷了，牠感覺到這線不再繃得緊緊的，便過來了解情

況。牠隨意踏著框架上的一根絲，毫不困難地進到網中，於是牠發現了蝗蟲，立即把牠捆起來。然後又去架設信號線，取代我剛才剪斷的那根線。通過這條路，蜘蛛拖著獵物返回了家。

我的鄰居，粗壯的角形圓網蛛，電報線有三公尺長，更理想地替我保留了要觀察的情況。早上的時候，我會發現牠的網上面什麼也沒有，幾乎是完好無損，這證明夜間捕獵的情況不好。蜘蛛一定飢腸轆轆了。用一隻獵物做誘餌，我能不能讓牠從高高的隱蔽所下來呢？

我把一隻優質的獵物——一隻蜻蜓黏在網上，蜻蜓絕望地掙扎著，整個網直晃動。躲在高處的蜘蛛離開藏在柏樹葉中的隱蔽所，循著牠的電報線大步來到蜻蜓那裡，把蜻蜓捆綁起來，然後立即帶著俘虜從原路上去，線端的俘虜在牠腳後跟晃動著。牠在綠色的休息處安安靜靜地吃著獵物。

幾天之後，在同樣的條件下，我重新進行實驗，但事先把警報線剪斷了。我選了一隻粗壯的蜻蜓，獵物拚命掙扎，卻一點用也沒有；我的耐心等待也一樣徒勞無功，蜘蛛一整天都沒下來。牠的電報線斷了，牠不知道樹下三公尺處發生的事。黏住的獵物一直在原處，牠不是無視獵物的存在，而是不知道有獵物在那裡。晚上，當夜深人靜時，角形圓網蛛離開牠的茅

屋，來到牠那成為廢墟的網上，發現了蜻蜓，於是就在那裡把蜻蜓吃掉，然後又把網修葺一新。

我有機會進行觀察的另一種圓網蛛，雖然保留著訊息傳遞線的基本機制，卻大大加以簡化了。牠就是漏斗圓網蛛。這種蜘蛛生長在春季，特別擅長在迷迭香的花朵上捕捉蜜蜂。

牠在一枝樹葉枝椏梢，用絲做了一個海螺殼式的居所，大小和形狀就像一個橡栗的殼斗。牠就待在那裡，大肚子放在圓圓的窩裡，前步足搭在邊緣上，隨時準備跳出去。牠很愜意地待在那兒，等待獵物來臨。

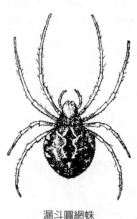

漏斗圓網蛛

牠的網也遵循圓網蛛的慣例，是垂直的，非常寬，總是離蜘蛛所待的小窩盆很近。另外，這網由一個角形的延伸物與住所相連；在這個角中總有一根輻射絲，漏斗圓網蛛可以說就坐在牠的漏斗裡，步足始終搭在這根輻射絲上。這輻射絲來自於網的中心，網上任何地方傳來的顫動都會聚在那裡，所以這輻射絲能夠把資訊及時傳遞給蜘蛛。

它有兩個作用：既是黏蟲網的一部分，又通過顫動通知蜘蛛，這樣就不需要多一根專門的線了。

其他的蜘蛛則相反，牠們白天住在遠離蛛網的隱蔽所，一條跟蛛網持續保持聯繫的專線不可或缺。實際上，所有的蜘蛛都有這根電報線，只是要到喜歡休息和長時間打瞌睡的年齡時才會具備。年幼的圓網蛛非常警覺，也不會打電報的技術。再者，牠們的網存在短暫，到了第二天，幾乎什麼也不剩了，所以沒有類似的裝置。因為在一個破爛不堪、幾乎什麼都逮不到的網裡，是沒有必要安裝警報器的。只有年老的蜘蛛在綠蔭下沈思和假寐，才需要有根電報線來了解網上發生的事情。

為了避免要持續警戒而過分辛苦，為了安閒自在地休息，甚至為了背對著網也能夠察覺發生的事件，埋伏者的腳一直踩在電報線上。關於類似的問題，以下的觀察會讓我們對此更加明白。

一隻腹部非常肥大的角形圓網蛛，在兩棵月桂樹中間織了一個將近一公尺寬的網。陽光照在這個陷阱上，蜘蛛早在黎明前就離開了，躲在牠白天的莊園裡。循著那根電報線，輕易就找到了牠的莊園。那是一個用幾股絲連起來的枯葉做成的隱蔽所。這個藏身屋非常深，只看得到蜘蛛圓圓的屁股，其餘整個

身子卻都看不到，這個屁股把隱蔽所的大門擋得紮紮實實的。

　　蜘蛛前身這樣埋在草屋的深處，牠肯定看不到自己的網。即使牠沒近視，視力良好，也絕對無法看見獵物。在這日照異常強烈的時刻，牠是否不捕獵了呢？完全不是。我們再看看吧。

　　妙極了！牠的一隻後步足伸到樹葉蓋的屋子外面來，而警報線就連在這隻腳尖。看過蜘蛛腳上牽著電報線的姿勢，你就會知道這種昆蟲最奇妙的技巧。一隻獵物來了，步足接收到震動的訊息，打瞌睡的傢伙立刻驚醒，急忙跑了過來。牠被我親自放在網上的一隻蝗蟲愉快地驚醒了，並急忙跑來。牠對獵物感到滿意，而我則因為剛才了解到的情況比牠更滿意呢！

　　機會好的不得了，我們來了解一下柏樹居民所顯示的意義。第二天，我切斷了電報線，這條電報線有兩隻手臂那麼長，像昨天一樣由蜘蛛伸出窩的後腳拉著。然後我把兩隻獵物──蜻蜓和蝗蟲放在網上。蝗蟲的帶刺長腳猛踢猛蹬，蜻蜓的翅膀直打顫，幾片離網很近的樹葉由於跟蛛網框架的絲線連在一起，都被震動得搖晃起來。

　　可是，這樣的震動雖然發生在離蜘蛛非常近的地方，卻絲毫沒有引起牠的注意，牠根本沒有因此轉過身來打聽一下發生

了什麼事情。一旦警報線不再運作，牠就什麼事情都不知道了。牠一整天一動也不動。晚上將近八點鐘左右，牠出來重新織網時，才終於發現了牠至今都不知道的意外收穫。

順帶一提，門鈴繩拉一拉就會把晃動傳送過去，而蛛網多次被風吹得直搖晃，網架的許多部分被空氣渦流震得拉過來、扯過去，鐵定會把這些晃動傳送給警報線的。可是蜘蛛並沒有從牠的茅草屋裡出來，對於蛛網的震盪牠根本不當一回事。可見牠的儀器比門鈴繩更好；這是一個電話機，跟我們的電話機一樣，能夠把聲音發出的分子顫動傳輸過來。蜘蛛用一個腳趾抓住牠的電話線，用腳聽著；牠感覺得出最隱密的顫動，分辨得出哪種顫動來自於俘虜，哪種顫動又只是因為風吹所致。

第十章

蛛網的幾何學

　　我現在著手寫的這一章很有意思，可是寫起來卻困難重重，並不是因為這個題材難懂，而是因為它要求讀者具備一些幾何學知識。這種知識是非常有用的糧食，卻完全為人所忽視。我不是寫給幾何學家看的，一般說來他們不太關心生命本能之事；也不是寫給昆蟲學家看的，他們對於數學定理漠不關心。我是為那些對昆蟲有興趣的聰明人而寫的。

　　怎麼辦呢？把這一章取消掉，那會略過了蜘蛛技巧中最引人矚目的特點；如果用學術公式給予應有的說明，那麼這寥寥幾頁紙根本不夠。因此我們採取折衷的辦法：既不令人望而生畏地描述事實，也不完全隻字不提。

　　我們就來端詳圓網蛛的網吧。在圓網絲蛛和彩帶圓網蛛的

網上，首先可以看到等距離的輻射絲，以及從一根絲到另一根絲所產生的角，儘管數目眾多，在圓網絲蛛的網中多達四十多個，但所有角的角度明顯相等。我們還看到蜘蛛以甚為奇特的方式達到其目的：把要織網的空間劃分成許多開度相同的扇形面，扇形面的數目各家蜘蛛幾乎都一樣。一種可說是無秩序、狂熱而隨意的操作，卻產生了類似圓規量出來的圓網。

我們也看到，在每個扇形面內構成螺旋圈的橫線，彼此是平行的，而且越靠近中心，彼此間的距離越縮小。這些橫線和連結橫線的輻射絲所構成的角，一邊是鈍角，一邊是銳角；由於橫線平行的緣故，這些角的角度在同一扇形面內是恆定的。

根據此特點，可以看出這是對數螺線。把從稱為「極點」的中心所輻射出的一切直線或扇形面輻射線，以常數的輻射角值斜切，所得出來的曲線，幾何學家將之稱為「對數螺線」。所以圓網蛛所走的路程，是一條內切於對數螺線的多邊形線。如果輻射絲的數目無限，就會與這種對數螺線混淆在一起，如此便可能使直線部分變得非常短，且把多邊形線變成曲線。

雖然我們很想揭示，為什麼這種螺線會引起科學界的諸多思考，但我們現在只著重於做某些陳述，讀者可以在進階幾何的論文中找到對此問題的說明。

　　對數螺線環繞其極點而畫出數目無限的圈，它越來越接近這個極點，卻總是到達不了。每繞完一圈就更接近這個中心，但卻永遠無法到達。當然，這種特性超出了人類感官的感覺範圍。即使借助於最精密的儀器——視覺，也無法持續注視著那些沒完沒了的圈圈，結果很快就會放棄繼續去注意這種看不見的分割了。這是一種無法想像會有極限的繞圈。只有經過精心培育、比人類視網膜更加敏銳的理智，才能清晰看出肉眼所不能見的東西。

　　圓網蛛盡其所能地遵循這種無限繞圈的規則，牠的螺旋圈越靠近極點彼此越加緊密。到了一定的距離，螺旋圈突然停止；但這時接著這根絲的，是還存在於中心區的輔助螺旋絲，而且人們還會驚奇地看到，這輔助螺旋絲向著極點所繞的圈越來越密，幾乎難以察覺。當然這不是高度的精確，只是近似這種精確性而已。圓網蛛盡其工具所能，愈形接近繞向牠的極點，可以說牠是精通螺線規則的行家。

　　再來描述一下這種奇怪曲線的某些特性，但不做解釋。讓我們設想一根可彎曲的線繞在對數螺線上。如果把它拉開來，一直拉緊，那麼它自由的一端就會捲成跟原先完全一樣的螺旋狀，只是曲線改變了方向而已。

　　傑出的幾何學定理發現者——雅各布‧白努力[1]，其墳墓上便刻有這種發生性螺線和由此線延展產生的類似物，做爲他的榮譽頭銜。並有一段銘文：「我依原樣復活自身」。對於這個飛躍向來生的大問題，幾何學很難找到更加貼切的表達了。

　　我們還知道另一個有關幾何學的著名墓誌銘。西塞羅[2]於西西里擔任財政大臣時，在湮沒一切的荊棘和亂草堆中尋找阿基米德的墳墓。藉由廢墟中一個刻在石頭上的幾何圖形，他找到了這位學者的墓。該圖形是畫成球形的圓柱體。因爲阿基米德是第一個理解圓周與直徑的近似比率的人，他由此求出了圓周和圓面積，以及球面積和球體積。他揭示出，球的面積和體積是圓柱體面積和體積的三分之二。這位古學者討厭浮誇的銘文，以其定理做爲墓誌銘而自豪。幾何圖形跟字母一樣，清楚標示出了人物的姓名。

　　最後，對數螺線還有一個特性。讓曲線在一條不確定的直線上繞圈，它的極點不斷移動位置，卻總是保持在同一條直線上。無休止繞圈的結果卻是一條直線，持續變化產生出來的卻

① 雅各布‧白努力：1667～1748年，瑞士數學家，對微積分的創建有所貢獻。他的白努力定理是運動流體（液體或氣體）的壓力、流速和落差之間的關係式。——譯注
② 西塞羅：西元前106～前43年，羅馬政治家、律師、作家。——譯注

是無所變化。

　　然而，這種特性出奇的對數螺線，是否僅是幾何學家任意把數值和面積相結合而形成的想法，從而想像出一個神秘的深淵，再將他們的測試方法運用其上呢？這是否是在遇到重重困難的夜裡，所產生的一個純粹夢想，一個讓人類智力有用武之地的荒謬之謎呢？

　　不是的。這是一個為生命服務的真理，是動物建築師經常使用的一種草圖。尤其是軟體動物，總是按照這條深具學術價值的曲線，在貝殼上繞螺旋斜線。這種動物的初生者都了解這條曲線並身體力行，從宇宙混沌初開直至今天，牠們的曲線都畫得那麼好。

　　對於這個問題，我們不妨研究一下菊石，這是真正的聖骨。牠們記載著昔日大水消退後，海洋裡的爛泥剛剛形成陸地時，生命的最高表現方式是何種模樣。沿著生長方向把這化石切開磨光，就能看到漂亮的對數螺線，按住宅的一般標準畫出來，該宅邸是一座珍珠宮殿，一根水管穿過，從而隔出無數的房間來。

　　今天，花紋貝殼的頭足綱軟體動物的最後代表——印度的

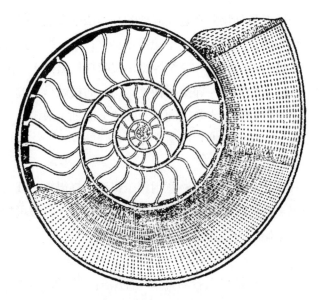

中生代化石——菊石上的對數螺線。

海鸚鵡螺仍然信守古代遺訓，因為牠沒有找到比遠古祖先更好的辦法。牠移動了水管的位置，置於中心處而非放在背上，但仍像混沌初開時的菊石那樣，根據對數的規則繞牠的螺線。

可是別以為這種具備深奧學術性的曲線，只有軟體動物的這些王子們才會畫。在長著青草的溝渠裡，那些扁平的貝殼動物，大不過扁豆的小不點扁卷螺，在高等幾何學上的精通程度足可媲美菊石和鸚鵡螺。例如，渦蟲扁卷螺的對數螺線就非常精美。

　　長形貝殼動物雖然也受同樣的基本法則支配，結構卻更複雜。我手邊有幾種來自新喀里多尼亞[3]的錐尾螺，錐非常尖，約一拃長，表面光滑，完全裸露，沒有任何皺褶、結節、珍珠帶這些常見的裝飾。建築物精美絕倫，簡樸就是它的美飾。我在那上面看到有二十多個圈，一圈比一圈細，最後消失於纖細的頂端。一條細線把它們截止住了。

　　我在這個錐體上，隨意用鉛筆畫出一條母線。我的視覺並未受過幾何測量的訓練，但根據我所看到的，我發現螺旋線以一種恆定值的角度切斷這條母線。

　　這個實驗結果很容易獲致一種結論。錐體的母線投射到與貝殼軸線相垂直的平面上，變成了半徑，而從底部轉圈上升至頂部的細線，彼此輻合成為一條平的曲線，這條以恆定不變的角度與半徑相交的平曲線不是別的，只可能是對數螺線。反過來，我們可以把貝殼的條紋視為這種螺線在一個錐形表面上的投影。

　　更妙的是，我們可以設想一個與貝殼軸線相垂直並從頂端通過的平面。再設想一條繞在螺旋線上的線。我們把這條線退

③ 新喀里多尼亞：法國海外領地，位於西南太平洋澳洲以東1100公里。——譯注

出來，但一直拉得直直的。它的末端不會脫離平面，而是在平面上畫出一條對數螺線，這便是比白努力「我依原樣復活自身」，更爲複雜的變體：錐形對數曲線變成了平面對數曲線。

在別的長圓錐形貝殼動物，如錐螺、長辛螺、蟹瘦螺，以及在扁圓錐形貝殼動物的馬蹄螺、嶸螺身上，也存在著類似的幾何學。捲成渦形的小球般軟體動物也不例外。所有這些，乃至於普普通通的蝸牛，都是按對數規則建造螺殼的幾何學家；這條著名的螺線就是軟體動物繞牠們的石匣子的總平面圖。

這些黏答答的動物怎麼會掌握這樣的科學呢？有人這麼說：軟體動物是從毛毛蟲衍生來的。有一天，陽光照得毛毛蟲心花怒放，便解放出來，搖晃著尾巴，愉快地把尾巴拎成螺旋形，便突然找到了未來螺旋形貝殼的平面圖。

這便是今天人們一本正經傳授的東西，彷彿這就是科學取得勝利的證明。可是我們還得先了解一下，這種解釋在何種程度上可以被接受。蜘蛛就絕對不會接受這種說法。蜘蛛不是毛毛蟲的親戚，牠沒有可以捲成螺旋狀的附屬器官，可是牠卻會織出對數螺線。牠用這著名的曲線只造出某種框架，儘管這框架十分簡陋，卻清楚地證明牠的建築物有多麼理想。蜘蛛工作的原理，跟帶捲曲外殼的軟體動物所依據的原理是一樣的。

　　軟體動物為了建造其螺塔，要花上整整幾年，牠繞的螺線精美絕倫。而圓網蛛織網至多只有一小時；造網快，所以作品就必然粗糙一些。軟體動物所畫的螺線十分完美，圓網蛛僅僅畫曲線的草圖，從而縮短了時間。

　　可見圓網蛛精通菊石的幾何術，牠畫出蝸牛特有的對數線。是什麼指引牠這麼做呢？人們無法用毛毛蟲那套說法，說蜘蛛也有什麼東西會產生蜷曲動作。蜘蛛本身必然有潛在的螺線草圖。我們往往設想會有許多的偶然，但偶然的機會絕不可能教會牠高級的幾何學；就算以人類的智慧，如果事先沒經過充分的教育，很快也會在這高等幾何學中弄得暈頭轉向。

　　那麼，可不可以說圓網蛛這種技藝，純粹是身體結構的作用呢？我們很自然地想到了步足可以任意伸縮，發揮圓規的作用。步足彎得多些少些，伸得長些短些，便能機械式地決定螺線橫穿輻射絲的角度，它們能在每個扇形面保持橫線的平行。

　　對此我可以提出某些不同意見，證明工具在這裡並不是作品的唯一調節器。若說是步足的長度決定了絲的布置，那麼如果紡織姑娘的腳長一些，螺旋間的間距就要更寬一些。事實上，彩帶圓網蛛和圓網絲蛛所彰顯的正是如此，前者的步足長，牠網上的橫線就比步足短些的圓網絲蛛間隔大。

　　但是，別的圓網蛛卻告訴我們，不能過分相信這條法則。比起細長的彩帶圓網蛛，角形圓網蛛、蒼白圓網蛛和冠冕圓網蛛是矮胖子，然而，牠們那帶黏膠的螺旋線距離卻與彩帶圓網蛛不相上下，而且後兩種的旋轉螺旋絲距離甚至更大。

　　另一方面我們也看出，身體結構並不保證作品一定不變。在編織黏膠螺旋絲之前，圓網蛛先編織第一道純屬輔助性的螺旋絲做為支撐點。這螺旋絲是不帶黏膠的普通絲，從中心出發到達邊緣，圈的寬度迅速增大。這是一種暫時的建築物，當蜘蛛鋪設黏膠螺旋絲時，它只剩下中央部分還保留著。第二個螺旋絲是捕蟲網的基本部分，相反地，它以緊密的圈從邊緣向中心推進，這種螺旋絲只由黏性的橫線組成。

　　如此一來，由於機制的突然改變，便有了方向、圈數和相交角完全不同的兩種螺旋物。兩者都是對數螺線。不管步足長還是短，我都看不出有任何機制能夠說明這種變化。

　　那麼，這是不是圓網蛛預先想好的辦法呢？牠是不是做了計算，用眼睛或別的什麼對角度進行了測量，對平行性進行了檢查呢？我偏向於認為根本沒這回事，這一切都是與生俱來的，圓網蛛並未刻意去想辦法，就像花朵並未設法把葉子、枝椏布置好一樣。圓網蛛做出了高度精確的幾何學計算，但這一

切牠並不知道，也沒有去留意，牠是靠本能的推動做出來的。

石子扔出去後掉到地上，便劃出了一道曲線；枯葉被風刮掉下來，也是順著類似的曲線落到地上。無論石子還是枯葉，都非刻意使自己掉落下來，可是它們卻依循拋物線這巧妙的軌跡落了下來；拋物線的圓錐面和一個平面相交的截線，給幾何學家提供了思考的範例。一個原先只是通過思辨而得出的圖形，由於石子落到垂直線之外而成為了現實。

對拋物線再做同樣的思考，設想它在一個無限的直線上滾動，那麼這條圓錐曲線的焦點是依循什麼路徑移動的呢？答案是：拋物線的焦點劃出一條懸鏈線，這條線的形狀非常簡單，但其代數符號卻需要採用一種神秘的數來表示，這個數無法進行任何列舉，而這條線不管劃分得多細，都無法以單位表示。我們稱這個數為「e數」，其數值是如下無限長的級數：

$$e = 1 + \frac{1}{1} + \frac{1}{1 \times 2} + \frac{1}{1 \times 2 \times 3} + \frac{1}{1 \times 2 \times 3 \times 4}$$
$$+ \frac{1}{1 \times 2 \times 3 \times 4 \times 5} + \cdots\cdots$$

這個級數是無限的，因為自然數的級數是無限的，如果讀

者有耐心對這個級數的前幾項進行計算，他將會得出：

e＝2.7182818……

　　根據這個奇怪的數值，你現在還會認為這純粹只是出於想像嗎？一點也不會。每當地心引力和撓性同時發生作用，懸鏈線就在現實當中出現。當一條懸鏈彎曲成兩點不在同一垂直線上的曲線時，人們便把這曲線稱為「懸鏈線」。這就是抓住一條軟繩子兩端而垂下來的形狀，就是一張被風吹鼓起來的船帆外型的那條線條；這就是母山羊下垂來的乳房裝滿後，鼓起來的弧線。而這一切都需要e數。

　　一小段線頭裡有多麼深奧的科學啊！但別對此感到驚異。一個掛在線端的小鉛球，一滴沿著麥稈流動的露水，一窪被微風輕拂吹皺的水面，總之，事事物物，在需要加以計算的時候，都要用上大量的數字。我們要有海克利斯的狼牙棒，才能夠降伏一隻小飛蟲。

　　誠然，人類的數學研究方法十分巧妙；可是卻不宜過度讚賞發明這些方法的強勁大腦，因為大腦在面對極微小的現實情況做計算時，是多麼緩慢且辛苦啊！難道我們從不想以更簡單的方式去得出正確的東西？是否有那麼一天，智慧能擺脫掉公

式的沈重負擔？而這又有何不可呢？

現在，這個奇怪的 e 數又出現了，寫在蜘蛛的一根絲線上。讓我們在濃霧瀰漫的早晨，對夜間剛剛織好的網觀察一番吧。由於霧水的緣故，黏膠絲上面有水滴，水滴的重量使黏膠絲彎曲成了一根根懸鏈線，一顆顆透明的寶石念珠，這些精緻的念珠排列得整整齊齊，以鞦韆的曲線垂綴下來。太陽穿透過晨霧時，整個網便閃閃發光，絢麗多彩，變成了光彩奪目的枝狀燭臺。e 數真是輝煌異常。

幾何，亦即面積上的和諧，支配著一切。幾何存在於松果鱗片的排列中，也存在於圓網蛛的黏膠網上；蝸牛的螺旋上升斜線裡有幾何，蜘蛛網的念珠裡有幾何，行星的軌道裡也有幾何。幾何到處存在，無論在原子世界，還是在無限遼闊的宇宙中，幾何都極其高明。

這種普遍的幾何學就像個萬能的幾何學家，他那神奇的圓規把一切都量過了。我們對菊石和圓網蛛的對數做了解釋，而我更偏好這樣的解釋，而非那種毛毛蟲捲起尾巴的說法。也許這種解釋不大符合今天通行的教導，但它具有更高的價值。

第十一章
圓網蛛的交尾與捕獵

　　圓網蛛的婚禮儘管重要，可是關於這種本性粗野，在神秘夜間的愛情很容易變成悲劇的婚禮，我只想簡單地說一說。我只見過一次交尾的情況，而這個觀察機會還是拜我的胖鄰居角形圓網蛛所賜，我經常提著燈去拜訪牠。我就來敘述一下事情的經過吧。

　　八月的頭一個星期，約莫晚上九點，天空晴朗，炎熱無風。我的胖鄰居還沒織網，只是靜待在懸掛絲上。在應當工作得如火如荼之際，牠卻遊手好閒，這現象令我驚訝不已。會有什麼不尋常的事情發生嗎？

　　不尋常之事確實發生了。我看到一隻雄蜘蛛從附近的灌木叢中跑來，爬上了纜繩。這個矮小瘦弱的傢伙，向這個大

腹便便的胖女子致意。牠待在偏僻的角落裡，怎麼知道這裡有一隻已屆婚齡的雌蜘蛛呢？在蜘蛛之間，這類情事在夜晚的寂靜中進行，沒有呼喚、沒有信號，不知牠們是從何得知的。

過去我們曾見識到，大天蠶蛾因為聞到神秘的氣息，而從方圓幾公里遠外跑到我的書房，來拜訪罩在玻璃罩裡的女隱士。[1]今晚的侏儒，另一種夜晚的朝聖者，分毫不差地越過亂七八糟的樹葉，逕朝那位走鋼絲的女雜技演員走去。牠有可靠的指南針來指引方向，每隻雄蜘蛛都能夠到達雌蜘蛛身邊。

雄蜘蛛走上懸掛纜的斜徑，小心翼翼地邁步前進。走到一定距離處就停下來。是因為猶豫不決嗎？牠會更走近嗎？時機成熟了嗎？都不是的，雌蜘蛛舉起了步足，於是來客害怕起來，走下了懸纜。過了一會兒，不安的心情消失了，牠又爬了上來，走得更近一些。可是，牠又突然逃走了。牠就這麼來來去去，每一次都更接近些。這種忐忑不安的來回走動，是熱戀者的愛情表白。

堅持就是勝利。現在牠們倆面對面而站了：雌蛛動也不動，神情嚴肅，雄蛛則十分激動。牠居然敢用腳尖觸觸那大腹

① 文章見《法布爾昆蟲記全集7──裝死》第二十三章。──編注

便便的胖姑娘。牠做得太過分了，這個大膽的傢伙。胖姑娘被
嚇了一跳，順著掛在安全帶上的垂直線猛然落了下去。這一切
發生在頃刻之間。現在牠又上來了。牠知道女方對牠的再三懇
求讓步了。

　　雄蛛用腳，尤其是用觸角去挑逗這個大腹便便的女友，而
女友的回答則是奇怪地跳開了。雌蛛靠前跗節抓住一根絲，接
連向後翻了幾個跟斗，就像體操運動員在吊桿上翻跟斗一樣。
經由這個動作，雌蛛把大肚子的下部呈現在這個侏儒面前了，
使牠能夠用觸角尖適時地稍碰一下。此外就沒別的什麼了，事
情結束了。

　　遠征的目的達到了，這個又瘦又小的傢伙便匆匆逃逸，彷
彿後有復仇女神在追趕牠似的。如果牠待著不動，可能就會被
吃掉。這種在僵硬繩上的體操動作沒有再重演。我接連窺伺了
好幾夜，都沒有再見到這位先生。牠走了，新娘從懸掛繩上下
來，織好網，擺出捕獵的架勢。必須吃東西才會有絲，有絲才
能捕到獵物，才能織出安家的網。因此，甚至在激動的新婚之
後，新娘也沒得閒休息。

　　在黏膠捕蟲網上，圓網蛛如此耐心靜待真令人欽佩。牠的
頭朝上，八隻腳大張，占據著網的中心位置，這裡是輻射絲傳

來訊息的接收點。如果前後發生什麼震動，便是獵物上鉤的信號。圓網蛛甚至用不著看就知道了，牠立即跑了過去。

在這之前，網上毫無動靜，蜘蛛彷彿身心都沈浸在狩獵之中。可是一旦出現了什麼可疑動靜，牠會讓網顫動起來，這是牠威嚇不速之客的辦法。如果我想親自驚動牠，只消用一根細麥稈逗弄圓網蛛就行了。我們盪鞦韆的時候，需要有人幫忙搖晃。被驚嚇的蜘蛛要想去嚇別人，牠的辦法更妙。牠不用別人推，而是用自己的編網機使自己擺動起來。沒有跳躍，沒有明顯的使力，蜘蛛身上什麼也沒動，可是整個網卻顫動了起來。靜止卻產生了搖動。

一會兒，牠又平靜下來，恢復原來的姿勢；牠堅持不懈地思考著，如何獲得活食物這個嚴重的問題：我吃嗎？不吃嗎？某些得天獨厚的動物沒有維生之憂，牠的食物豐富，用不著為了果腹而奔波。比方說用做釣餌的蛆吧，牠心滿意足地泡在遊蛇的腐肉湯中。而頗為可笑的卻是，別的一些動物——往往是天賦極佳的動物，卻只能藉技巧和耐心才能有一頓晚餐。

呵，我的圓網蛛，你就是這種動物；為了晚餐，每天晚上必須非常耐心地等待，可惜有時卻一無所獲。我同情你的不幸，因為我跟你一樣，為每日的口糧操心，我也編結我的網，

編結捕捉思想的網，思想這東西比尺蠖蛾更難捕捉，而且還沒有尺蠖蛾那麼慷慨。我們要相信，生命中最美好的事物並非存在於現在，更不是存在於過去，而是存在於未來，未來是希望的領域。我們等待吧。

整個白天陰霾密布，彷彿暴風雨將至。我的鄰居對氣象變化非常敏感，卻無懼暴雨的威脅，仍然從柏樹叢中出現，在慣常的時間著手重新結網。牠的猜測很準確，夜間是好天氣。那高壓鍋般、令人憋得透不過氣來的密雲裂開了，月亮從雲層破洞裡，好奇地俯視著大地。我拿著提燈也凝神靜觀。一陣北風吹散了滿天烏雲，天空一片晴朗，寂靜籠罩著大地。尺蠖蛾開始長途旅行，忙起牠夜間的事情來。好極了，逮住了一隻，而且是最漂亮的。圓網蛛有晚餐吃了。

這一切是在朦朧燈光下發生的，無法精確地觀察。最好的觀察對象應該是從不離開蛛網、主要在白天捕獵的圓網蛛。彩帶圓網蛛和圓網絲蛛是園子裡迷迭香的房客，牠們將在明亮的光線下，向我們展示這場悲劇不為人知的細節。

我親自把我挑選的一隻獵物放在黏蟲網上，牠那六隻腳都被黏住了。如果牠抬起或者縮回一個跗節，那惡毒的絲也會跟著過來，稍稍拉長螺旋圈，既不會放鬆，也不會扯斷，始終應

付著獵物絕望的抖動。就算獵物掙脫了一隻腳，也只不過是讓其他的腳黏得更緊罷了，而且這隻腳很快又會被黏住。牠根本無法逃脫，除非猛力用勁蹬破這捕蟲網，但即使是強壯有力的昆蟲，也不見得總是辦得到。

由於震動之故，圓網蛛得到了消息，便跑來了。牠圍著獵物轉圈，遠距離偵察著，以便在發起進攻前了解一下要冒多大危險。圓網蛛是根據被黏住的獵物有多大的勁，來決定要採取何種捕捉辦法的。姑且先假設（通常也正是如此）這是一隻不大的獵物：尺蠖蛾、衣蛾，或者隨便什麼雙翅目昆蟲吧。

面對著俘虜，蜘蛛稍稍收縮一下肚子，用紡絲器的尖端碰碰這隻昆蟲，然後用跗節旋轉這個俘虜。關在籠中轉輪上的松鼠，其敏捷的動作也沒有蜘蛛這麼優美、這麼快速。一根黏膠螺旋絲的橫線是這個小機器的軸，軸轉動著，就像一根烤肉鐵叉似的。看著牠這樣轉，眼睛可真過癮啊！

牠為什麼要這樣轉呢？原來是這樣的：短暫的接觸使紡絲器拉出了絲頭，現在需要把絲從絲庫裡拉出來，慢慢繞在俘虜身上，給牠包上一塊裹屍布，不讓牠有任何力氣抵抗。人類拉絲廠裡所使用的辦法同出一轍：滾筒在發動機帶動下轉動，它一邊轉動，把金屬絲從一個狹小的鋼板孔裡拉出來，一邊把一

端變得細小的金屬絲捲到滾筒上去。

圓網蛛也是如此這般地工作。牠的前步足是發動機，被俘虜的昆蟲就是轉筒，紡絲器的孔就是鋼板孔。要精確迅速地捆綁俘虜，這是上上之計，花費的絲不多，效率又高。

下面所見的辦法比較少使用。蜘蛛迅速撲向獵物，獵物不動而蜘蛛自己繞著獵物轉，一邊轉一邊拉出絲來，從網的上面和下面穿過去，逐步放好絲的鎖鏈，把獵物捆綁起來。黏膠絲的彈性很強，圓網蛛能在網上連續地穿來穿去，而不至於把網弄壞。

現在，假設捕到的是隻危險的野味，例如一隻修女螳螂，牠揮動著帶彎鉤和雙面鋸的腳；一隻黃邊胡蜂，狂怒地伸出牠那兇殘的螫針；一隻強壯的鞘翅目的玉米金龜，披著角質盔甲所向無敵。這些都是圓網蛛很少見過的不尋常野味，我特地把牠們放在網上。我使用詭計放上去的這些野味會被接受嗎？

圓網蛛吃這些東西，不過很謹慎。當牠看出接近這種野味會有危險時，便不面對面，而是背朝著牠，用自己的紡絲器瞄準野味。這時候，牠的後步足從紡絲器裡發射出來的不是孤零零的一根絲，而是整個炮臺同時開炮，發射出來的是真正的帶

子，是一片輕紗；後腳把這輕紗撒成扇形，拋到被黏住的獵物
身上。圓網蛛注視著獵物的蹦跳，兩腳把繩綑撒在獵物的前
身、後身、腳上、翅膀上，讓牠全身都戴著鐐銬。絲帶像雪崩
似地撒下來，再兇猛的昆蟲也會被制服。螳螂試圖張開牠那對
鋸齒的臂膀，黃邊胡蜂揮舞著匕首，鞘翅目昆蟲挺著腰、拱起
背，可是一點用也沒有。一陣絲雨又撒了下來，獵物們什麼勁
都使不出來了。

從遠距離撒下大量的絲帶，會很快就用光工廠庫存的，而
採用滾筒的辦法則會節約些。但是要採用節儉的辦法，就必須
走近獵物，用步足轉動滾筒；而這樣太危險，蜘蛛不敢這麼
辦，所以牠只能在安全處不斷撒著絲；看起來牠好像沒有絲
了，但其實牠的絲多著呢。

不過，蜘蛛好像也很擔心這樣過度的花費，所以只要情況
允許，牠很樂意在撒下絲帶使獵物無法動彈後，恢復使用轉筒
的辦法。我曾見到牠在身體有點圓嘟嘟、很適合轉動的大玉米
金龜身上，這樣突然改變手段。在撒了幾把繩索後，牠走近獵
物，把肥胖的獵物轉動起來，就像轉動小小的尺蠖蛾似的。

可是修女螳螂腳長、翅膀大，旋轉就行不通了。在這種情
況下，即使紡絲器裡的絲會用光，也要一直撒繩索，直到獵物

被徹底制服爲止。捕獵這樣的昆蟲花費極大。的確，要不是我親自插手把修女螳螂放在網上，我還從沒見過圓網蛛跟這麼可怕的獵物搏鬥。

現在，不管獵物是強是弱，都已經捆綁好了，接著便是施展致敵於死地的戰術了。蜘蛛永遠都是採取這種戰術：輕輕咬咬被捆紮起來的俘虜，不留下任何明顯的傷口；然後走開，讓螫傷發揮作用。這一切都發生在頃刻間，蜘蛛很快又回來了。

如果是小獵物，例如衣蛾，那麼就在現場，也就是在抓到牠的地方把牠吃掉。如果獵物的塊頭比較大，要吃好久，甚至好幾天，那就需要一間飯廳用餐，不必擔心會被網黏住。爲了到飯廳去，蜘蛛先把獵物往第一次轉動的反方向旋轉，以擺脫旁邊那些原先給旋轉提供轉軸的輻射絲。輻射絲是基本部件，必須保持完好無損，只在必要時才會犧牲幾根橫線。

離開輻射絲後，扭起來的繩索又恢復了原狀。渾身被捆綁的獵物擺脫了黏膠網後，蜘蛛便用一根絲把牠掛在身後，就這樣拖著牠穿過捕蟲區，來到蛛網中心的休息區，把牠掛在那兒。這休息區既是監視站，也是餐廳。如果圓網蛛怕光並擁有電報線，那麼牠正是透過這條電報線，才把獵物拖到夜間隱蔽所的。

就在牠飽餐之時，我們來想想剛才牠輕輕螫咬被捆綁的獵物，究竟發揮什麼作用。蜘蛛把俘虜咬死，是不是為了避免在吃牠的時候，牠不識好歹地亂踢亂蹬，發出討厭的抗議呢？

我有好幾個理由對此表示懷疑。首先，進攻並不引人注目，完全像是普通的接吻。另外，蜘蛛並不挑揀部位，而是碰到哪裡就咬哪裡。那些高明的殺手都非常精明，牠們攻擊頸部或者喉嚨；傷害神經中樞——腦神經節。施行麻醉手術的昆蟲是優秀的解剖學家，牠們毒害運動神經節，知道這種神經節的數目有多少、在什麼位置。圓網蛛完全沒有這種驚人的學問，牠把鉤子隨意插入，就像蜜蜂把螫針隨便螫在哪裡一樣。牠並不特意專選某個部位，只要咬得到，咬哪裡都無所謂。

所以牠的毒液一定毒性劇烈，才會不論注射到哪裡，獵物馬上就像死屍般失去生機。我不敢相信昆蟲這種抗毒性非常強的生物會立即死去。

再說，圓網蛛主要靠吸血而非吃肉維生，牠真的會要一具屍體嗎？活的生物由於血管的波動，血液流動著，比起血液已經凝固的死生物，牠吸吮起來不是更方便些？所以說，即將被蜘蛛吸乾汁液的獵物很可能並沒有死。要證實這一點很容易。

　　我在好些蜘蛛網上放置了各種蝗蟲。蜘蛛跑來了，把獵物裹起來，輕輕咬了咬後，便走到一旁等待螫破的傷口發生效果。我把蝗蟲取出來，小心地去掉牠那絲質的裹屍布。蝗蟲並沒有死，根本沒有死，甚至可以說牠沒有受到任何傷害。我徒勞地用放大鏡在被解救者身上找來找去，沒有發現任何傷痕。

　　牠是否毫髮無傷呢？我真想肯定這一點，因為牠在我手指間那麼激烈地踢蹬著。可是我把牠放到地上，牠卻走得不靈活，跳不起來。也許這是因為被捆在網上的極度不安感，所產生的暫時性生理障礙吧，很快就會消失的。事態發展的結果會是如此嗎？

　　我的那些蝗蟲住在玻璃罩下，一葉萵苣也許能減輕牠的痛苦。然而那些生理障礙沒有消失。一天過去了，到了第二天，還是沒有一隻蝗蟲去碰碰這些萵苣，牠們完全失去了食慾，動作更不靈活了，彷彿無法抑制的麻痺現象使牠們動不起來。第二天，牠們死了，全都死了，徹底地死了。

　　圓網蛛的輕螫不會馬上殺死獵物，而是使獵物中毒全身無力，從而在獵物徹底死亡、血液停止流動之前，自己有充分的時間安全無虞地去吸吮牠的血液。

　　如果獵物體積很大，這頓飯要延續二十四小時，那也用不
著擔心。因為直到吃完以前，俘虜都有一線生命，圓網蛛有的
是時間把汁液吸得一乾二淨。這又是一種高超的屠殺手段，牠
與那些麻醉大師和高明殺手所使用的辦法很不相同。這裡沒有
任何解剖學技巧。圓網蛛並不了解俘虜的身體構造，牠只是隨
便刺一下，其他的事就由注入的毒液去處理了。

　　不過也有一些非常罕見的例外，螫咬很快就會致死。我的
筆記本裡，就記載著角形圓網蛛跟我家鄉最強壯的大蜻蜓搏鬥
的情形。我親自把圓網蛛不常抓到的這種龐然大物黏在網上。

　　網激烈地顫動著，看來獵物要從繩纜上掙脫掉了。蜘蛛從
綠葉叢中的住所一躍而出，大膽地奔向這個巨人。牠向獵物射
出一束絲後，沒採取任何
預防措施，就用步足勒住
牠，把牠制服，然後把彎
鉤插入獵物的背上，咬的
時間長得令我驚奇。這次
不是我常見的那種輕輕的
接吻，而是深深地螫進了
肉裡。然後，蜘蛛走到一
旁，去等待毒液的效果。

大蜻蜓

我立刻把這隻蜻蜓取下來，牠死了，眞的死了。我把牠放在桌上讓牠休息二十四小時，但牠沒有再動彈一下。我用放大鏡也找不到牠傷在哪兒，可見蜘蛛的武器尖端極細。雖然如此，只要牠多刺一會兒，就足以把龐然大物殺死。比較起來，響尾蛇、角蝰、洞蛇等等惡名昭彰的殺手，對其獵物所做的，遠不及這麼驚人的效果。

這些對昆蟲來說可怕至極的圓網蛛，我卻毫無畏懼地擺弄牠們。因爲我的皮膚不適合牠們咬。如果我一定要牠們咬我，我會怎麼樣呢？什麼事也沒有。蕁麻的一根毛對我來說，比致蜻蜓於死地的匕首更加可怕。同樣的毒液在不同的身體上會發揮不同的作用。對某種身體來說，它很可怕，但對別種身體卻不起什麼作用。會使昆蟲致命的東西，對人類卻很可能無害。不過千萬別濫用此一原則。比如狼蛛這種捕捉昆蟲的狂熱分子，人類若去親近牠，可是得付出慘痛代價的。

看圓網蛛進食是蠻有意思的。我曾見過一次，那是下午三點鐘左右。一隻彩帶圓網蛛剛剛抓了一隻蝗蟲。牠高踞在網中央的休息區裡。牠一口咬住這野味的一個腳關節，之後，就我所見，牠再也沒做出任何動作，甚至連口器也沒動一下，只是緊緊叮著第一次螫咬的地方，雙顎沒有前伸後縮，沒有吃一口就停一下，像是在連續地長吻。

　　我不時前去看望彩帶圓網蛛。牠的口器一直沒有改變位置。我最後一次去拜訪牠是在晚上九點鐘，牠的口器還在老地方。整整六個小時，口器一直吸著右腳的下半部。不知怎的，那俘虜的汁液就這樣不斷地流到這個惡棍的大肚子裡去了。

　　第二天早上，彩帶圓網蛛還在吃。我把蝗蟲從牠口器裡拿走。這隻蝗蟲只剩下一張皮，樣子幾乎沒變，但全身卻被吸乾了，好幾個地方還成了窟窿。可見夜裡彩帶圓網蛛改變了吃法。為了抽出不流動的剩餘物——內臟和肌肉，必須把僵硬的外皮戳破，這裡一個洞，那裡一個窟窿，然後整個獵物被彩帶圓網蛛放到牙床上嚼來嚼去，最後成了一小團渣滓，被肚子吃得又飽又脹的蜘蛛扔掉了。如果我不提前把蝗蟲拿掉，這個獵物最終的結局就會是這個樣子。

　　無論是把俘虜螫傷還是殺死，圓網蛛總是隨便咬個地方。對於牠來說，由於獵物種類不同，這是上乘的好方法。我曾見過隨便讓牠碰到什麼，不管是蝶蛾、蜻蜓、蒼蠅還是胡蜂，小金龜子還是蝗蟲，牠都千篇一律地採用此法。如果我讓牠吃螳螂、熊蜂，像普通鰓金龜大小的細毛鰓金龜，以及牠同類中可能從沒吃過的獵物，不管是大塊頭還是小個子，是柔軟的還是帶硬殼的，是步行蟲還是會飛的，牠全都接受。牠是雜食動物，對一切來者不拒，甚至連同類都吃。如果有機會的話。

　　如果牠需要根據獵物的組織結構來動手術，牠就需要解剖學的百科全書知識。可是，基本上本能與一般情況並不相符，牠的科學總是局限於狹窄的領域。節腹泥蜂對於牠們常吃的象鼻蟲和吉丁蟲的結構，了解得一清二楚；飛蝗泥蜂徹底了解牠們吃的短翅螽斯、蟋蟀、蝗蟲；土蜂對牠們的花金龜和犀角金龜非常熟悉。其他昆蟲麻醉師亦然。一物剋一物，超出這個範圍，牠們就一無所知了。

　　各種殺手甚至各具專門的嗜好。關於這個問題，我們回憶一下食蜜蜂大頭泥蜂[2]，以及蟹蛛這種吃蜜蜂的漂亮蜘蛛好了。牠們知道致命一擊的所在，有的位在頸部，有的是在脖子下面，而這些是圓網蛛不了解的；但是也正由於這種才能，牠們是專家，只限於蜜蜂這個領域的專家。

　　動物跟我們有點相同，牠們只在專注一行的條件下才會精通某種技藝。圓網蛛是雜食動物，不得不博學廣識，所以不採用學術精深的方法，而為了補償這一點，牠蒸餾出一種不管咬到什麼部位都可以麻醉，甚至殺死對手的毒液。

　　在知道獵物種類極其不同之後，現在我們要想一想，圓網

② 食蜜蜂大頭泥蜂見《法布爾昆蟲記全集4——蜂類的毒液》第十一章。——編注

蛛如何能夠毫不猶豫地分辨出這麼多不同的形狀；比如說吧，牠如何區分形狀迥異的蝗蟲和蝶蛾？若說牠具有非常廣泛的動物學知識，這又完全超出了牠那可憐的智慧範圍——那傢伙會動，所以得把牠逮住。總之，很可能，蜘蛛的智慧就在於此。

第十二章

圓網蛛的產業

　　一隻狗找到一根骨頭，牠躺在陰涼處，兩腳抓住骨頭，仔細地觀察著。這是牠不可侵犯的財產，是牠的產業。圓網蛛編結的網，也是一份產業，而且比狗骨頭更有資格稱為產業。狗藉著偶然的運氣和嗅覺的幫助，只是發現了一個東西而已，既不需要投資也不需要技巧。而蜘蛛則遠遠凌駕於那位意外發了橫財的業主，牠是自己財富的創造者。牠從自己的肚子裡提取建造產業的物資，靠自己的才幹建立產業的結構。若說世上存在著什麼神聖的產業，那麼就非牠莫屬了。

　　思想整合者的工作又更加不簡單，他編織出另一種類似蛛網的書，以其思想做出了某種能夠傳授知識或使我們感動的東西。人類為了保護這種類似狗骨頭的東西，特地發明出了衛兵。為了保護書，我們只有可笑的手段。如果我們用灰

漿把石頭一塊塊砌起來，那麼就有法律保護這堵牆。而透過書面文字所建造出來的思考大廈，任何人都能夠加以剽竊，輕易地從中汲取某些精髓，甚至只要合適，就把整棟大廈占據下來。一個兔窩是一個產業，思想的作品卻不是。如果動物會覬覦別人的財產，我們也會覬覦別人的財產。

我們的寓言家說：「最強者的理由永遠是最好的理由，而性情和順的卻一無是處[1]。」為了符合詩句、節奏、韻律的要求，這位老先生說的誇張了些，他腦子裡並不是這麼想的；他的意思其實是說，無論是看門狗或其他動物間所產生的衝突，最強者總是盡得好處。根據事態的發展，他深知，成功並不證明優秀。那些成功者——人類的頭號公敵，使得「力量勝過權利」這野蠻的格言成為法則。

我們在這個社會裡是披著變色皮膚的幼蟲，微不足道的小毛毛蟲，而這個社會正非常緩慢地走向「權利勝過力量」這個法則。這一崇高的轉變何時能夠完成呢？為了擺脫野獸般的殘暴行為，難道還要一直等待下去，等到堆積在南半球的海洋傾瀉到我們這邊，大陸的面貌發生了改變，大小冰河期重新開始的時候嗎？也許的確如此，因為道德的進步太過緩慢了。

---

[1] 出自拉·封登《寓言集》中的〈狼與小羊〉。——譯注

　　沒錯，我們是有自行車、汽車、易操縱的汽艇，以及其他讓我們摔斷骨頭的奇妙發明；但這一切都不能使道德提高一個層次。甚至可以說，隨著我們進一步征服物質，道德卻更加退步了。我們最先進的發明就在於：像鐮刀割麥子似地，用機關槍和炸藥快速殺人。

　　想看看這種「最強者的理由」的眞諦嗎？那麼就和圓網蛛一起生活幾個星期吧。圓網蛛是牠的作品──蛛網這個再合法不過的財富的所有者。現在出現了第一個問題，那就是牠能否透過某些標誌認出自己的織物，跟其同伴的織物區別開來呢？

　　我把兩隻相鄰的彩帶圓網蛛的網對換。一來到陌生的網上，牠們都各自跑到中心區去，頭朝下地坐在那裡，不再移動，對鄰居的網就和對自己的網一樣滿意。無論日夜，都沒有搬回自己家的事發生。這兩隻蜘蛛都認爲牠們是在自己的領地裡。這點早在我的預料中，因爲這兩個作品太相似了。

　　於是，我打算讓兩隻不同類的蜘蛛換個網。我把彩帶圓網蛛放到圓網絲蛛的網上，把圓網絲蛛放到彩帶圓網蛛的網上。現在這兩種蜘蛛的網是不相同的，彩帶圓網蛛的黏膠螺旋圈比較密，圈數也比較多。蜘蛛被置於陌生的環境中接受考驗，牠們會有什麼反應呢？

　　在蜘蛛的腳下，一隻覺得網眼太寬，另一隻覺得太窄，牠們對於這種突如其來的變化，大概會感到不安而驚慌失措地逃跑吧。壓根沒有！牠們沒有任何惶惑的表現，一直駐守在中心區，等待獵物的來臨，好像沒發生過任何的異狀。更妙的是，只要這張不尋常的網沒有損壞到不能再用，牠們都不再重新編織一張符合自己體系的網。

　　所以圓網蛛不可能認出自己的網。牠們會把別人的，甚至是異族蜘蛛的作品當做自己的，底下我們將看到這種混淆所產生的悲劇。

　　由於希望研究的對象每天就在手邊，不必碰運氣亂找，我便把在田野裡發現的各種圓網蛛捉來，放在園子裡的灌木叢中。於是，一道既擋風又向陽的迷迭香樹籬，就成為許許多多蜘蛛的家園。

　　我原先是用紙袋來運輸圓網蛛，現在牠們全被取出來放在樹叢裡，讓牠們隨處去安居。大體來說，我把牠們擱在哪裡，整個白天牠們就幾乎全待在那裡不動，直到黑夜來臨才去尋找合適的地方織網。

　　不過，有的蜘蛛可沒那麼有耐心，牠們原先可能在某條小

溝的燈心草之間，或在紅豆杉小矮林裡擁有一張網，可是現在
沒有了；如此一來，是要去尋覓找回原財產，還是去搶劫別人
的呢？這對牠們來說，完全是同一回事。

我看到一隻彩帶圓網蛛朝一隻幾天前定居在我家的圓網絲
蛛的網走去。圓網絲蛛在網中間牠自己的崗位上，表面上鎮靜
自若地等待著侵略者。轉眼間，一場肉搏戰開打了，牠們在進
行殊死戰。圓網絲蛛處於劣勢，彩帶圓網蛛用繩索把牠捆起
來，拖到沒有黏膠的區域，心安理得地把牠吃掉了。屍體被咀
嚼了二十四個小時，直到榨乾最後一滴汁，變成一個小丸子被
扔掉。靠殘酷手段所奪取的網成了侵略者的產業，只要還沒破
到不能用，就一直使用著。

這樣的行徑似乎有理由加以辯解。這兩隻蜘蛛不是同類，
而在不同類動物之間，為生存進行鬥爭，這樣的殘殺是習以為
常的。可是，如果兩隻蜘蛛是同類，那又會怎麼樣呢？這也很
快就能得見。在正常條件下，這種情況也許很罕見，但由於無
法指望會發生自發性的侵略行動，我便親自把一隻彩帶圓網蛛
放在另一隻彩帶圓網蛛的網上。侵略者立即展開瘋狂的進攻，
一時之間勝負難定，但終於侵略者占了上風。此番戰敗者是同
族姐妹，但仍被毫無顧忌地吃掉了，牠的網從此成了勝利者的
產業。

這下子，最強者的理由充分暴露出猙獰面目了：吞食同類，奪其財產。從前人類就是這麼做的，他們攔路搶劫，弱者成了強者的盤中飧。現在各民族之間和個人之間仍在互相劫掠，只是不再人吃人罷了；自從人類嚐到味道更好的小羊排之後，吃人的事情就被廢除了。

但是，我們也不要過分抹黑圓網蛛。牠並不是靠殘殺同類維生；牠不主動去掠奪別人的財產。只有在特殊的情況下，牠才會做出這種卑劣的行徑。我把牠從牠自己的網上拿走，改放到別人的網上。從這時起，我的網和你的網之間就沒有任何區別了，腳碰到的東西就將成為自己真正的產業。侵入者如果是最強的，就會把原來的占有者吃掉，這樣就一勞永逸地消除了抗議。

除了由於我的插手所引起的混亂外──這是我製造事端的必然結果，圓網蛛非常珍惜自己的網，看來也尊重別人的網。牠只在自己的網丟了後，才會去搶同類蜘蛛的網。當然，白天牠不會去搶掠的，因為白天不織網，這個工作是留到晚上進行的。可是，當牠被剝奪了賴以生存的東西，而且覺得自己最強大的時候，牠就進攻鄰居，把對方開膛破肚吃了下去，並占有其財產。我們就原諒牠吧，別再管了。

　　現在來觀察與普通蜘蛛習性不同的蜘蛛。彩帶圓網蛛和圓網絲蛛彼此的形狀和顏色大相逕庭。彩帶圓網蛛的肚子圓圓的，像橄欖，腰間纏著鮮豔的白色、深黃色和黑色帶子；圓網絲蛛的肚子凹陷，圍著一塊白絲布，邊緣上有切成月牙形的邊飾。如果只從外形和衣著來看，我們根本不會把這兩種蜘蛛緊密地聯想在一起。

　　但是天賦的主要特色凌駕外形之上，以至於在進行分類時，縱使再怎麼講究外形的細節，還是要充分考慮天賦的主要特色。這兩種蜘蛛的外形雖然迥異，卻有著極為相似的生活方式。牠們都喜歡在白天捕獵，從不離開牠們的網。牠們的作品上都有之字形的曲線。牠們的網幾乎一模一樣，以至於彩帶圓網蛛吃掉圓網絲蛛後，照樣使用圓網絲蛛的網。而如果圓網絲蛛強大，牠便剝奪彩帶圓網蛛的家產，並把牠吞噬掉。當最強者的權利了結爭議之後，每個人在別人的網上都那麼愜意。

　　現在看看冠冕圓網蛛，牠的毛髮蓬鬆，呈現各種層次的棕紅色，背上大大的白點擺成三個十字。牠主要在夜間捕獵，害怕陽光，白天便躲在附近小灌木叢裡陰暗的隱蔽所中，靠一根電報線跟捕蟲網相聯繫。牠的網在結構和外形上，跟前兩者的網幾乎沒有差別。我如果惡作劇地讓一隻彩帶圓網蛛去拜訪，會發生什麼情況呢？白天，陽光普照，由於我的插手，三個十

字受到了侵犯。網上空空的，業主在樹葉叢中的茅屋裡。電報線一震動，受侵犯者立即跑來，在牠的領地上大步巡視，一見到危險，牠便急忙回到自己的隱蔽所內，沒有對入侵者採取任何行動。

　　至於彩帶圓網蛛，似乎並不太高興。如果牠是被放在同族或者圓網絲蛛的網上，那麼一旦把對方扼死結束戰鬥後，牠就會占據網的中心區。可是這一次，網上空無一蛛，沒有任何東西阻礙牠占據中心區這個主要戰略要點，但牠卻依舊待在我原來擺放牠的地方，並沒有改變位置。

　　我用一根長麥稈輕輕刺激牠。如果牠是在自己家裡遇到這樣的煩惱，彩帶圓網蛛就會像其他蜘蛛那樣，激烈抖動牠的網來恫嚇侵略者。可是現在什麼都沒發生；儘管我一再挑逗，蜘蛛並不跑開，簡直可說是被嚇呆了。原來是出現了可怕的情況：另一隻蜘蛛正在屋頂的觀景臺上窺伺著牠呢。

　　但牠這麼害怕或許還有別的原因。當我的麥稈終於讓牠走了那麼幾步時，我看到牠抬腳有點困難。牠有點蹣跚，拖著腳，甚至把支撐絲弄斷了。這不是走鋼絲雜技演員輕捷的步伐，而是一個笨手笨腳者遲疑的腳步。也許這裡的黏膠網比牠自己的網黏性強。膠的質量不同，而牠鞋上的油並不符合這張

網的黏性要求。

很長一段時間，事態沒有任何改變，彩帶圓網蛛在網的邊上一動也不動，冠冕圓網蛛則躲在牠的隱蔽所裡，兩隻蜘蛛看來都十分不安。太陽下山了，黑夜之友重新開始工作，牠從綠蔭叢中的小亭走下來，不理睬那外來者，逕自循著電報線走到網的中心區。冠冕圓網蛛的出現使彩帶圓網蛛嚇得要命，便縱身一跳，消失在濃密的迷迭香叢中了。

用不同蜘蛛進行了多次實驗，得出的結果都一樣。彩帶圓網蛛對別人的網不放心，即使不是出於網的結構不同，至少也是因為黏性不一樣，牠原來膽子很大，如今卻膽小得不敢向冠冕圓網蛛進攻。而冠冕圓網蛛則待在樹叢中牠白天的莊園裡不動，或者匆匆看外來者一眼，就向自己的莊園奔去，在那裡等待夜晚降臨。在黑暗的掩護下，牠產生了勇氣和積極性，於是重新出現在舞臺上，而牠只要一出現，必要時只要推擠幾下，就能把入侵者趕跑，勝利屬於權利受侵犯的人。

從道德倫理上來說，這種情況應該差強人意了，但可不要因此而稱讚蜘蛛。如果說是外來者尊重受侵犯者，那麼牠這麼做也是有其嚴肅的理由。首先，牠必須跟一個躲在碉堡裡的對手作戰，而牠卻不知道碉堡裡有什麼埋伏。其次，被占領的網

使用起來不方便，因為黏膠跟牠所熟悉的膠網黏性不同。為了一個不一定有價值的東西而冒性命危險，這是笨上加笨。蜘蛛知道這一點，所以牠才不幹呢。

但是一隻被剝奪了網的彩帶圓網蛛，如果遇到的是另一隻彩帶圓網蛛或圓網絲蛛的網，由於牠們編結黏膠螺旋網的方式都一樣，那麼牠就沒什麼好猶豫的了：牠會兇殘地咬破業主的肚子，把個這產業據為己有。

野蠻人說，力量壓倒了權利，或者不如說，在野蠻人中沒有什麼權利可言。動物世界都是為了掠食而亂哄哄地你搶我奪，除了力不從心之外，沒有任何約束。只有人類能夠從本能的底層露出頭來，規定出權利，並隨著意識的覺醒，緩慢地創造出權利來。這神聖的燭光雖然還搖曳不定，但年復一年在增長，它將成為光輝燦爛的火把，在人類社會裡結束動物的原則，且總有一天會徹底改變社會的面貌。

第十三章

數學憶事：牛頓二項式

　　圓網蛛的織網問題的確很有趣。若不是怕人厭倦，我真願意把值得一寫的都寫下來。也許我的簡略描述已經有些超量了，因此我得給讀者一些補償。所以呢，我是否可以談談我是如何吸取豐富的代數知識，以看清對數網並成為蜘蛛網丈量者的？您想聽嗎？這可以讓諸位暫時擱下昆蟲的故事，稍事休息一下。

　　我隱約看見諸君表示了贊同之意。從前我的鄉村學校帶著幾分寬容，接待了一些雛雞和小豬的來訪，而為什麼我那孤獨嚴厲的學校就沒有這樣的興味呢？我這就來談談我的學校吧。如此一來，或許能讓其他求知慾強烈如我的貧困之人，鼓起勇氣來。誰知道呢？

　　我在缺乏老師指導下的環境學習。也許我不該抱怨，自學有其好處，它不會把人框在一個固定的模子裡，而是讓學習者充分發揮創造性。野果如果能成熟，味道自然和溫室中結出的果子不同，它會在懂得品嚐者的唇上留下苦中帶甜的味道，在苦味對照下，甜味益顯濃烈。

　　如果時光能夠倒流，我真願意重新面對總是不甚理解的書本顧問；寧願再獨自熬夜，對抗頑強的黑暗，直到一抹曙光最終綻現；我願意再重溫往昔走過的艱辛歷程。而始終激勵著我不灰心放棄的唯一心願，就是藉由學習，將我所知的點滴知識傳授給別人。

　　我從師範學校畢業時，數學知識最為貧乏。開一個平方根，證明球體的面積，對我來說是科學的頂點。偶爾打開一張對數表，那可怕的、有一大堆數字的對數，就讓我感到頭暈目眩。我只不過才抵達算數的洞穴邊緣，就被某種摻雜著敬畏的恐懼感給懾住了。關於代數，我一點概念都沒有。我知道這個名詞，在我知識貧乏的腦子裡，這個詞是個深奧莫測的疑團。

　　再說，我根本無心去探究這難懂的名詞。它像一道還未經品嚐就被人斷定為難以消化的菜肴。與其去琢磨它，還不如去讀維吉爾的美麗詩句，儘管我也才剛初識那首詩！當時，我怎

麼也想不到，自己竟會長期醉心於畏懼已久的代數研究中。我在機緣巧合下，第一次上了代數課，是授課而不是聽課。

有一位年齡與我相仿的年輕人來找我，請我教他代數。他打算學橋樑工程，並且正在準備一場考試。他來找我，把我這個老實人當成了學識淵博者。啊！天真的求救者，這和他的估計可差遠了！

他的要求使我大為震驚，思量過後我很快鎮靜了下來。「教代數，」我心想，「這真是太荒謬了，我對此可是一無所知啊！」我呆在那兒考慮了好一會兒，拿不定主意。是該答應他還是拒絕他呢？我在心裡不斷地自問。

乾脆答應吧！教游泳的英勇方法就是勇敢地跳進海裡。就讓我帶頭跳進代數的深淵吧，也許在瀕臨滅頂的危險時刻，會產生一股力量助我脫險。雖然我對別人所求之事一竅不通，但這無關緊要。就這樣勇往直前，一頭栽進黑暗中吧！我將現學現教！啊！這大膽的想法一下子將我拋進了一個我不曾想要闖入的領域。二十歲時的自信，真是無與倫比的力量啊！

我回答道：「那就這麼說定了。你後天五點來，我們就開始。」

這二十四小時的期限隱藏著一個計畫，我有一天的緩衝時間。星期四到了，天氣又陰又冷，像這種壞天氣，將壁爐的爐膛裡堆滿焦炭是件樂事。我們一邊烤火一邊思考。

得了，小伙子，你正冒著很大的風險啊！你明天該怎麼辦呢？如果有本書，必要的話啃它一整夜，你還勉勉強強可以先上一課，好歹先把那讓人發愁的時間填滿，然後再看著辦，走一步算一步。

可是這本書你沒有。跑書店也無濟於事，代數論著又不是日用品這類必要消耗品，人家進貨至少得花半個月。但我明天就要上課，已經答應人家了。此外還有另一個理由，一個無可辯駁的理由，我的收入微薄，只剩滾進抽屜角落裡的那點錢了，我數了一下有十二個蘇，這點錢不夠。

我該反悔嗎？噢，不！我想到了一個辦法，這辦法是不太正派，而且近乎偷竊。莊嚴神聖的代數，您將使我犯的小過錯得到原諒。就讓我來坦白這暫時的侵占吧。

我所任教的中學學校，生活有點像修道院。由於收入微薄，大多數教職員都住在學校的宿舍裡，在校長的餐桌上吃飯。那位自然科的老師是領導階層的大人物，則家住城裡。他

的宿舍也和我們一樣有兩間小室，外加一個露天陽臺。做化學實驗時，令人窒息的氣體從平臺上散布到室外。他覺得大半年度在他的屋裡授課更方便。冬天，學生在壁爐的爐膛前上課，那壁爐跟我屋裡的一模一樣。他的屋裡有黑板、儲氣罐，壁爐上有玻璃圓燒瓶，牆上掛著彎管；此外還有一些櫃子，我隱約看見裡面有一排書，那是老師上課時查閱的權威論著。

我心想，在那些書裡應該會有一本代數書。向書的主人借這本書不大可能成功。那位同事會以優越的姿態對待我，把我雄心勃勃的計畫當成笑話。我敢肯定，我將遭到拒絕。日後也證明了我的猜疑不無道理，到處都有思想狹隘、小心眼、愛嫉妒的人。

這本書，如果我去借的話他會拒絕，那就把它拿來好了。今天是假日，那位老師不會來的，我的房門鑰匙和他的也幾乎一樣。

我走過去，側耳傾聽，警覺地四下環視一下。我把鑰匙輕輕插進鎖孔，猶豫了一下，又繼續更用力地按下去。行了，門打開了。櫃子已經搜查過了，裡面的確有一本代數書，書本厚達三指寬。

我的兩腳直發抖。啊！可憐的撬鎖者，要是你這樣全副武裝地被人逮住可怎麼得了啊！一切都如願地進行著。我趕緊重新關上門，帶著竊來的書回家去。

現在，這本神秘的書歸我們兩個了，書名是用阿拉伯文寫的，那股神秘氣息就跟天文觀測集和煉丹術差不多。你將向我展示什麼呢？先來隨便翻翻好了。在將目光停留在某一景點之前，應該先瀏覽一下全景。書一頁一頁翻過去了，我對它一點也不感興趣。直到其中一章讓我停了下來，它的標題是：牛頓二項式。

這個標題吸引了我。這二項式是什麼呢？尤其是具世界影響力的偉大英國科學家牛頓的二項式，會是什麼呢？天體力學和它有什麼關係呢？繼續讀下去吧，想辦法弄個明白。我把手肘支在桌上，拇指托著耳根，全神貫注。

讓我吃驚的是，我竟然看懂了。那裡面有一些以各種方式組合的字母以及普通的符號組合，輪流變換著位置，就像文章裡有排列、組合和置換。我拿起筆來做排列、組合和置換。我相信這種練習是很好的消遣，這是一種用筆算結果來證明邏輯預測，並有助於完善思維的遊戲。

我心想：「如果代數不比寫作難，這眞是老天的恩賜啊。」至於牛頓二項式，則超出了這種幻想，它像可口的奶油蛋糕之後，即將上桌的難消化烘餅。可是在那當下，你完全想像不出未來會嚐到什麼樣的苦頭，全然不知再走下去，堅持不懈地與之搏鬥時，會陷入怎樣的險境。

在爐火前做排列組合度過午間時光，眞是美妙啊！等到夜幕降臨時，基本上在我心裡已經有個底了。七點鐘，校長餐桌的集體用餐開飯鈴聲響起時，我下了樓，像一個剛被接納入教的教徒，心中充滿了喜悅；交織成科學詩篇的 A、B、C 簇擁著我。

第二天，我的學生來了。黑板和粉筆都準備妥了。準備不足的是老師。我勇敢地開始講二項式。我的聽眾對字母組合挺感興趣，卻一點也沒覺察出，我這駭人聽聞的變革家是本末倒置，把課程的終點當做起點來講了。我舉些小問題使講解更富趣味，需要思考的時候就停下來，積蓄力量以發起新的衝擊。

我們一起研究。爲了讓他自己有所發現，我謹慎地將自己的思路告訴他。題目解出來了。這是學生的勝利，也是我的勝利。但我無法明言，內心深處有聲音告訴我：「既然你能讓別人理解，就表示你懂了。」兩位師生都覺得愉快的時間過得很

快。年輕人滿意地離去了，我也同感滿足。我隱約發現了一種特別的學習方法。二項式巧妙而簡單的排列，足以讓我自行決定，是否真要從頭開始攻讀我的代數書。我用兩、三天的時間臨陣磨槍。加減法不用說，一看就覺得簡單，而乘法可就難多了。有個公式證明負負得正，這個反論可讓我嘗到了苦頭！

看來是書上對此解釋不清，或者更確切地說，是書上的方法太抽象。我讀了一遍又一遍，苦思冥想，不懂的還是不懂。這就是書籍常有的缺點，只能告訴我們印在紙上的內容，什麼也不會多說。如果你不懂，它也不能給你任何建議，無法另闢它徑嘗試開引你恍然大悟。有時哪怕只是多說一句，就足以將你重新領上正確的道路，可是它卻不說，一味堅持自己的寫作方式。

聽說話可就強多了！講話時可進可退，可重複，圍繞著難點用各種方法加以解釋，直到不明瞭的問題變得明瞭。而我卻偏偏缺少權威人士的教導，這種無與倫比的燈塔指引；在這兇險的符號規則沼澤裡，我正逐漸被淹沒，卻無望得到救助。

我的學生想必感覺到了。我憑著自己隱約想到的一點線索，試著做了一番解釋。「你聽明白了嗎？」我問道。這等於白問，卻有益於拖延時間。連我自己都不懂，我相信他也不

懂。他答道：「不懂。」也許這老實人在譴責自己的腦筋，對這些卓越的眞理頑固不化。

「我們試試別的方法吧。」我重新用這樣或那樣的方法證明，學生的眼神是我的晴雨計，告知我每次衝鋒的進展情況。一絲滿意的眼神透露出：我成功了。我剛才正中要害，找到了進攻點。負負得正這回事，把它的秘密告訴了我們。

我們的學習就這樣繼續著，他是被動的接受者，毫不費力地獲得了思想；而我卻是艱苦的開路先鋒，擊打著書本的岩石，熬了許多夜，爲了從中獲取眞理的聲音。我還承擔著另一個角色，也並不輕鬆：我得對深奧難懂的東西進行粗略加工，剝去其粗糙的外表以便於理解，使它看上去不那麼可怕。得閒時我便花上一些時間，樂於在岩石堆上進行這種提煉工作。我從中獲益匪淺。

學習取得了成果，我的學生通過了考試，他被錄取了。至於那本偷偷借來的書，早已放回了原位，現在歸我所有的是另一本書。

在師範學校時，我在老師的指導下，學過一點幾何學基礎知識。從一開始我就比較喜歡這種教學方法，我由此想像出一

種透過紛繁思緒指導推理的方法。我隱約看見了可避免失足的尋求真理的方法，因為向前走的每一步，都有已經邁出的堅實步伐做為後盾。我以為，幾何學的極致完美，就在於它是一種智力訓練。

已經證明的定理的應用，對我來說並不重要，我感興趣的是證明的過程。人們從業已明朗的一點出發，漸漸進入晦暗不明，然後晦暗又漸趨於明朗，提供新的線索，將人們引向新高點。這是從已知到未知的逐步演進，我所充當的角色，就是繼前人的點燈之後，繼續探索著照亮後繼道路的那盞燈。

幾何學理當傳授思維的邏輯步驟；理應告訴我如何將難題分解成若干部分，一個一個加以解決，結合各部分的力量，就能推動那塊無法直接攻克的巨石；它還應當傳授如何形成條理——這種釐清頭緒的基礎。

如果說，我從沒寫過讓讀者費解的文章，這大多得歸功於幾何學這位教人思維藝術的傑出導師。誠然，它並不提供思想這精美的花朵，人們不知它是怎樣開出，也並非能在任何土壤裡栽植。但是它能釐清複雜的頭緒，剔除繁雜，平息紛亂，它能濾去渾濁的雜質，予人明晰這種溢於詞表的更高級產物。

做為筆耕者，我的確受益匪淺，我很樂意回憶學習期的那些美好時光。那時一到課間休息時間，我就躲進校園角落裡，膝上鋪一張小紙片，指間夾支鉛筆，推導著直線聚集在一起時這樣或那樣的特性。別人在周圍玩耍，我卻沈醉於截稜柱中。也許我該練練三級跳遠鍛鍊腳力，翻翻筋斗鍛鍊腰部的柔軟度。我認識一些擅長翻筋斗的人，他們比思想家成功的多。

剛開始教書時，我已經比較能夠掌握幾何學的基礎知識了，必要時還能運用直角尺和尺規。但我所了解的僅限於此。計算一棵樹幹的體積、測量一個木桶、測出從一點到無法到達的另一點的距離，在我看來已是幾何學知識的最大躍進了。還能有更大的進步嗎？我連想也沒想過，直到遇上一個偶然的發現，我才明白，我所開墾的只是廣闊領域裡微不足道的一角。

當時我任教已兩年的那所中學裡，剛把班級一分為二，還增聘了許多教職員。新來的教師和我一樣都住校，也都在校長餐桌上用餐。我們形成了一個「蜂群」，空閒時在各自的蜂房裡釀造代數和幾何學、歷史和物理、希臘語，尤其是拉丁語的蜜，有時是為下個班級備課，而更多的時候是為了獲得更高的學位。大學文憑缺乏多樣性。我們所有的同事都是文學學士，沒有人獲得更高的文憑。如果可能的話，為了脫穎而出就必須進一步武裝自己。大家都頑強努力地工作。我是這個勞動群體

中年紀最輕的，但我也和別人一樣渴望增長自己的知識。

　　大家經常串門子，互相討教難題、聊聊天。鄰居當中有個老師曾經當過教務長，爲了逃避厭倦的軍營生活，而來學校當了老師。做爲連隊的文職人員，他曾與數字打過一點交道，於是他雄心勃勃地想獲得數學學士文憑。看來是軍營生活使他的頭腦僵化了。據我那些親愛的同事們，那些愛傳播他人不幸消息的聰明人說，他參加了兩次考試，兩次都沒通過。他頑強地重拾書本，不因兩次失敗而氣餒。這倒不是因爲他被數學的壯麗所吸引，唉，根本不是！他對這個學位的渴望，只是出於它將有益於實現自己的計畫。從經濟角度來看，他希望能自己支配蔬菜和奶油。僅僅爲了滿足求知慾而對學習入迷的人，和這位追逐文憑像追逐快到嘴的肉的獵人，兩者相互理解、扯上關係的機會本就微乎其微。但，偶然的機緣卻促成了這種結合。

　　我多次在夜晚碰上那人，他就著燭光，手肘支在桌上，雙手托著額頭，對著一本記著密密麻麻費解符號的筆記本沈思良久。有時他想到了什麼，便提筆飛快地寫下一行字，那是些無語法意義、組合在一起的大小寫字母，這中間還夾雜著一些數字。最後在式子後加上等號和零。然後又閉上眼睛，繼續思考。之後又按另一種順序寫下一行字母，後面照樣等於零。就這樣奇怪地寫了一頁又一頁，每一行的結果都是零。

有一天我問他：「你列這些等於零的式子做什麼？」這位來自軍營的數學家嘲諷地看了我一眼，他狡黠的眼角紋在說，他覺得我無知的可憐。然而這位老是寫零的同行，並沒過分表現自己的優越感，他告訴我他正在做解析幾何題。

這個詞對我產生了奇怪的影響。我沒說什麼，心想：還有一種更高級的幾何學，專門教盡是 X、Y 的字母組合。我的鄰居沈思良久，雙手托額，原來是力圖發現隱藏在天書裡的意義；他看見他的運算式所代表的圖形在空中飛舞。他發現了什麼呢？以各種方式排列在一起的字母符號，怎麼能代表只有思想之眼才能得見的各種圖形呢？我簡直被搞糊塗了。

我說：「我也找個時間來學學解析幾何。你願意幫我嗎？」

他帶著一絲對我的願望不大相信的微笑說道：「我很樂意。」

這無所謂，那天晚上我們定下了協定，將共同開墾代數這塊園地，以及做為數學學士基礎科目的解析幾何學。他的深思熟慮和我這年輕人的熱情將結合在一起。我當時的要務是取得文學學士文憑，獲得此文憑後我們便馬上展開。很久以前有個規定，學理科之前必須先學一些重要的文學作品。在接觸化學

藥品和機械操縱桿之前，必須先接觸古代的先哲，先與賀拉斯、維吉爾、塞奧克里托斯及柏拉圖對話。這些前置作業只會使思維變得更加敏捷。隨著進步所帶來的需求折磨，人類慾望越來越貪婪，已經改變了這一切。符合規範的語言見鬼去吧，生意重於一切！

速成本應該更符合我的急性子。我承認，我那時曾嘀咕抱怨在接觸正弦和餘弦之前，必須先學拉丁語和希臘語的規矩。如今由於年齡和經驗增長而變得成熟的我，對此有了更清醒的認識，我的看法變了。我為自己的文學底子沒能得到更好的引導與深入地學習而感到遺憾。

為了稍微彌補這方面的延誤和大缺陷，我虔誠地回頭重讀這些幾乎只有舊書店才賣的古書。年輕時利用夜晚以鉛筆做批註、令人敬仰的書頁啊，我又找到了你們，你們現在成了我的朋友。

你們道出了所有握筆桿的人都必須承擔的責任：要言之有物，並能引人入勝。如果文章標題屬於自然科學範疇，那麼趣味性通常不缺；最難的是，要刪去讓人望而生畏的字眼，使它顯得可親可愛。

　　有人說：「真理是赤裸地來自井底。」即便如此，也應該明白，穿著體面對它更有好處。它要的不是借自修辭學的華麗修飾，但至少得有片遮蓋私處的葡萄葉。唯有幾何學家有權剝奪它那件簡單的衣飾。對幾何定理來說，只要清楚明白就已經足夠了。

　　其他學科，尤其是博物學家，有責任在真理的腰間繫上一條優美的薄紗長裙。

　　假如我說：「浸禮會①教徒，把我的拖鞋給我。」是用一種直率、不太富變化的語言來表達。我很清楚自己在說什麼，我的話也為人所理解了。有些人以為，而且是為數眾多的人認為，這種簡單的方式是最好的。他們向讀者談論科學，就像跟浸禮會教徒談論拖鞋似的。他們對卡菲爾人的句型並不反感。別跟他們談斟酌的詞彙的重要性及詞序的得體性，更別跟他們講韻律結構的悅耳與否。他們認為這一切都幼稚可笑，是缺乏遠見者才會注重的枝微末節！

　　他們也許有理，浸禮會教徒的語言省事又省力。但我可不

①浸禮會：基督教新教的一派，主張成年後才可受洗，並主張受洗者須全身浸入水中，反對注水法。──譯注

想圖這種便利；我認爲思想的鮮明需要以明晰、形象樸實的語言來表現。要想簡潔明瞭地闡明思想，往往需要煞費苦心選擇適切的詞句。有的文章用詞隱晦，粗俗平淡，有的用詞色彩鮮明，有如畫筆在灰色畫布上塗抹的各個色塊。這些構成畫面的詞，這些引人注目的線條，如何才能得到？怎樣才能將它們組合成文法講究又悅耳的語言呢？

沒人教過我這種藝術。而且，在學校是否就能學到這種藝術呢？這很值得懷疑。若不是靠我們血管裡流動的激情和靈感，光去翻閱詞彙表是沒用的；需要的詞不會來到筆端。那麼該當求助於哪種老師，才能觸發潛藏在我們內心的幼芽，使其得到發展呢？應該求助於閱讀。

我年輕時一直是位忠誠的讀者，但我很少注意語言處理的細膩之處，因爲我那時不了解。過了很長一段時日後，差不多十五歲時，我才隱約感覺詞有神韻。就音韻節奏而言，一些詞比另一些詞更令我滿意，它們在我的腦海裡構成了清晰的畫面，它們以其方式爲我描繪事物。有了形容詞的渲染和動詞賦予的生氣活力，名詞變得栩栩如生；我終於能得見它所表達的事物。而當我在無人指導的閱讀中，有幸讀到一些易懂的上乘之作時，我便逐漸發現了文字的魅力。

第十四章

數學憶事：我的小桌

　　學解析幾何的時候到了。我的合作者，那位數學家可以來了；而且我還覺得自己將會理解他所講的內容。我已經先翻了一下書本，發現書中研究的課題具有消遣性，不會特別難懂。

　　我們在我家的一塊黑板前進行學習。經過幾晚的沈思學習後，我非常驚訝地發現，我的老師，這位讀天書的高手，實際上經常成了我的學生。他並不十分理解座標和多項式的組合。我勇敢地拿起了粉筆，掌起了這條幾何船的舵。我講解書本，按自己的理解對它進行解釋；我在文中搜索，探測著暗礁直到天亮，把我們引向答案邊緣；而且講解時邏輯推理那麼緊湊，步伐那麼輕快、那麼明晰，好幾次我都覺得是在重溫而不是在學習。我們就這樣繼續學習，互換了角色。

我用鎬頭敲擊凝灰岩，將它擊碎、刨鬆，直至能夠讓思想潛入。我的同學——現在我可以用這個平等的稱謂了，他傾聽，然後向我提出異議，引出一些要靠我們同心協力去解決的難題。在插進岩石縫的兩根槓桿合力作用下，巨石被撼動了，被推倒了。

我在教務長的眼角再也看不到狡黠的皺紋了，現在真誠的合作和推心置腹的交談帶來了成功。黎明漸漸到來，雖然還很昏暗，卻充滿了希望。我倆驚嘆不已，而我的滿足感是雙重的：我讓自己明白，也讓別人明白了。夜晚在這充滿情趣的幾小時中即將過去，當困倦襲來使我們眼皮沈重時，我們才停了下來。

我的同伴回到房間後是否睡了呢？他是否不再去想我們剛才喚起的幻象呢？他對我說他睡得很好。這種優越性，我可沒有。像擦黑板那樣抹去我那可憐大腦裡的思想，我可做不到。思想的網路始終在運作，它像一張晃動的蛛網，無法休息，因為在上面得不到平衡和穩定。

當睡意最終來到時，我也往往是似睡非睡，思維活動向難停止，反而比醒著時更加活躍。這種迷迷糊糊的狀態還不是大腦的睡眠時刻，我常常在此時解決前一天沒能克服的難題。我

的腦海裡點起了一座無比明亮的燈塔，對此我幾乎渾然不覺。

這時我會猛然跳起來，重新打開燈，趕緊記下我的新想法，不然等我醒來時或許就想不起來了，這閃光就像暴風雨中的閃電，來得快消失得也快。

它們是從哪裡來的？也許是來自我很早以前養成的習慣：不斷往腦子裡儲備糧食，為思想的燭光添加永不乾涸的油滴。想靠智慧獲致成功嗎？不停地思考就是永不失敗的方法。

這種方法，我比我的同伴更勤於採用，也許這就是我們角色互換，學生變成了老師的原因。再說，這並不是難以忍受的困擾，不是用腦過度，反倒是一種消遣，幾乎可以和優美的詩媲美。在《光和陰影》這本書的前言中，我們偉大的抒情詩人雨果說過：

數存在於藝術中，也存在於科學中。代數存在於天文學中，天文學涉及到詩；代數存在於音樂中，音樂涉及到詩。

這是詩人的誇大其辭嗎？當然不。雨果說的對，代數，這數字排列的詩迸發出極美的情感。我覺得它的格式、它的詩節美極了，而對於別人看法有異我也毫不吃驚。當我不慎把自己

超幾何學的狂想告訴我的同伴時,他的眼角上又現出了一絲嘲諷。他說道:「無稽之談,純粹是無稽之談。我們接著來畫曲線切線吧。」

教務長自有其道理,我們將要面臨的考試容不得夢想者這般衝動。那麼,我是否就真的錯了呢?在理想的火爐裡重新加熱算數中淡忘了的東西,將思維上升到公式,讓那些抽象的空洞充滿生活的陽光,這難道不是洞察未知世界的一種省力方法嗎?當同伴對我獲取成功的方法不屑一顧,在那裡忙碌的時候,我卻在完成有趣的旅行。我之所以能以代數這根堅硬的拐杖為依靠,是因為我有內趨力做嚮導。學習成了一種樂趣。

繼直線組合的角度之後,學畫優美的曲線就更有意思了。圓規有那麼多未知的特性,一個方程式中包含著那麼多科學定律的萌芽,應該從這個神秘的內核中,推導出橢圓形豐富的定理!在這一項的前面加個「+」號,通過兩個友好的交點,相互引出恆定數量的向徑,得到的是橢圓形——行星的軌道;在這一項前面加上「-」,得到的是反向雙曲線,絕望的曲線像無限長的觸手在空間延伸,越來越接近一條直線,那是永遠無法達到的漸近線。去掉這一項,得到的是拋物線,它徒勞地、無休止地尋找著另一個失去的焦點,這是導彈的軌跡,是彗星有朝一日訪問太陽時的軌跡,之後彗星便消失在深淵裡,再也

不會回來了。像這樣畫星球的軌跡，不是非常奇妙嗎？我以前這麼認為，現在亦如是。

做了十五個月這樣的練習之後，我們一起去蒙貝利耶大學參加考試，我倆都獲得了數學學士文憑。我的同伴已經精疲力盡了，而我卻從幾何中得到了消遣。

經歷了二次曲線的賽跑，我的同伴疲憊不堪，不想再學了。我以獲得新學位——數學學士學位，這迷人的前景誘惑他，這個新目標將把我們引向天體力學的入門；可是誘惑對他不起作用，我無法帶動他贊同我的大膽計畫。

在他看來，這是個荒謬的計畫，它將耗盡我們的精力而毫無結果。沒有經驗豐富的領路人指引，除了一本盡是固定不變的簡單術語，而且老是讓人弄不太懂的書之外，別無指南，我們這條小船一觸礁就會沈沒。不過，就算躲在核桃殼裡，也照樣值得到浩瀚海洋去乘風破浪。

就算術語嚇不倒我們，高難題也會難倒我們，他向我解釋著拒絕奉陪的理由。我想在無處停泊的海岸邊捽死那是我的自由，至於他，為了謹慎起見，不會再跟隨我了。

　　我猜想還有一個理由，我的背叛者沒有明說。他才剛剛獲得有利於實現自我計畫的職銜。別的東西對他哪有什麼要緊呢？僅僅為了學習的樂趣而飽受熬夜之苦，搞得精疲力盡，值得嗎？不為利益所惑，專注於知識魅力的人是瘋子。讓我們縮進自己的殼裡，閉上螺厴，避開生活中的煩惱，以軟體動物的方式生活。這就是活得自在的祕訣。

　　但這可不是我的哲學。當我完成了一段跋涉之後，我感興趣的是，準備踏上通往捉摸不定的未知世界的新征程。我的合作者離開了我，從此我獨自一人，孤苦伶仃。再沒有人和我一起討論研究問題，在有趣的交談中度過夜晚了。周遭無人理解我，也沒人會提出不同的想法，哪怕是被動的，辯論中能激盪出光芒，就像卵石碰撞會迸發火花一樣，只可惜沒有人會來參與辯論。

　　當困難如懸崖峭壁橫阻在我面前時，沒有友人的肩膀支撐我去攀登。我得獨自在崎嶇不平的山崖上攀登，經常跌落，摔得鼻青臉腫，又再爬起來發起新一波的攻頂；我獨自一人，聽不到加油和鼓勵聲。而當我精疲力竭地攀上頂峰時，我該發出勝利的吶喊，終於可以看得更遠了。

　　數學攻堅戰很花腦力，需要孜孜不倦的思考。我剛開始讀

那本書就意識到了這一點。我進入的是一個抽象領域，是一塊
只有靠頑強思考去耕耘的堅硬土地。和朋友一起學解析幾何
時，用來畫曲線的合適黑板現在已被冷落。與其用黑板，我還
不如用一本紙包封面做成的本子。有了這位可靠的朋友，我就
能坐著，讓雙腳得到休息，可以挑燈夜戰，使思想的煉爐保持
旺盛，使難以攻克的問題在此融解，得到錘鍊。

　　我的小寫字臺右邊放著一瓶一個蘇的墨水，左邊放著一本
筆記本，剩下的空間剛好夠寫字用。我喜歡這張小桌。這是我
新婚之初的財產之一。它可以隨意挪動，天陰時放在窗前，如
果有陽光干擾，就放在光線較弱的角落裡；冬天可以把它挪近
燃著柴火的火爐邊。

　　可憐的核桃木小木板，已歷半個世紀了，我對你卻愈加忠
實。墨跡斑斑、傷痕累累的你，像從前支持我解方程式那樣，
不變地支持著我寫散文。你並不在乎用途的改變，你那吃苦耐
勞的脊背，像迎接代數式那樣迎接思想的運算式。而我卻沒有
這份平靜，這次轉向並未使我得到安寧，捕捉困擾著腦際的種
種念頭，比求方程式的解更困難。

　　親愛的朋友，要是你看見我一頭灰髮，準會認不出我來，
從前那張洋溢著熱情和希望的臉到哪裡去了？我老了許多。再

瞧瞧你，剛買來時，你晶亮、光滑並散發著蠟香，而現在卻是
多麼破舊不堪啊！和主人一樣，你也長了皺紋，我承認，那是
我長期磨損所致，因為金屬筆尖蘸了渾濁的墨水寫不出字來
時，我不知有多少次，不耐煩地用筆在你背上使勁畫過啊！

　　你的一個邊角已經缺損，木板也開始起裂縫了。我時常聽
見天牛幼蟲啃噬你的聲響。年年都出現新的蛙槽，你的牢固受
到了威脅。舊的蛙槽向外敞開呈小圓洞。一個外來者毫不費力
就占領了這些美妙的住所。當我在寫字時，看見那個膽大妄為
者迅速從我肘下經過，一眨眼就鑽進了天牛幼蟲留下的蛙槽
裡。這是個獵人，身材纖細，著黑衣，來為牠的幼蟲抓一筐蚜
蟲。噢，我的破桌子，一群居民在開發你；我在一群攢動的昆
蟲身上寫字，沒有什麼比這張桌子更適於寫昆蟲的回憶了。

　　如果你的主人不在了，你的命運會如何呢？家人在分我這
點可憐的家當時，是否會將你以二十個蘇拍賣掉呢？你是否會
成為水槽邊擱罈子的架子？或者相反，我的子女是否將異口同
聲地說：留下這張破桌子吧；父親就是在這張小桌上孜孜不倦
地學習，以期能夠教育別人，在這張桌子上耗盡精力扶養我們
長大的；留下這張神聖的小桌吧。

　　我不太敢相信有這樣的未來。噢！我親愛的老朋友，你將

落入陌生人之手，他們不會關心你的過去；你將變成床頭櫃，上面放著湯藥碗，直到你老朽了，瘸了腳，派不上用場時，你將化作青煙，並且和我的艱苦工作所化成的另一股煙霧，在我們跳動的血管的最後安息地——遺忘中與我會合。

不過，我的小桌，我們還是回想一下年輕時光吧。你打了蠟，光彩熠熠，而我則滿懷著美好的幻想。那是個星期天，是休息日，可以長時間工作，不受學校的差事干擾。我倒是更喜歡星期四，它不是假日，更便於安安靜靜地學習。儘管禮拜天有讓人分心的事，還是給我留下了閒暇時間。我們盡量善加利用它。一年有五十二個星期天，幾乎就相當於一個暑假。

這天我有個絕妙的問題想要加以探討，那就是克卜勒[1]的行星運動定律，經計算研究得出的三定律，應該會告訴我天體力學的基本原理。第一個定律說：連接太陽和行星的行進路徑，所畫出的面積和行星的運行時間成正比[2]。由此我能推導出，使行星保持在軌道上運行的力，是指向太陽的。隨著微積分方程式的逐漸導引，公式現形了。我思考得更勤了，全神貫注，以便從思想的光環中更準確地把握真理的產生。突然遠處

① 克卜勒：1571～1630年，德國天文學家。——編注
② 此理論應為克卜勒行星運動第二定律。——編注

傳來蹦、蹦、蹦的聲響！……聲音越來越近，越來越響了。我真倒楣！該死的「中國閣」。

讓我解釋一下事情的由來。我住在佩爾納路路口的一個鎮上，遠離城市的喧囂。在我住處對面十步遠的地方剛開了一家可供跳舞的小酒館，掛著「中國閣」的招牌。每逢星期天下午，附近農場裡的姑娘和小伙子們都來這裡扭跳四組舞。爲了招徠顧客、促銷清涼飲料，酒吧老闆在舞會結束時都會舉行搖獎活動。

活動開始前兩小時，他就讓人拿著獎品在公共散步場招搖，有短笛和鑼鼓開道。一個結實的小伙子舉著一根竿子，上面繫著紅色羊毛帶，掛著鍍銀無腳杯、里昂頭巾、一對燭臺和幾包香煙。有這樣的誘餌，誰還會不進這家酒吧呢？

蹦、蹦、蹦！遊街的隊伍吹吹打打。隊伍來到我的窗下，向右一拐進了那座寬敞、有黃楊環繞的木板建築。如果你怕吵，現在趕快躲得越遠越好。低音大號的吹奏聲、笛聲和號角聲將一直持續到深夜。走吧，在卡菲爾人的音樂聲中推導行星三定律的結果，我非瘋了不可！趕緊逃走吧。

還好我知道離這裡兩公里處，有片荒涼多石子的空曠地，

是蝗蟲喜歡的場所。那裡非常安靜，而且還有些聖櫟叢可以給我遮蔭。我拿了書和幾張紙，還有一支鉛筆跑到那個荒涼的地方。啊！多麼安靜，這靜謐多麼美妙！但是太陽逼進了荊棘遮蓋的那一小塊地方。勇敢些，小伙子！就在藍翅蝗蟲的陪伴下鑽研行星運動三定律吧。算術題解出來了，你該回去了，皮膚卻曬黑了。曬焦的脖子是鑽研天體力學的面積定律的後果，後者即為對前者的補償。

在一週的其他時段裡，我還有週四和晚間用於學習，直到睏得支撐不住為止；總之，儘管有校務纏身，卻還不乏時間，關鍵是不能讓自己一開始就被無法避免的困難所嚇倒。我很容易在這布滿藤本植物的森林裡迷路，得用斧頭砍斷絆藤才能開出一條路來。幸而走了幾次彎路之後，我都回到了正確的道路上。我又迷路了。我頑強地披荊斬棘了半天，還是得不到滿意的線索。

書就是書，一個簡練不變的內容有很多學問，這點我承認，哎！可是它往往晦澀難懂。好像作者寫它是為了自己，他自己明白，別人也該明白。可憐的新手，你們得自食其力，盡可能從中擺脫出來。

對新手來說，困難無可避免；也別無他法指引出路，減少

路途中的坎坷，沒有能透進一線亮光的輔助洞口。遠不像口語表達那樣，能用別的方式去克服難題，能經由各種途徑將你引向光明。除了述說它所寫的內容外，書不會再透露更多了。

作者論證完畢後，不管你們懂或不懂；他都毫不留情地緘默不語了。你們只能一遍遍地讀，苦思冥想；一次次在計算的脈絡裡穿梭。白白花費了力氣，卻無法驅走黑暗。而通常這時所需的照明是什麼呢？說來微不足道，只是一句簡單的話；但這樣一句話在書上卻不可得。能得到教師指點的學生多幸運啊！他不會在途中遇上討厭的攔路虎。可是，遇上不時擋住去路、令人洩氣的高牆又該怎麼辦呢？我聽從偉大幾何學家阿朗伯[3]給青年數學家的建議，他提出告誡說：「要有信心，勇往直前。」

信心我有，前進的勇氣我也有。我還算幸運，我在牆腳前尋找的線索常常翻過牆就找到了。當我失足掉進一個未知世界時，有時能找到炸藥把它炸開。剛開始是小顆粒，顆粒結成小團滾動著，越變越大。從一個定理的斜坡滾向另一個定理的斜坡，小團變成了大團，成了有巨大威力的彈丸，它倒退著向後拋，劈開了黑暗，現出一片光明。

---

③ 阿朗伯：1717～1783年，法國哲學家和數學家。——編注

　　阿朗伯的告誡有其卓越性，只要別過分濫用。如果太過匆忙地翻閱這本晦澀的書，你會非常失望的，最好在扔掉它以前，狠狠下一番工夫對抗困難，這種艱苦的訓練將養成活躍敏捷的才智。

　　在我的小桌陪伴下，經過十二個月的思考，我終於獲得了數學學士學位。終於能在半個世紀後，擔負起丈量蛛網這項極為有利可圖的工作。

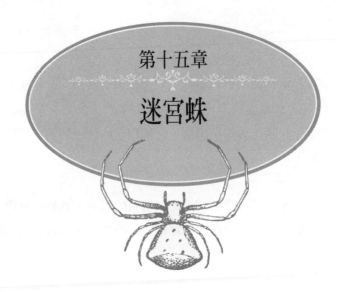

第十五章

迷宮蛛

　　如果說，設置垂直陷阱的高手——圓網蛛，是無與倫比的紡織娘，那麼其他許多蜘蛛則善於運用生物界的首要法則，即想辦法填飽肚子和繁衍後代。這類蜘蛛有些已久負盛名，在許多書裡都曾提及。其中一個知名者是蟊蛛，牠效法拿魯波狼蛛，住在一個洞穴裡，但牠的洞穴較諸咖里哥宇矮灌木叢中，粗俗的狼蛛洞大有改善。狼蛛在井口周圍搭設簡陋的護井欄，這個護井欄是用石礫、柴禾和絲堆砌起來的；而蟊蛛則在井口安了一個活動蓋，像一扇帶鉸鏈槽溝和插銷系統的百葉窗。蟊蛛回到家，蓋子就會猛然落下來，卡在半槽邊裡，半槽邊和蓋子契合在一起，簡直精確得天衣無縫。假如來犯者執意要打開這塊活動蓋板，隱藏在裡面的蟊蛛就會把門閂拉上，即把牠的小爪插進與鉸鏈相對的另一邊的一些孔裡，把身體緊緊壓在牆壁上，使那扇門紋風不動。

另一知名者是銀蛛，牠用絲在水中為自己造了一個儲存空氣的潛水罩，有了這個呼吸裝置，就可以在陰涼的地方窺伺獵物。在盛夏的大熱天裡，這可真是個奢侈享樂的場所，那地方就像荒謬之人以大理石塊和大石頭在水下建造的屋子。迪拜爾[1]的海底頂棚是個不愉快的回憶，而銀蛛那精緻的圓屋頂卻始終興旺。

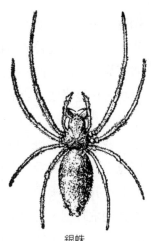

銀蛛

　　如果我手邊有出自個人的觀察資料，我會講述一下銀蛛在這方面的技巧，補充一些未曾提及的特殊資料。但我不得不放棄這想法。因為我們這地區沒有銀蛛，倒是有精通製造鉸鏈門技術的蟻蛛，不過蟻蛛也很少見，我只在灌木林裡那條小徑上見過一回。我們知道機會轉瞬即逝的道理，觀察家應該比別人更懂得把握機會。可是因為我正忙於其他研究，所以只是朝那隻偶然送上我面前的漂亮蟻蛛瞥了一眼，機會就此溜走，而且再也沒出現過。

　　我們且用一些看似平淡無奇、比較常見、適宜跟蹤研究的

① 迪拜爾：羅馬皇帝，西元前14年～37年。——譯注

蜘蛛,來做為補償吧。普通並不等於無足輕重,只要給予高度的重視,就能從普通事物中發現其價值,而無知卻常常使我們看不見它們的價值。透過耐心的觀察我們會發現,再不起眼的生物,也是構成生活樂章不可或缺的音符。

我拖著有些疲乏的腳步在周圍的田野裡走著,目光卻保持警覺地搜索,我看見了那種普通的不能再普通的迷宮蛛。迷宮蛛並不躲在牧場裡,或是光影斑駁而幽靜的樹籬下,而是在光禿禿的荒野裡,主要出沒在起伏不平的丘陵地帶,那被砍柴人砍得光禿禿的山坡上。牠們喜歡住在荊棘叢裡,如岩薔薇、薰衣草、不凋花,和被羊群啃得短短的迷迭香叢中。我去的就是這種地方。這些孤立的荊棘叢是那麼寬容,能忍那些冷酷的樹籬並不總是能夠容忍的待遇。

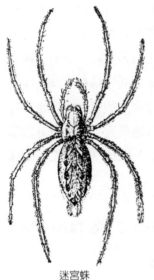

迷宮蛛

七月時分,我每週都要到現場去觀察迷宮蛛好幾次,趁著朝陽還不至於烤脖子的時候前往。孩子們和我一塊去,他們帶著柳橙以解口渴。我正好可以借助他們的好眼力和靈活的手腳,這次探險有望取得豐碩的成果。

不久，我們就發現遠處有一條條掛著晨露的閃亮銀線，那不就是高懸的絲網嗎？孩子們為發現了這些像節日彩燈般美麗的閃光絲網而激動不已，一時間竟忘記了他們的柳橙，我也和他們一樣為之激動。綴滿夜露的蜘蛛網在晨曦中閃爍，恍如水晶宮，僅僅為了看這奇麗的景致，就值得起個大早。

經過半小時的蒸曬後，神奇的珠光便隨著露珠消失了。現在該觀察蜘蛛網了。這隻蜘蛛把網拉在一大叢岩薔薇上，那張網有一塊手絹那麼大，採用任意夾角和密布的絲線將網固定在荊棘上，絲不是僅僅固定在雜亂荊棘叢中某一束突出的枝梢上，而是縱橫交錯在荊棘叢中繞來繞去，最後那簇荊棘消失了，被蒙上了一層密得像細紋布似的白網。網的周圍，距離不等的每個支點都向外凸出，支撐點之間形成了火山口似的圓凹，看上去像個喇叭口，網中間是個圓錐形的深坑，像個頸部漸漸變窄的漏斗，垂直地插在茂密的綠色植物間，深度約有一拃。那蜘蛛就在陰暗危險的管口處，對我們的出現並不十分吃驚。牠是灰色的，胸廓上有兩條黑色飾帶，飾帶正中夾雜著微白或棕色的斑點，腹部末端有兩個會活動的附屬器官，好像尾巴似的，這在蜘蛛家族中很少見。

這個火山口形狀的網，採用不同的編織法，邊緣比較稀疏，往中間漸漸形成輕柔的細紋布，接著又變成了綢子，在最

陡的地方是粗稜形格狀網，最後在蜘蛛常待的漏斗頸部，織成
了一種結實的塔夫綢。

蜘蛛用心織牠的地毯，對牠來說那是牠的工作臺，每天夜
裡牠都要到這兒來，走過這地毯，監視設下的陷阱。牠要進一
步延伸區域，用新絲將其擴大。蜘蛛工作時靠移動身體，不斷
把始終掛在紡絲器上的絲拉出來。在最常走動的漏斗頸部，得
鋪上最厚的地毯，再來就是火山口的斜坡，那也是經常行走的
地方。均勻分布的輻射絲對準了洞口，靠尾部附屬器官的晃動
和配合導向，在輻射絲上織出了稜形網格。夜間，蜘蛛經常來
此巡查，便把這個地方加固得非常牢靠，其餘不常走動的地
方，鋪的則是很薄的地毯。

在隱入荊棘叢的走廊盡頭，我們原以為會找到一間密室，
一個分隔開的小間，蜘蛛空閒時可以躲在裡面。但事實並非如
我們所想像。漏斗頸部的底端是開放的，那裡有一扇暗門始終
洞開著，蜘蛛被追捕時，便從那裡逃走，穿過草叢到野外去。

假如想抓住那隻蜘蛛又不用擔心傷著牠，那就很有必要了
解這個住所的布局。蜘蛛受到正面攻擊時會向下跑，從底部的
出口逃走。那時再到雜亂的荊棘裡去搜尋，往往就找不到了，
因為逃難者的動作極為敏捷，而且，漫無目標地搜索很可能會

傷到牠，造成牠肢體殘缺。如果不用暴力，成功的可能性很小。所以，現在得施展些計謀。

我發現那隻蜘蛛停在管口上。採取行動時，我用手抓緊網的底部，即漏斗頸部向下延伸的地方。這就夠了。蜘蛛被抓住了，當牠發現後路被切斷時，自然就會鑽進我為牠準備的圓錐形紙袋中，必要時用一根草伸進網中，刺激牠幾下就可以把牠逼到紙袋裡去。我就是採用這種方法將一些神氣十足的迷宮蛛，毫髮未損地移植到我的實驗罩裡來的。那個火山口形狀的蜘蛛網算不上是個真正的陷阱，過路者和散步者失足踩上絲毯的情況，嚴格說來很有可能發生，但是應該很少有跑到這種地方來散步的冒失鬼吧。要抓住會蹦跳和飛行的獵物，需要一個捕獵器。圓網蛛有牠那兇險的黏網，而荊棘叢裡的迷宮蛛有牠的迷宮，其兇險程度也絲毫不亞於黏網。

我們來看看網的上方，那簡直是繩索交織的密林！就像被暴風襲擊後，失控船舶上的纜索。繩索從樹枝的每一根小細枝連到每根樹枝的頂部，有長線也有短線，有垂直線也有斜線，有直線也有曲線，有密有疏，所有的線交織在一起，錯綜複雜，理不清頭緒，大約向上延伸約一公尺。這是個亂繩套，一個誰也無法穿過的迷宮，除非有特強的彈跳力。

　　這個迷宮完全不同於圓網蛛的黏絲網，這些絲沒有黏性，只是重重交錯。一定要看看這個捕獵器的用法嗎？那就把一隻小蝗蟲扔進網裡吧。在晃動的支撐物上失去平衡的蝗蟲，亂蹦亂跳，拚命掙扎，結果把絆索給搞亂了。蜘蛛躲在洞口窺視著，不予理踩，牠不會上去捕捉被圍困在桅杆側繩索中，那個絕望的傢伙，而是等著扭得越來越厲害的繩索，把獵物彈到網上來。

　　蝗蟲掉下來了，迷宮蜘蛛爬出來，向落網者撲去。進攻並非沒有危險，那獵物有點喪氣，但並不是因為被捆綁著，牠的腳上只不過拖著幾根掙斷了的絲頭。大膽的蜘蛛不理會這些，牠沒有像圓網蛛那樣，用一塊裹屍布把獵物裹起來，而是拍一拍那獵物，認為還不錯，便用牙去咬，儘管那獵物有點硬。

　　下口的地方一般是大腿基部，並不是因為這部位比其他皮膚細嫩的地方更容易咬傷，也許只是因為這地方的肉質味道特別好。為了了解迷宮蛛吃哪些食物，我參觀了好幾個蜘蛛網。在那兒我發現，除了有各種雙翅目昆蟲和小蝶蛾，還有幾乎沒動過的蝗蟲屍體，所有這些獵物的確都少了前腳，至少缺了其中一隻前腳。在蜘蛛網邊緣的掛肉鉤上，常常吊著蝗蟲類被掏空了美味內臟的肚皮。

在對食物不抱成見的孩童時期，我就像許多人一樣，知道蝗蟲的大腿好吃。那有點像螯蝦的大腿，只是很小。那個陷阱的設置者，進攻我剛才扔給牠的蝗蟲時，就是從大腿基部下手的，牠死咬著。蜘蛛一旦動牙齒咬了，就不肯鬆口。牠要喝血、吸吮，經由吸吮汲取營養。一處傷口吸乾後，再換一個地方。吃第二隻腳的時候更是如此，以至於獵物成了保持原形的空殼。我們看到圓網蛛也用相同的吃法，牠殺死獵物後喝牠們的血，而不是吃牠們的肉，然而最後，經過幾小時的細細消化後，圓網蛛又會重新撿起被吸乾的獵物，把牠放在口器裡嚼了又嚼，嚼成爛爛的一團，這是吃著玩的飯後甜點。迷宮蛛可沒那份閒情逸致在飯桌上沒完沒了地消磨時間，牠不是把吸乾的獵物放在口器裡嚼，而是把牠們從網上扔出去。儘管吃一餐飯的時間很長，但是用餐是在絕對安全的情況下進行，那隻蝗蟲剛被咬了第一口，就不動了，蜘蛛的毒液一下就把牠毒死了。

以藝術品來說，迷宮蛛的網遠不如圓網蛛的網那樣，結構高度對稱。儘管迷宮很精巧，但並未使建造者受到人們青睞，因爲這只不過是個沒造型的捕獵器，是隨意瞎造的。不過，就算建造者沒有什麼章法，總還是應該像別人一樣有自己的審美原則。那個安著漂亮網紗的火山口，已經讓人想到了這一點，通常被視爲母親傑作的卵囊，將向我們做充分的展示。

　　當產卵期到來時，迷宮蛛就該換住處了，牠放棄了還很結實的網，不再回去了。牠需要一座合適的房子。該成家立業了。但是這房子在哪裡呢？蜘蛛自己清楚，我可不知道。我花了好幾個早晨去尋找，結果一無所獲，我徒勞無功地在支撐蜘蛛網的小矮林裡搜尋，卻始終未得到我希望得到的東西。

　　最後，秘密還是被我發現了。一個空蕩蕩的網出現了，但尚未破損，顯然這是剛被拋棄的蜘蛛網。無需到支撐蜘蛛網的荊棘叢裡去尋找，到周圍幾步遠的範圍裡探查一番，如果那裡有一片矮植物叢，而且很茂密，產卵的窩就在那個避開視線的地方。網上帶著眞實的身份標誌，因爲雌蜘蛛總是在上面。

　　採用這樣的方法，在遠離迷宮捕獵器的地方進行搜察。我現在成了那些能滿足我好奇心的蛛網的所有者，可是這些窩一點也沒應驗我對那位母親的才能所做出的評價。這是些用枯樹葉和絲線混合製成的袋子。在這個土裡土氣的套子裡，有一個裝著卵的細布袋，整個卵囊破爛不堪，因爲從荊棘裡取出來時，不可避免地會被撕破。不，我不能僅僅根據這些破布來判斷藝術家的才能。

　　昆蟲在建築中表現出一定的建築規範，這種規範和解剖學特點一樣穩定，每個群體都按自己的原則進行建造，自然美的

原則在此得到遵守。但是許多時候，建築者無法控制環境因素的影響，空間、場地的不規則和材料的性質，以及其他意外的原因都會改變建築者的意圖，打亂建築結構，於是潛在的規律性便具體化為現實的混亂。

研究各類動物在不受干擾下所採用的建築造型，是個有趣的題目。彩帶圓網蛛在空地上以及行動不太受限制的稀疏樹椏上織卵囊，其織品是個很精美的小球。圓網絲蛛同樣有行動的自由，牠那帶月牙邊的拋物面形卵囊不失為優雅之作；另一位紡織高手迷宮蛛，難道在織嬰兒帳篷時就不懂得講究美觀嗎？我僅僅見到了牠織的一個粗俗袋子，這難道就是牠所能達到的水準嗎？

我希望在條件許可的情況下，牠會做得更好些。只要在稠密的矮林裡，在枯葉和細樹枝堆裡，牠就會織出很不規整的織品來；但是如果迫使牠在不受束縛的地方工作，我確信，屆時牠能不受拘束地發揮自己的才能，一定能證明牠精通編織優美卵囊的藝術。八月中旬，產卵期接近時，我把十二隻迷宮蛛分別放在裝著沙土的罐子裡，用金屬紗罩罩起來。紗罩中央插了一根百里香的小枝椏，供牠們織卵囊時做為支撐物，當然，四周的紗網也可做支撐物。裡面不再有其他的陳設，沒有使卵囊變形的枯葉，就算母親企圖用枯葉做袋子外套也甭想。每天都

有蝗蟲做爲食物，只要肉質嫩、個頭小，蜘蛛總是樂於接受。

　　實驗按我的意願進行了。近八月底的時候，我得到了十個卵囊，形狀優美，色澤光亮雪白。自由的工作場所使紡織娘能不受束縛地，依循本能的靈感認眞操作。撇開袋子吊掛處一些必要的稜角，我得到了工整優美的傑作。

　　這是一個用精緻的白色細紋布做成的半透明袋子，母親得長住於此以便監護那窩卵。卵囊的體積差不多有一個雞蛋那麼大。小房間兩頭是敞開的，前面那個洞口延伸成一個寬闊的長廊；後面的洞口變得細長，呈漏斗頸狀，這個頸部有什麼作用，我不得而知。至於前面，比較大的那一頭，這無疑是一扇供應食糧的門。我看見蜘蛛不時在那裡停留，窺視蝗蟲。牠要在外面吃蝗蟲，免得玷污了潔白的殿堂。

　　卵囊的結構和捕獵時期的住所不無相似之處，那個像漏斗一樣細長的後門廳，通向附近的地面，做爲緊急出口；前面那個廳開放成大火山口，四面有絲繃著，這個廳讓人聯想起以前用來捕獵的陷阱，老住處的特點在這裡都找得到。這裡甚至也有個迷宮，只是非常小。在火山口的前面有絲索縱橫交錯，獵物從那裡經過時就會被捆住。每一種動物都採用一種獨特的建築式樣，而且這種式樣大體上被保留下來，哪怕是條件發生了

變化。動物精通自己的本行，不會也永遠不可能學會做別的事情，牠們不會創新。

不過，這個絲織的殿堂只是一個哨所，在雲霧般柔和的乳白色絲牆後面，隱約可見那個放卵的聖物盒，外表布滿了模模糊糊的榮譽十字勳章圖案。這是一個寬大、漂亮的暗白色袋子，周圍有閃光立柱將它固定在帷幔中央，並與外層隔離開。柱子的中段較細，上端膨脹成圓錐形的柱頭，底端也是同樣的形狀。十二根柱子一一相對，中間形成了走廊。走廊四通八達，通向房間周圍任何方向。母親認真地在內院的拱廊裡巡視，這兒停停，那兒停停，長時間地把耳朵貼在卵囊上，聽聽綢布袋裡有什麼動靜。打擾牠的工作簡直是野蠻行為。

為了更進一步觀察內部的情況，我們利用一下從野外帶回來的那些破爛不堪的蜘蛛巢。撇開那些柱子不談，卵囊是一個倒圓錐形，像圓網絲蛛的卵囊。袋子的布料有一定的韌性，我用鑷子用力拉才能把它撕破。卵囊裡只有一團很細的白絲棉和卵，大約有一百粒卵，相對圓網絲蛛而言比較大，因為一粒卵的直徑為一點五公釐。卵看起來像淡黃色的琥珀珍珠，卵與卵之間沒有黏連，我把絨被揭去，它們就會自由地滾動。我把卵全裝進玻璃試管裡，以便觀察孵化的情況。

現在，我們再簡要地回顧一下。孵化期到來時，雌蜘蛛放棄了牠的住所，放棄了那個可以接住滾落下來的獵物的火山口，以及使蒼蠅再也飛不走的迷宮，牠慷慨地把供養牠的那些器具，都原封不動地留在了原地。為了盡養育孩子的義務，牠將到遠處去建立一個新家。為什麼要遠走他鄉呢？

牠還得活好幾個月，食物對牠來說不可或缺。如果在現在的住所附近建一個卵囊，並繼續用那個高級陷阱捕獵，豈不更好嗎？一面監護卵囊，一面可以毫不費力地獲得食物，一舉兩得。但蜘蛛卻不這麼想，我猜想著個中緣由。

絲網和迷宮不僅是白色的，而且還高高在上，老遠就能看見。它們在陽光照射下，在獵物經常出沒的道路上閃閃發光，把蒼蠅和蝶蛾都引來了。就像我們家裡的電燈和捕鳥者的鏡子能引來蟲子一樣，誰要是跑到這個光芒四射的物體跟前，就會

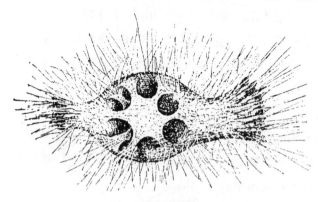

迷宮蛛的巢

因為好奇心而付出生命的代價。沒有什麼比這閃光的物體更能使來往的過路者掉以輕心了，這也恰恰對家庭的安全構成了最大的威脅。

看到這個暴露在綠色灌木上的標誌，許多開發者會蜂擁而至；有這個網指路，牠們肯定可以找到那個寶貴的袋子。如果有一隻外來的蟲子跑來享用破布袋裡的卵，就會毀了這個家。關於那些食客，我沒有足夠的材料，我還不甚了解迷宮蛛的敵人們。

彩帶圓網蛛自信牠的織物結實無比，所以把巢築在誰都看得見的地方，把卵囊吊在荊棘上，也不採取任何隱蔽措施，結果牠倒了楣。我在牠的小球裡，發現了一隻配戴著產卵管的姬蜂。姬蜂的幼蟲以蜘蛛的卵維生，在小桶似的卵囊中只剩下一些空殼，小生命全被滅絕了。除此之外，我知道還有其他一些姬蜂也有掠奪蜘蛛的嗜好，因為牠們孩子的日常飲食就是一籃鮮蛋。

迷宮蛛，就像我們看到的那隻，害怕居心不良的探測卵囊者。牠預感到這種可能性，為確保萬無一失，於是選擇了一個遠離居所的隱藏處，遠離那個不打自招的網。當牠感覺卵巢裡的卵已經成熟時，牠就要搬家，乘著夜色出發去勘察地形，尋

找一個危險性較小的隱蔽處。理想的地方是枝葉垂落地面的矮灌木林，即使是多天，那裡也有濃密的綠葉叢，地上滿是自周遭橡樹落下的枯葉。那些長在岩石上時缺乏營養，在這裡卻長得非常茂密的迷迭香，對牠尤其適合；因此，我往往能在那種地方找到牠的巢。但並不是一下子就能找到，因為牠隱藏得極為嚴密。

到此為止，還沒有任何偏離常規的現象。由於世上到處是愛吃嫩肉的食客，所有的母親都有所提防，也很謹慎地把家安在最隱密的地方。很少有誰忽視這種防範措施，大家都依各家辦法把卵隱藏起來。

對於迷宮蛛來說，對卵採取保護措施時還要滿足另一個條件，因而更為複雜。在多數情況下，蜘蛛一旦找到了安全的地方，就把卵遺棄在那裡，聽憑命運的擺布。但是，荊棘叢裡的迷宮蛛卻相反，牠更具母親的責任感，就像蟹蛛那樣，牠必須守衛著那些卵直到孵化。

蟹蛛用絲和合抱的小葉片在卵囊上方建一個哨所，並長期堅守在那裡。由於排卵和完全不吃東西，牠消瘦得厲害，最後乾癟得像一片皺巴巴的魚鱗。這位瘦弱不堪、幾乎只剩一層皮的母親不吃不喝，頑強地撐著，勇敢地保衛著卵囊，與敢於來

犯者搏鬥，直到孩子們出發了才放心地死去。

迷宮蛛卻聰明的多。產完卵以後，牠不但不消瘦，而且始終保持著富貴的儀態，肚子略微有些鼓凸。此外牠每天都準備獵殺蝗蟲，胃口依然很好。因此在住所裡被看護的卵囊旁邊，還需要一個補獵的場所。我們已經見識過迷宮蛛按照嚴格的藝術原則，在我的網罩裡建造起來的那個住所。

現在來回想一下那個優美的卵囊，兩頭延伸成門廳的球形哨所。卵囊懸在中央，十二根柱子將它與周圍隔開，前廳像一個火山口，看上去像捕獸器，邊上豎著一圈圈緊繃的絲組成的網，半透明的圍牆使我們得見正在做家務的迷宮蛛。牠可以從帶拱頂的迴廊走到星形卵囊的任何一點，不知疲倦地巡視著，不時停下來慈愛地拍拍那個緞袋，聽聽袋子裡有什麼動靜。如果我用麥稈在某處晃動一下，牠就會馬上跑過來，想弄清出了什麼事。這麼高的警覺性能否對姬蜂和其他愛吃蛋的敵人產生威懾作用呢？也許能，但是就算這種災禍可以避免，其他災禍也會在母親不在時降臨。

寸步不離的監視也沒有使牠忘記進食。我不時地放幾隻蝗蟲在罩子裡，其中一隻剛好被大廳裡的繩索纏住，蜘蛛飛快地跑過來，咬住這個冒失鬼，把牠的大腿卸下來，將內臟掏空，

那是獵物最精華的部分，屍體的其他部位，則根據當時的胃口或多或少吸食幾口。蜘蛛是在哨所外面，就在門檻上吃東西，而不是在裡面。牠不是爲了打發難熬的守衛生活而吃零食，這可是正餐，而且食物還經常更換。如此大的胃口眞讓人吃驚。蟹蛛也是忠實的守衛者，卻拒絕了我送上的蜜蜂，而讓自己餓死。眼前這位母親有必要吃這麼多東西嗎？有，當然，牠有這個必要，而且天經地義。

在開工之初牠已經消耗了許多絲，也許是所有的庫存。這個雙重住房，自己的加上孩子的，那可是個龐大的建築，很費材料。即使這樣，在將近一個月的時間裡，我還看見牠一層一層地加厚大房間和中間那個小屋的牆壁，以至於織出的布從最初的透明羅紗，變成了不透明的緞子。圍牆的厚度似乎總是不夠厚，蜘蛛一直在那裡織著。爲了滿足龐大的消耗，牠得不斷地進食，以補充紡織時消耗的絲。

一個月過去了，大約在九月中旬，小蜘蛛孵化了，卻沒有離開那個袋子，牠們在那條柔軟的棉被裡過冬。母親繼續守護著，並不停地編織，可是體力卻越來越不支。隔好長一段時間牠才吃一隻蝗蟲，現在輪到牠對我扔進捕獵器裡的獵物不屑一顧了。日益明顯的節食，是衰弱的信號，牠放慢了工作節奏，最後停止了紡絲。

　　還剩四、五週的時間，母親不停地邁著蹣跚的步子巡視著，聽到袋子裡新生兒的蠢動聲感到無比幸福。最終，在十月底，牠緊緊抓住孩子們的房間，死了。牠已盡到了母親所能盡到的責任，小蜘蛛們的未來全靠天意了。春天到來時，小蜘蛛將從那柔軟的住所裡出來，乘著被風吹走的絲飛行，疏散到四面八方，並且將在茂密的百里香上試著織出第一個迷宮。

　　儘管囚禁在罩子裡的迷宮蛛，所築的巢結構那麼工整，織出的綢緞那麼純正，我們還是無法盡窺全貌。應當再回頭去看看在野外複雜環境下所發生的情形。約莫十二月底的時候，在我年輕助手——孩子們的幫助下，我又開始了研究。我們沿著陡坡下一條樹木掩映的石子小徑搜尋，查看那些細弱的迷迭香，撥開蓋在地上的分枝椏。我們的虔誠得到了成功的回報，僅用兩小時就得到了好幾個蜘蛛窩。啊！這些可憐的作品已經被這個季節的惡劣氣候糟蹋得面目全非了！要找出這些破房子與建在網罩裡的那個建築物的相像之處，必須要有自信的眼力。拖地的小樹枝上連著一個難看的卵囊，它躺在雨水沖積的沙土堆上，外面整個包裹著一層用幾根絲胡亂連接拼湊起來的橡樹葉，並以其中一片較寬大的葉子做房頂，把整個天花板固定住。要不是看見從兩個門廳露出來的絲頭，要不是用手把那個袋子上的葉片剝離時，還感覺到一點韌性，我們真會以為這個玩意兒是意外堆積起來的風雨之作。

　　再進一步觀察一下這個變了形的發現物，這個大房間是母蛛的臥室，我們在剝開外面包覆的樹葉時把它撕破了；這裡是觀察所的圓迴廊；這裡是中心臥室和它的立柱，整個都是用潔白布料做成的，在外層枯樹葉的保護下，房間沒有被潮濕的泥土污染。

　　現在打開孩子們的房間。這是什麼？令我驚訝至極的是，房間裡裝著一個泥土做的硬核，好像是夾帶著泥漿的雨水滲透進來了。可別這麼想，因為灰緞子牆壁內面本身是乾乾淨淨的。這完全是母親所為，牠是故意這樣做的，而且製作精心，那些沙粒是用絲黏在一起的，用手指捏一捏還有些硬。剝去外殼，我們看到除了這個礦物層之外，還有一層絲套裹在卵囊的外面，最後的保護層一被撕開，那些受了驚嚇的小蜘蛛就到處逃竄，敏捷地四下散開。這在如此昏沈沈的寒冷季節裡，倒是顯得很特別。

　　總而言之，當迷宮蛛在野外作業時，牠會在卵的周圍，在兩層綢套之間，用許多沙和少許絲混合起來建一堵牆，以抵禦姬蜂的探針和其他害蟲的牙齒；幾乎找不到比用堅硬石子和柔和細紋布相結合的這種防護系統更好的方法了。

　　這種防護措施在蜘蛛家族中似乎很常見。我們家中的大蜘

蛛——家蛛，把產下的卵裝進一個小球，外面裹著一層用絲和
牆上掉下的牆粉混合製成的硬殼。其他一些生活在野外石頭下
的蜘蛛，也採用類似的方法。牠們用絲黏合的礦物質外殼，把
產下的卵包裹起來。同樣的憂慮不安，促使牠們想出了同樣的
保護方法。

那麼養在網罩裡的五位母親，爲什麼都沒採用築土牆的方
法呢？沙子有的是，沙罩下的罐子裡裝滿了沙。另外，在自然
條件下，我也遇到過沒有礦物層保護的卵囊，這些不完整的窩
都築在稠密的荊棘叢裡，離地面有一段距離。而另一些包了一
層沙的窩，卻是放在地上。

工作的步驟能解釋這種差別。泥水工用的混凝土是用石子
和砂漿攪拌而成的，同樣地，蜘蛛用絲和沙粒攪拌成砂漿，紡
絲器不停地噴出絲來，而爪子則伸到就近採集來的堅硬礦物中
攪拌。如果每攪拌完一粒沙就停止噴絲，再到遠處去尋找石
子，混凝土就製不成了。這些材料必須都是現成的、垂手可得
的，否則蜘蛛就會放棄這道程序，照樣繼續做牠的窩。

在我的網罩裡，沙子離得太遠，爲了取到沙，蜘蛛必須從
圓頂上下來；牠在那裡以網紗爲依託築巢，所以得往下爬一作
多深。紡織娘拒絕爬上爬下，老是這樣重複地下來撿沙子，會

使紡絲器的操作難上加難。當蜘蛛把窩安在迷迭香叢中一定的
高度時，牠也拒絕築混凝土牆，我還不知道原因何在。但是，
只要窩有接觸地面，就絕對省不掉沙粒圍牆。

由此是否可以證明動物的本能是可變的？若不是在退化，
從某種程度上來說，牠忽視了祖輩採用的保護方法；就是在演
化，帶著幾分猶豫向泥工藝術邁進。

不論從那一方面思考都無法下結論。迷宮蛛僅僅告訴我
們，要使本能得到發揮必須有足夠的物質條件，否則就只能是
一種潛能。本能能否發揮，這要依特定時期的特定條件而定。

把沙子攤在牠腳下，紡織娘就會把它和成混凝土；不給牠
沙子或把沙子放得離牠遠遠的，牠就只會織塔夫綢。但牠始終
準備做泥水工，只要條件許可。觀察得來的所有材料都說明，
指望蜘蛛做出其他革新那是不明智的，革新將會從根本上改變
牠的工藝，並使牠拋棄諸如兩個門廳的房子和星形卵囊等，而
去編織採用圓網蛛的梨形羊皮袋。

第十六章

克羅多蛛

這種名為「克羅多德杜朗」①的蜘蛛，是為了紀念最早引發人們注意這種蜘蛛的人之一。長眠在芝麻菜和錦葵下的逝者很快會被遺忘，但若帶著一張小動物的通行證進入永恆，則可以名留後世，這種好處對人不無誘惑。大多數人是悄然離世的，死後他們的名字不再為人提起，他們被遺忘給埋葬了，這是最不幸的埋葬方式。

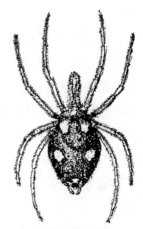

克羅多德杜朗蛛

---

① 克羅多德杜朗：蜘蛛名。克羅多本是神話傳說中編織命運的女神名，在此隱喻蜘蛛。德杜朗是最早將此種蜘蛛公諸於世者之一。——編注

在博物學者中，有些人為了顯揚於世，便以自己的名字給生命寶庫中的物質命名，以此做為一葉小舟，防止自己沈沒。老樹枝上的一層苔蘚、一根草、一隻弱小的動物，都能神奇地使一個名字變得猶如新星似地光彩奪目。儘管這種紀念死者的方法用得過於頻繁了，但還是非常值得尊重。為了雕刻一塊有一定壽命的墓誌銘，還有什麼比金龜子的鞘翅、蝸牛的殼以及蜘蛛網更好的材料呢？連花崗岩都比不上這些材料，刻在堅硬石頭上的銘文會消失，而刻在蝴蝶翅膀上的銘文卻是無法消除的。因此，用德杜朗的名字也是行得通的。

但是，如今為什麼採用克羅多這個名字呢？是不是因為專業詞彙分類者一時找不到詞來命名越來越多的動物種類，而心血來潮地採用了這個名稱呢？不盡然。他想到了神話中某個人物，她的名字聽起來悅耳，而且也挺適合用來命名一位紡織女。古代神話中的克羅多，是掌管生、死、命運三女神中排行最小的一位，她掌握著紡織人類命運的紡紗桿；紡紗桿上繞著許多廢毛、少許絲束，偶爾會有一根金線。

和其他蜘蛛一樣，具有優美形狀和服飾的博物學者克羅多，首先必然是位很能幹的紡織女，才擔當得起那位執掌紡紗桿的惡毒女神之名。令人不快的是，這種類比無法再擴展下去了，神話中的女神克羅多很吝惜用絲，用起廢毛來倒是慷慨大

方。她爲我們織出了坎坷不平的人生。然而八隻腳的克羅多只用精絲紡織；牠爲自己而工作，女神克羅多則是爲我們這些幾乎不值她勞神的人類而工作。

想不想認識一下克羅多蛛？在橄欖樹的故鄉，太陽灼燒著多岩石的山坡，翻開那些平坦的大石頭看看。我們還應該去尋訪牧羊人疊起做凳子用的石堆，牧羊人常坐在上面，居高臨下地看顧花草叢裡的羊群。別讓我們失望，克羅多蛛很少見，並非所有地方都適合牠生存。如果幸運之神對我們堅毅不拔的精神報以微笑，我們將會看見在翻起的石頭下，黏著一個外表粗糙的建築物，形狀像個倒置的圓屋頂，相當半個橘子那麼大，表面鑲嵌或懸掛著小貝殼和小土塊，更多的是乾枯的昆蟲。

圓頂的邊上有十二個呈放射狀分布的突角，擴張開的尖角固定在石頭上。在這些尖角之間又展現出同樣多的倒圓拱，看上去既像一座用駝毛造的房子，又像是猶太人的帳篷，不過是倒置的，固定在吊帶間緊繃的平頂，從上面封住了居所。

門在哪兒呢？邊緣所有的圓拱都朝屋頂張開，沒有一個是通向內部的。我用目光搜尋了半天，也沒發現一條聯繫內外的通道。這座小屋的主人總該偶爾會出門去尋找食物吧，巡視完以後，總也得回家。那牠從哪裡進去呢？只要用一根麥稈就能

揭開這個秘密。

用麥稈在每個圓拱廊口上捅一下，到處都是硬的，到處都
關得密密實實。巧妙結合成月牙形的邊飾中，只有一處的形狀
看上去和別的圓拱沒什麼不同，但是邊緣分成兩瓣，像兩片微
啓的嘴唇，這就是門，它靠自身的彈性會自動關閉。不僅如
此，蜘蛛回到家後經常把門栓插上，即用一些絲把那兩扇門黏
上，固定住。

泥水匠螲蛛的洞穴上有個蓋子，看起來跟周圍的地面沒什
麼兩樣，這是一扇活動門，上面裝有絞鏈。儘管如此，牠的家
卻不見得比克羅多蛛的帳篷更安全。敵人若是不諳門道，克羅
多蛛的家是無法進入的。一遇到危險，克羅多蛛就趕緊往家裡
跑，牠用腳推一下門，門就會張開一條縫，牠一鑽進去就不見
了，門會自動關閉，必要時牠會拉幾根絲把門鎖上。被眾多同
模樣的圓拱廊給難倒的強盜，永遠也不會發現被追蹤者突然消
失的秘密。

把簡單的創造變成了防禦系統的克羅多蛛，對生活的講究
程度遠遠超過了螲蛛。打開牠的小屋看看，多麼豪華啊！據說
古代有位驕奢的人，僅僅因爲床上有一片玫瑰葉就無法休息，
難受得發慌。克羅多蛛也同樣挑剔，牠的被子比天鵝絨還柔

弱，比夏季孕育著暴雨的雲團還要白，這是一種理想的莫列頓呢。床的上方有一個同樣柔軟的華蓋，在華蓋和莫列頓呢之間狹小的空間裡，有一隻蜘蛛在休息，牠的腳很短，穿著深色衣服，背上佩戴著五枚黃色的徽章。

在這個優雅的小屋裡休息，需要絕對的平穩，特別是在氣候多變的日子，穿堂風從石頭下鑽進來時。這個條件在小屋裡能得到絕佳的滿足。我們來仔細看看這所住宅，月牙邊像圍欄似地框住屋頂，以其尖端固定在石頭上，支撐著建築物的重量。除此以外，每個黏接點以一束散射的絲黏在石頭上，整條絲都黏在石頭上延伸得很長。我量了一下，約有一拃長。這些絲就像錨繩，相當於貝都因人用來固定帳篷的小木樁和繩子。有如此稠密、排列得這麼規律的支撐點，這張吊床是不會被連根拔起的，除非蜘蛛遭到了意想不到的暴行，當然這種情況也很少見。

另外一項細節也頗引人注意。房子裡面一塵不染，外面卻到處都是垃圾，有小土塊、爛木渣、小沙礫，而且常常比這更糟的是，帳篷外成了屍體堆。在那裡或鑲嵌或垂吊著一些砂潛金龜和盜虻的乾屍，以及一些喜歡躲在岩石下面的粉蟲，還有斷成一截一截、被太陽曬得發白的赤馬陸，也有生活在碎石堆裡的樸帕蟲的殼，還有最小的隧蜂。

　　這些屍體顯然大多是餐桌上的殘羹剩菜。不善設圈套的克羅多蛛採用圍獵的方法，過著遊獵生活，從一塊石頭下轉移到另一塊石頭下。誰要是夜裡鑽進克羅多蛛的石板下，就會被牠掐死，榨乾了的屍體不是被扔得遠遠的，而是被掛在絲牆上，好像想以此來嚇唬人，但這顯然不是牠的目的。以吸血維生的惡魔，既然要讓自己想抓的獵物放心大膽地上門，就不該把遇難者的屍體吊在城堡的絞刑架上。

　　其他原因更加深了我的懷疑。吊在帳篷上的貝殼大部分是空的，但有的裡面有軟體動物，還完好無損地活著；那麼克羅多蛛是怎樣處置灰色樸帕蟲和卡得力當斯樸帕蟲，以及其他一些縮在小塔螺裡的動物的呢？

　　蜘蛛既無法砸爛那石灰質的外殼，又無法從螺口上把縮在裡面的軟體動物挖出來，牠為什麼還要撿這種東西呢？況且裡面黏糊糊的肉也未必合牠的口味。我懷疑這些東西只是被當做固沙的固著物。為了防止織在牆角上的蛛網一遇風吹就變形，家蛛往網裡裝石膏，把老牆上掉下的粉末堆在裡頭。我們眼前所見的這些東西，是否有同樣的作用呢？做個實驗吧，這是檢驗各種猜測的最好方法。

　　養殖克羅多蛛不是一項繁重的工作，沒必要把牠做了窩的

那塊沈重石板搬回家，只要採用一種簡單的方法就行了。我用小刀尖把石頭上的吊索割斷，蜘蛛很少會逃跑，牠是那麼不喜歡出門，此外我在搬動時也盡可能地小心。就這樣，我把這座小房子連同牠的主人，裝入一個紙筒裡帶回家了。

我有時用柳條筐或是沒用的乳酪盒，有時用硬紙板來代替那塊因為太重、放在桌上又太占位置而被捨棄的石板。我把蜘蛛的絲吊床分別放在這些石板的替代品上，將吊床的吊角一一用膠帶黏上，再用三根短棍支撐著。現在，一個像石桌墳形狀的仿製品完成了。在整個操作過程中，如果能注意避免敲擊和晃動小房子，蜘蛛就不會從家裡跑出來。最後，再把這些小房子放在罩著金屬紗罩的沙罐裡。

第二天，我們就得到答案了。用柳條或紙板做吊頂的小房子，若在採掘過程中破損或嚴重變形，蜘蛛就會在夜間放棄這個家，到別處去住，有時甚至就待在網紗上。

花了幾小時搭成的新帳篷，幾乎只有一個兩法郎硬幣那麼大。按舊宅的建築原則興建而成的新帳篷，是由兩層重疊的薄網組成的：上面一層很平，成了床頂的華蓋；下面一層是弧形的，形成了一個小袋子。由於袋子布料非常纖細，稍有不慎就會使袋子變形，以致侵占掉原本就很小、僅夠容納那隻蜘蛛的

空間。

　　那麼，為了使纖細的薄紗保持堅挺和平穩，以保留最大的空間，蜘蛛做了些什麼呢？確切來說，牠的做法是符合我們的平衡定律的，牠給建築裝壓載物，並盡量降低屋子的重心，在袋子突出的部分掛上了用絲線串起來的長串沙粒。這些鐘乳石狀的沙絲串，整體觀之就像一把濃密的鬍子，沙串末端綴著一塊大石子，垂得低低的。這些懸垂物全都發揮了裝壓載物、平衡器和壓力器的作用。

克羅多蛛的巢

這個一夜之間匆匆建起來的建築物，只是不久就能居住的新房子的雛形，還得不斷地加上一些壓載物，最後袋壁將變成厚厚的莫列頓呢，其本身能保持弧形及保留所需的容量。這時蜘蛛放棄了剛開始織袋時所用、對加壓很有效的鐘乳石狀沙串，而只採用一些比較重的東西，做為新房子的壓載物，主要是昆蟲屍體，因為這無需再去尋找──每餐飯後腳下都有昆蟲屍體的殘骸。在這裡，屍體被當做了碎石，而不是用來炫耀的戰利品。昆蟲屍體代替了要到遠處才能找到的材料，並被掛在帳篷上，這樣便形成了一個具有加固和平衡作用的支架。此外，蜘蛛還經常用一些小貝殼和其他的長串垂吊物，來增加房子的平衡性。

如果把一間早已裝修得盡善盡美的舊房子的外部裝飾物去掉，會是什麼樣子呢？遇到這種災難，蜘蛛會不會重新採用沙串這種穩定房子的快捷方法呢？這一點很快就有答案了。我在紗罩裡的小鎮上，選中了一座大房子，剝去它的外層，小心翼翼地把不屬於房屋本體的東西剝掉，結果露出了最初的白絲。這座房子很漂亮，但是我覺得太鬆垮了。

蜘蛛恐怕也有同感，當天晚上牠就開始工作了，牠要把房子的外層修復好。如何修復呢？還是用懸掛沙串的辦法，用幾個晚上的時間，絲囊外面便布滿了密密麻麻的鐘乳石狀長鬚

鬚，這個特殊工程對於固定織物，使之保持弧形極其有效。同理，吊橋的吊索也是靠橋面的重量來保持平衡的。

後來，隨著蜘蛛進食，吃剩的昆蟲屍體就鑲嵌到了袋子上，用絲串連起來的沙子漸漸地脫落，蜘蛛的大宅又恢復成屍體堆的樣子了。現在我們又得出了同一個結論：克羅多蛛有牠自己的平衡力學，牠會用加重的方法降低重心，使牠的房子既平穩又有足夠的空間。

那麼，牠在鋪墊得如此柔軟的房子裡做什麼呢？據我所知，牠什麼也不做。牠填飽了肚子，就伸開腳舒舒服服地趴在柔軟的地毯上，什麼也不幹，什麼也不想，靜靜聽著地球轉動的聲音。牠沒睡著，更不是醒著，而是處於一種似睡非睡的狀態，這時只有一種說不出的舒適感。當我們躺在舒適的床上即將睡著的那一刻，也會感到無比幸福。思維和印象開始消失的時刻，也有同樣的美好感受，克羅多蛛似乎有同樣的感覺，牠也充分地享受這美好的時光。

我打開蜘蛛房門時，總是看見牠一動也不動，像是沒完沒了地在沈思，必須用一根草去逗弄牠，才能使牠脫離沈思狀態。只有饑餓的刺激才能使牠走出房子，但牠非常節制飲食，所以很少在外面露面。我用了三年的時間不懈地觀察，在實驗

室裡與牠朝夕相處，卻一次也沒見過牠大白天在網罩裡捕獵。只有晚上夜深人靜時，牠才外出去冒險，去尋找食物。想跟隨牠出征幾乎不可能。

經過耐心的等待，我終於在晚間十點鐘時，看到牠在平坦的房頂上乘涼，也許牠是在那裡窺視經過的獵物。受到燭光的驚嚇，喜好黑暗的朋友咻地就跑回家去了，牠拒不公開自己的小秘密。只有第二天小房間牆上多出的一具吊掛屍體足以證明，我走了以後牠再次出去捕獵成功。

由於過分羞澀且晝伏夜出，克羅多蛛向我們隱瞞了牠的習性，牠把自己的作品——寫故事的寶貴材料交給了我們，卻不讓人知道牠的做法，特別是近十月時，我帶回家的那窩卵是如何產下的，更是不得而知。產下的卵分裝在五、六個透鏡狀的扁袋子裡，幾乎占據了母親的房間。這些卵囊每個都有自己的高級白緞包壁，但是卵囊與房間的地板以及卵囊之間，都黏得非常緊，根本無法將它們分開，要得到獨立的卵囊非得撕破它們才行。全部的卵加起來大約有一百粒。

母親匍在那堆小袋子上，像老母雞孵小雞似地忠於職守。產卵並未使牠虛弱，儘管塊頭小了一點，但看上去還很健康。首先，圓滾滾的肚皮和緊繃的皮膚證明牠的任務還未完成。

卵孵化得很早。十一月還沒到，小囊袋裡已經有孵出來的小蜘蛛了，牠們的個頭很小，身穿帶有五個黃色斑點的深色衣服，和成年蜘蛛長得一模一樣。新生兒沒有離開各自的凹室，而是緊緊地擠在一起，在那裡度過整個冬季。母親則蹲在卵囊上，負責全面的安全警戒工作，除了透過卵囊壁能感覺到微微的顫動外，牠還不知道自己的孩子是什麼模樣呢。我們看到迷宮蛛連續兩個月待在觀察所裡，保護著牠永遠見不到面的孩子們。而克羅多蛛要守護將近八個月，牠理當應該能見到孩子們在大房間裡，在牠身邊碎步小跑，並能目睹牠們最後的遷移，看著牠們吊在絲端去長途旅行。

六月熱天到來時，小蜘蛛也許是在母親幫助下捅破了卵囊壁，才從母親的帳篷裡出來的，對那扇秘密門的訣竅牠們知道得一清二楚。牠們在門口花了幾小時的時間呼吸新鮮空氣，隨後相繼被製繩廠製造的第一個產品——纜繩氣球帶著飛走了。

老克羅多蛛留在那裡，並不因為孩子們移居他鄉，留下牠孤零零一個而感到憂慮不安。牠非但沒有變憔悴，反而顯得更年輕了，那鮮亮的顏色和充滿活力的外表，讓人猜想牠的壽命還長著呢，還能再次生育。關於這個問題，我只有一份比較有說服力的材料。儘管我很有耐心，這些不尋常的母親也沒讓我監視牠們的行動；儘管我很費心地飼養，結果卻進展緩慢，牠

們還是在孩子們出發後離開了原來的家，到別的地方去重新造房子。每隻老克羅多蛛都在網紗上爲自己造了一間新屋子。

這只是些粗坯，是一夜的工作成果：兩層重疊的帷幔，上面一層是平的，下面一層底部凹陷，並且用鐘乳石狀的沙粒做壓載物，兩層帷幔構成了新房子，隨著日復一日層層加厚，將變得和老房子一模一樣。爲什麼蜘蛛要放棄牠那座尚未破損，甚至從外表看來還很完好的舊房子呢？如果這不是幻想，我認爲自己隱約看出了牠的動機。

原先那間小屋儘管鋪著厚實的地毯，卻有些嚴重的缺陷，裡面堆滿了孩子們殘留下來的小臥室，我用鑷子去拔這些廢墟都很困難，因爲它們跟房間的其餘部分連成了一體。對克羅多蛛來說，這應該是很費力的工作，也許是牠力有未逮的。這是個傷腦筋的難題，連出這道難題的紡織女自己也解決不了，那就只能拋棄那堆廢墟了。

如果克羅多蛛獨自居住，倒是不太要緊，好歹只是空間小了一點，牠只需要一點空間轉得了身就行了！可是後來，當牠在那些礙手礙腳的凹室堆邊度過七、八個月後，爲什麼又突然想要有一個大房間呢？我看只有一個原因，蜘蛛需要一間大房子並非爲了自己，牠自己只要有個狹小住處就夠了，而是爲了

生第二批孩子，才需要更大的房子。

　　既然第一次產卵留下的殘留物已經把房間占滿了，還能把小卵囊放哪裡呢？新生兒需要新房間。這也許就是搬家的原因。蜘蛛感到卵巢尚未枯竭，於是便要搬家，去另外造一座房子。至於換屋的情況，我手邊只有觀察到的一些事實。由於有其他事要做，而且長期飼養克羅多蛛有許多困難，我無法再繼續深入地研究下去。無法像以前研究狼蛛時那樣，去研究克羅多蛛多次產卵的情況，以及研究牠的壽命有多長。為此我感到很遺憾。

　　離開這隻克羅多蛛之前，我們再簡要地回顧一下狼蛛的孩子所引發的問題：牠們在母親背上的七個月裡，從不進食，卻一直保持著旺盛的精力，從母親背上摔下來是常事，但牠們每次都會循母親的一隻腳爬上去，趕快坐回原位，這對牠們來說是日常的訓練。牠們消耗了能量，卻沒有補充物質。

　　克羅多蛛的孩子、迷宮蛛的孩子，還有其他蜘蛛的孩子也節食，牠們在運動卻不吃東西；在整個幼年時期，即使在冬天也一樣。在寒多臘月裡，我撕開了一隻克羅多蛛的小囊袋和另一隻迷宮蛛的聖物盒，以為會見到一群因寒冷和飢餓而凍僵的、缺乏一絲活力的幼蛛。可是眼前完全不是這麼回事，關在

裡面的小蜘蛛見家門被人撬開了，馬上匆匆地往外跑，牠們四下逃竄，活躍度一如遷移期這段最佳時期的表現。看牠們急步小跑的樣子真是不可思議，小山鶉受到狗的驚嚇也不會跑得比牠們更快。小巧可愛、像團黃色絨毛球的小雞，在聽到母親召喚時，會飛快跑向裝著小米粒的盤子。習慣已使我們對動物快速精確的機械反應習以為常，視而不見。我們不會去注意這些，因為這一切在我們看來是那樣的簡單。科學家則以不同的方式來探索和觀察事物。科學家認為：萬事都有因果；小雞吃食，牠消耗或者更確切地說耗熱，把食物變成熱量後，進而轉化成能量。

如果有人說，一隻小雉雞從蛋裡孵化出來後，一連七、八個月沒吃一點食物，還一直能跑能跳，始終精力充沛、行動敏捷，恐怕找不到充分理由來消除我們的懷疑。然而不進食卻還能照常活動，這種不合情理的事，偏偏就讓克羅多蛛和其他蜘蛛變成了現實。

我記得我已經證明過，小狼蛛在母親背上時是不吃東西的。更苛求地說，若有懷疑也是可以理解的，因為我們無法觀察到遲早會在秘密洞穴裡發生的事，也許在洞穴裡，母親口對口地把肚子裡裝的食物渣餵給小狼蛛吃了。但是克羅多蛛能解答這個疑問。

　　像狼蛛一樣，克羅多蛛也和孩子住在一起，但是牠和孩子們被嬰兒室密封的圍牆隔離開了。在這種情況下，根本不可能傳遞固體的食物。也許有人會想，母親吐出的營養液從圍牆滲透進去，裡面的孩子就能喝到了。迷宮蛛破除了這種想法，小蜘蛛孵化出來幾星期後牠就死了，而小蜘蛛在綢緞織成的房子裡關了半年，也沒因此而變得更瘦弱。

　　牠們會不會吃包裹在外面的絲呢？牠們會吃房子嗎？這並不是荒唐的猜測，因為我們已經見過圓網蛛在織造新網前，先要嚥下廢棄的房子。狼蛛證實了這種解釋是行不通的；牠的孩子們根本就沒有絲網。總之，可以肯定的是，那些小蜘蛛，不管是哪種蜘蛛的孩子，絕對沒有吃任何東西。

　　最後，人們心裡或許還會這麼想：小蜘蛛自己身體裡也許儲存著從卵裡帶來的物質，比如脂肪或是其他能漸漸轉化為機械能的物質。如果這種能量的消耗只維持很短的時間——幾小時、幾天，那我們也會欣然接受這種觀點，因為來到世上的任何生物都有這種特點。小雞明顯地具有這種特點，牠僅靠從蛋裡帶來的儲糧，就能夠穩穩當當地站起來，活動一段時間。但是，一旦胃裡沒有了食物，製造能量的火爐就會熄滅，小雞也會死去。要牠保持七、八個月一直站著、動個不停，還得躲避危險，這怎麼可能呢？牠哪有地方儲存足以維持這麼大消耗量

的儲備物呢？

　　小蜘蛛本來身體就很微小，牠能把足夠維持機器長期運轉的燃料儲存在哪裡呢？一個小動物竟能儲存用之不竭的機油，這是何等不可思議，想到這裡，我們不得不打消這種念頭。

　　我們只能借助於非物質的，特別是來自外界的熱輻射，透過身體器官將它轉化為動力。這是壓縮到最極簡形式的能量營養：這種熱動力不是從食物中釋放出來的，而是能直接利用，就像一切生命物質的熱能源泉——陽光。天然的物質有著令人困惑的奧秘，鐳就是明證。生物也有自己的秘密，而且更具神秘色彩，誰也說不準由蜘蛛而引起的這種猜測，是否有朝一日會被科學驗證，並因此而產生生理學的基本定理。

第十七章

隆格多克大毒蠍
的棲息場所

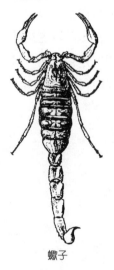

蠍子

蠍子沈默寡言，生活隱密，與之交往也無樂趣，以至於除了一些解剖學特點外，牠的故事幾乎就沒什麼內容可寫了。解剖刀已經向我們揭示了蠍子的生理結構，但是據我所知，沒有一位觀察家敢堅持對牠隱密的生活習性進行觀察。在酒精中浸泡後被解剖的蠍子已為人們熟知，至於牠的本性，卻幾乎無人知曉。在節肢動物門中，蠍子是最值得人們為牠寫就一部詳細傳記的動物了。在民間傳說中，牠給人留下了很深刻的印象，以致被載入了黃

---

① 盧克萊斯：西元前一世紀，古羅馬詩人和哲學家。──譯注

道十二宮。盧克萊斯[1]常說恐懼造出了諸神。因可怕而被神化了的蠍子，在天上受到眾星的讚美，並成為年曆中十月的象徵。我們應該嘗試讓牠開口說說話。

我認識隆格多克大毒蠍是在半個世紀前，隆河畔的維勒訥夫的山崗上，河對岸就是亞維農。最快樂的週四到了，從早到晚我都在山崗上翻石頭，尋找蜈蚣，這是我的博士論文的主題。有時在翻開的石頭下，我看到的不是多足綱動物蜈蚣，而是可怕至極、同樣不討人喜歡的隱居者——蠍子。蠍子的尾巴向背部捲起，毒螯上正滾出一滴毒液，兩隻螯肢頂在洞口上。哇！快離開這個可怕的傢伙！我把石頭重新壓回洞口。

我精疲力竭地奔波了一天，滿載蜈蚣而歸，這次外出更加使我滿懷幻想，當我開始貪婪地啃著知識的麵包時，這些幻想給未來染上了玫瑰色。啊！科學，你多麼有魅力！我邊朝家裡走著，心中充滿了喜悅，我有千足蟲了。對於幼稚單純的我來說，還有什麼比這更讓人滿足的呢？我帶走了多足綱蜈蚣，卻留下了蠍子，但我隱隱預感，有一天我將回頭研究這種昆蟲。

五十年過去了，這一天終於到來。在研究過與其身體構造相近的蜘蛛後，應當來研究我的老相識，生長在我家鄉的蛛形綱大頭目了。確切地說，我家附近有許多隆格多克大毒蠍，但

我從沒見過哪個地方像塞西尼翁山崗的斜坡，有那麼多的蠍子。那個向陽的山坡多岩石，是野草莓和歐石楠的好生處。怕冷的蠍子在那裡可以生活在類似非洲的高溫下，而且那裡的土是沙土，比較容易挖掘。我想那是牠北移的最後據點。

牠喜歡植物稀疏的地方，那裡垂直聳立著被太陽燒烤的頁岩，遇上壞天氣頁岩被連根拔起，最後坍塌下來變成了石片。在那裡通常可以碰到大片的蠍子殖民地，彷彿是同一家族的成員移居到周圍地區所組成的部落。這兒絕對不興群居，因為蠍子很挑剔，喜歡獨居，牠們總是獨處一室。儘管我見到過許多蠍子，卻從沒見過兩隻蠍子住在同一塊石頭下；或者更確切地說，當一塊石頭下有兩隻蠍子時，必然有一隻正在吃掉另一隻。我們將有機會看到，兇狠的隱士以這種方式結束婚禮。

蠍子的住宅很簡陋。翻開那些較大、較扁平的石頭時，如果發現一個有如大口瓶頸那麼粗、幾法寸深的洞，就表示這裡有蠍子。俯身察看就能看到屋主人在家門口，兩隻螯肢張開，尾部翹起，擺出防禦的架勢。有的時候，屋主躲在比較深的小屋裡，我們就看不到牠了。為了把牠引到亮處，得用一把可隨身攜帶的小羊鏟。牠現在爬上來了，揮著武器，當心手指！

我用鑷子夾住牠的尾巴，讓牠頭朝下，放進一個很結實的

紙筒裡，與其他囚徒隔離開來，然後再把這些可怕的收穫物全放進一個白鐵皮盒子裡。這樣攜帶和收集起來就非常安全了。

在安頓這些小動物以前，我先簡要描述一下我抓來的這些蠍子的特徵。這是一種分布在地中海沿岸大多數地區的普通黑蠍子，為人所熟悉，牠會在秋季多雨的日子潛入人們家中，甚至鑽進我們的被窩。這個可恨的傢伙通常是令人恐懼，倒不一定會傷人。儘管牠們常常出現在我的現居地，但是牠的光臨從未造成過任何嚴重的後果。其實牠的惡名倒是有些名過其實了，這個可悲的小動物主要是讓人討厭，危險倒在其次。

其中特別令人害怕，卻又鮮為人了解的隆格多克大毒蠍，駐紮在地中海沿岸省份。牠不但不會跑到居民家中，反而還離群索居，躲在荒涼僻靜的地方。與黑蠍子相比，牠算得上是巨蠍。長到最大時，身長有八、九公分。顏色像金黃色的稻穀。

牠的尾部，實際上應視為腹部，是由五節稜錐所組成。一個個稜錐彷彿是由桶板拼接、有著稜凸紋外觀的小酒桶，整體看上去像一串珍珠。牠螯肢的上鉗指和下鉗指也有同樣的稜凸紋，將前臂切成許多狹長的面，其他線條在背上蜿蜒曲折，像是皮護胸甲上，用細粒狀軋花滾邊縫製一片片皮料的接縫。這些突出的顆粒成了原始的堅固武器，並構成隆格多克大毒蠍的

特點。隆格多克大毒蠍就像一隻用削刀削出來的昆蟲。

尾部第五節之後，是一個光滑的袋狀尾節。這個葫蘆形的囊袋是製造和儲存毒液的地方。囊袋尾端有一根十分尖利的深色彎鉤形毒螫。用放大鏡才能看見，針尖略向下處有一個張開的小孔，毒液就是通過這個小孔注入傷口的。毒螫又硬又鋒利，我用手指捏著毒螫，能像針一樣輕鬆地扎破紙皮。

由於毒螫呈彎鉤形，當尾部平伸時，毒螫的針尖是朝下的。為了使用這個武器，蠍子必須把尾巴翹起來，尾巴自下而上向身體前部拍打。這的確是牠固定不變的戰術。尾巴彎向背部，向前伸就能刺傷抓住牠螫肢的敵人。蠍子幾乎也總是保持著這種姿勢。不管是行進時還是休息時，牠都把尾巴翹在脊背上，很少有將尾巴展開伸直的時候。

那對螫肢——口器的幫手，像螯蝦的大鉗般，可用於打仗和打探情報。蠍子爬行時，螫肢伸向前方，兩指張開，以便摸清前面有什麼東西。需要攻擊時，螫肢便會抓住敵人，使其動彈不得；此時尾部的毒螫就會從背後向前刺過去。最後，當蠍子需要慢慢地品嚐捕獲物時，螫肢便發揮手的作用，夾住捕獲物送到口器裡。螫肢從不用於行走，既沒有平衡作用也不用於挖掘。

專司行走、平衡和挖掘職能的是步足。步足端部平切面上有一組彎曲的活動小爪，與小爪相對應的是一根短而細的尖刺，就像一根拇指，在這個發育不全的跗節上布滿了粗毛。小爪和跗節構成了一個極妙的鉤爪。這就是為什麼沈重、笨拙的蠍子能夠在紗罩的網紗上爬，長時間頭朝下地停在網上，而且還能在垂直的牆壁上爬的原因。

緊接步足基節的是梳狀板，這個奇怪的器官絕對是蠍子特有的。其名稱源於其結構，因為它由一長排小薄片組成，一片挨著一片，就像我們平時用的梳子。解剖工作者認為其作用如同一個轉動齒輪機械，專門用來把兩隻交配的蠍子連在一起。暫時先說到這裡，等我飼養的蠍子揭露牠們的祕密時，我們才能知道得更多。

梳狀板另一個最顯而易見的作用，反倒使我習以為常了，那就是它能使蠍子腹部朝天地在網罩上爬。蠍子靜止不動的時候，兩塊梳狀板緊貼在與步足基節相連的胸腹部；蠍子行進時，兩塊梳狀板便分別向左右兩側拋出，與身體軸線垂直，頗像尚未長出羽毛的鳥翅。它們輕輕地擺動，有時微微向上升起，有時略微向下降，讓人聯想起不熟練的走鋼絲演員手裡拿的平衡桿。蠍子停下來時，梳狀板便會立刻收回去，折向胸腹部，不再動彈；等蠍子再次行走時，它們又馬上伸出來，並又

開始輕輕地擺動。看樣子，蠍子至少是把梳狀板當成平衡器來使用。

蠍子的八隻眼睛分成三組，在頭胸部這個奇怪的部位中間，有兩隻閃閃發光、既大又鼓的眼睛，有點像狼蛛那絕妙的凸透鏡。兩隻眼睛看上去都像近視眼，眼球突出得很厲害。曲線形的結節狀脊線構成了睫毛，使牠看起來很兇狠。近乎指向水平方向的光軸，幾乎只能讓牠看到兩側的物體。

另外兩組眼睛也有同樣的特點，每組由三隻眼睛組成，很小，位置更靠前，差不多是在口器上方彎拱楣的平切邊上，左邊和右邊的三隻小凸眼都排列成一條短直線，光軸射向兩側。總之，不管是小眼睛還是大眼睛，所處的位置都不便於看清前方的物體。

近視加上嚴重的斜視，蠍子是怎麼走路的呢？牠像瞎子一樣，摸索著往前走，牠用手探路，即用伸向前方的螯肢和張開的跗節，摸索著前進。我們來觀察一下，飼養在露天網罩裡的蠍子吧。兩隻蠍子正在遊蕩，同類相遇對牠們來說並不愉快，有時甚至是危險的。跟在後面的那隻蠍子一直往前走，好像沒看見牠的鄰居似的；但是一旦牠的螯肢碰到了對方，牠會突然哆嗦一下，像是受了驚嚇，隨即後退並拐到另一條路上去。為

了證實牠易被激怒的特點，我其實應該去觸動牠一下的。

　　現在來安頓我們的囚犯吧。靠翻石頭和偶然到附近的山崗去觀察，不足以使我了解更多的情況，我還是得採用飼養的方法，這是唯一能讓蠍子講述牠神秘生活習性的方法。怎麼飼養呢？我特別中意某一種方法，這種方法既能使動物得到充分的自由，免去我餵養的辛苦，又可以讓我一年到頭隨時都能進行觀察。我覺得這個方法棒極了，比其他任何方法都好的多，以至於我認為採用這種方法一定會成功。

　　具體的做法就是，在我的荒石園裡建立一座蠍子小鎮，我用人工方法為牠們提供舒適的條件，使牠們像生活在自己家園裡一樣。在年初的頭幾天裡，我在荒石園深處比較僻靜、向陽，而且有厚密迷迭香阻擋北風的地方，建立了蠍子殖民地。摻雜著石子的黏性紅土不適用，鑑於我那些客人們似乎生性不愛出門，補救的方法很簡單。

　　我為每個移民挖了一條容積幾立升的坑道，用蠍子老家的那種沙土把坑填滿，再將土稍稍壓實，以防挖掘時坍塌。我在這壓實的土裡挖了一個短短的門廳，這是挖掘工作的開端，蠍子為了得到一個合意的住處，就必須在此基礎上進行挖掘，還得在洞口蓋上一塊大石板，並且石板要比土坑大些。我在正對

著門廳的地方打開一個缺口，這就是大門。

我把一隻蠍子放在洞口邊，這隻蠍子是我剛從山上把牠裝在紙筒裡帶回來的。見到一個和牠熟悉的家一樣的藏身處，牠便自動爬進去，再也不出來了。一座有二十戶居民的小鎮就這樣建成了，挑選的居民都已成年。建造在用釘耙改造過的土地裡的一系列小屋，彼此間都隔開一定距離，以防鄰里間發生衝突。即便夜裡靠提燈照明，我也能一眼就看到這裡發生的情況。至於食物，我不必操心，我那些客人自己能找到食物，這地方的獵物和牠們的出生地一樣多。

光有荒石園裡的殖民地還不夠，因為有些嚴肅的觀察不允許任何外界的干擾，於是第二個動物園建成了。這個動物園建在我實驗室的大桌子上；在那張桌子周圍，依照我的想法，已經安置了許多動物園，我想這動物園還會繼續延伸好幾公里。我找來了一些大罐子，這是我習慣採用的器具。每個罐子裡裝滿了篩過的沙子，放了兩塊花盆的碎片，再將兩塊大瓦片半埋在土裡做屋頂，代替石頭下的住所，最後把圓拱形的紗罩罩在沙罐上。

我按自己的判斷，把雄性和雌性蠍子配成對放在罐子裡，據我所知，沒有任何外部特徵能區別雌雄，我把那些肚子大的

當成雌性，把肚子小的當成雄性。但是肚子大小與年齡也有
關，因此難免會有差錯，除非先把蠍子的肚子剖開來看看，不
過那樣做將會中止我的養殖實驗。既然別無他法，那還是根據
牠們的身材來判斷雌雄吧。我把蠍子兩兩配在一起，把一隻較
肥胖、顏色較深的蠍子，和另一隻身材略顯苗條、呈金黃色的
蠍子搭配在一起，這麼多對蠍子中，一定會有真正的配偶。

為了有助於那些今後打算從事同樣研究的人，我還想提供
一些細節。養殖動物需要學習，為了獲得成功，別人的經驗不
無用處，尤其是飼養那些與之接觸有危險性的動物。如果你的
手不小心觸到一隻逃出了籠子、躲在堆滿桌上的容器之間的在
押囚犯，是沒有好處的。為了能在這樣的環境中度過整整幾
年，必須有嚴格的防範措施。以下就是我採取的防範措施。

把圓頂紗罩插入沙罐直到容器的底部，在網罩和容器之間
有一圈空檔，我用黏土把這圈空檔填滿，加水夯實。這樣嵌入
泥土的網罩就搖不動了，容器就不會有出現細縫讓蠍子跑出來
的危險。另一方面，如果蠍子從牠所占有的那塊地的邊緣向深
處挖掘，不是會碰到金屬罩就是會碰到容器，這些都是無法逾
越的障礙。現在，我們就不用擔心蠍子跑出來了。

但這還不夠，如果說應該注意自身的安全，那麼也應當考

處囚犯是否舒適。蠍子的住所必須衛生且便於攜帶，可根據觀察時的需要，放在陽光下或陰暗處。但是裡面還缺少食物，儘管蠍子很節儉，也不能永遠禁食。爲了在供應食物時無需拿掉網罩，網紗中間開了一個小孔，在有需要的時候，就可以從那個小孔把每天抓到的活獵物放進去，餵完食後，用一個棉團把供應食物的天窗堵上。

露天小鎮上的移民有通往石頭下的道路，那是我用羊鏟挖好的，而網罩裡的移民比露天地裡的移民更能幹，才剛被放進網罩不久，牠們就讓我目堵了挖掘工作。隆格多克大毒蠍自有一套住進自建小房子的辦法。爲了安家，我的囚犯各擁有一大塊安家所需的弧形瓦片，插進沙子裡的瓦片形成了一個地道口，一條簡單的拱形裂縫。接下來得靠蠍子自己往下挖掘，並按自己喜歡的方式住下來。

挖掘者很少耽擱時間，特別是在太陽底下，因爲陽光令牠們心煩。蠍子靠第四對步足支撐，用其他三對步足耙土、耕地，輕巧敏捷地把土塊輾碎、刨鬆，眼前的情景使我想到了狗刨土埋骨頭時的那股力道。蠍子快速地用步足把土輾碎後，便開始清掃，牠把用力拉直的尾巴貼在地上，將土堆往後推，就像我們用手肘推開障礙物一樣。如果清出的雜物推得還不夠遠，清潔工還會回過頭來，用送彈棍式的尾巴再推幾下，直至

完成任務。

請注意，螯肢儘管強有力，卻始終沒有參與挖掘，哪怕是往外撿一粒沙的工作也沒做。因為螯肢是用來往口器裡送食物、打仗和提供資訊的工具，如果用它去工作，就會失去靈敏的感覺。

蠍子就這樣交替地用步足挖土，再用尾巴把挖出來的土推到外面，最後這位挖掘者便消失在大瓦片下了。一個小沙丘堵在地道口上，可以看到沙丘不時在震動，並從上面滾落下一些沙子，這說明工作還在繼續；新挖出的石礫不斷被推出來，直至地洞達到了需要的寬度。當蠍子想出洞時，可以毫不費力地把那個不時有沙土滾落的障礙物推倒。

我們住宅裡的那種黑蠍子，沒有建造地下室的本領。牠們常出沒於牆根下脫落的砂漿灰裡，還有因受潮而裂開的護牆細板裡，以及陰暗處的廢墟堆裡；牠們只會利用現成的隱蔽所，而不會按自己的方式對這些藏身洞加以改造。黑蠍子不會挖土，看來是因為牠的尾巴又細又光，用它清掃太無力了，不像隆格多克大毒蠍的尾巴，不僅粗壯，而且還長著高低不平、粗硬的圓齒狀葉緣。

在荒石園的殖民地裡，移民得到了經過我粗加工過的房子
——我已經在石板下平實的沙土裡挖了一個門廳，因此牠們一
下子就鑽進洞裡不見了，牠們正為了完成這項工程而努力挖掘
著，洞口堆積起來的沙丘就是證明。等過幾天我們再掀開石板
看一看。蠍子的洞穴位在三、四法寸深的地下，這個通常在夜
晚才有蠍子出入的洞穴，常常白天也能見到蠍子，特別是天氣
不好的時候。有時那陋室被猛然推一下，就可擴大成寬敞的房
間。現在來瞧瞧這座莊園，一進入石板下就是前廳。

蠍子喜歡在一天中最炎熱的時候，獨自待在門廳裡，享受
透過石板慢慢蒸發進來的熱氣。牠享受蒸氣浴正在興頭上時，
突然受到了干擾，於是揮動著多節的尾巴，跑進避開陽光和人
類視線的房間裡去了。我們把石板蓋上，過半小時再來，發現
牠又回到了洞口，只要慷慨的太陽還在烘烤著屋頂，那裡就會
暖洋洋的。

蠍子就是以這種極為單調的生活方式度過冬季的。不論是
在荒石園裡的小鎮上，還是在網罩裡的動物園，蠍子晝夜都不
出門。從洞口那個原封不動的沙丘堡壘，就能得出此一結論。
牠們是不是冬眠了？才不是呢。我經常去拜訪，發現牠們隨時
蓄勢待發，尾巴翹著，擺出威脅的架式。天氣涼爽時牠們退回
洞底，天氣晴朗時又回到洞口，把脊背貼在曬熱的石板上取

暖。目前還沒出現別的情況。隱士的生活是在長期靜思中度過的，牠們時而在潮濕的洞穴裡，時而在屋子的擋雨板下，或是在沙丘後面。

到了四月，情況突然發生了變化。網罩裡的蠍子離開了瓦片下的洞穴，圍著場地團團轉，牠們爬上網紗，甚至整天待在上面不下來。好幾隻蠍子在外面過夜，不再回家，牠們寧願在外面玩，也不想回地下室裡睡覺。

在荒石園的小鎮上，情況更嚴重。幾隻小蠍子夜裡離開了家，外出瞎逛，我不知道牠們會怎麼樣，還指望牠們逛完了會回來，因為其他地方再也找不到適合牠們的石頭了。然而，誰也沒回來，出走的蠍子永遠地失蹤了。很快，大蠍子也同樣染上了愛遊蕩的習氣，最後小鎮上的居民大量移居他鄉，以至於在露天的殖民地裡，快要一個居民也不剩了。永別了，我傾注了許多心血的方案！我曾寄予美好希望的自由小鎮，很快就成了沒有居民的空鎮，撤走的居民都不知去向了，我四處找遍了也沒找到一個逃亡者。

道高一尺魔高一丈，我需要建一堵不可逾越的圍牆，它圈住的範圍必須比網罩大的多才行。網罩裡的區域太小，蠍子連遊戲的場所也沒有。我有一個冬季存放肉質植物的花棚，牆基

有一公尺深，牆壁上粗粗地塗了一層灰漿。我用泥水工的抹刀和濕布，盡可能地將牆面仔細抹光，然後在地面鋪上了細沙，並散放了幾塊大石板。一切準備就緒後，我把剩下的蠍子和當天早上新抓來補缺的蠍子，一隻一隻分別放在棚子裡的石頭下。這一次，我能利用這個垂直的屏障留住我的蠍子嗎？我還會見到令我擔心的事發生嗎？

我什麼也不會看見了。第二天，新的和舊的蠍子全都不見了，一共十二隻，一隻也沒給我剩下。其實，稍微動點腦筋我也該會想到這一點。在連綿的雨季和秋天，黑蠍子縮在窗戶縫裡的情景我見的還少嗎！牠們平時住在院子的陰暗角落裡，為了躲避那裡的潮氣，便順著牆壁爬到了我家裡，一直爬到二樓上，粗泥灰粗糙的小顆粒足以幫助牠們在垂直的牆面上攀登。

儘管隆格多克大毒蠍的身體略胖，卻也和黑蠍子一樣是攀登高手。證據就在眼前。一道和普通砂漿塗面一樣光滑的圍牆，一道一公尺高的屏障，竟連一隻蠍子也沒阻擋住，一夥蠍子全都翻過院牆逃跑了。

露天飼養蠍子，即使有圍牆也行不通；無組織無紀律的綿羊使牧羊人的計謀成了泡影。我還剩下一些資源，就是網罩裡的那些蠍子。我就這樣伴隨著實驗室大桌子上的十幾只罐子，

度過了一年。我不能外出，那些夜貓子要是看到我那些容器裡的活物，會把牠們攪得亂七八糟的。

另一方面，每個罩子裡的居民數量都有限，最多兩、三隻，因爲地方不夠大。由於鄰居不多，也缺乏牠們家鄉山崗上能享受到的強烈日照，安置在桌上的這些蠍子好像得了相思病，對於我的等待牠們幾乎沒有給予回報。不管是蜷縮在瓦片下，還是爬在網紗上時，大部分時間牠們都在打瞌睡，夢想著獲得自由。從這些不耐煩的蠍子身上觀察到的點滴情況，遠遠不能滿足我的需要。我希望得到更有價值的資料。爲了找到一個更好的養殖場所，我採取了不少對策，可是一年結束了，我卻只得到了一些小小的收穫。

最後，我想出了造玻璃圍牆的辦法。玻璃牆沒有踏腳處，那麼攀登自然不可能。木匠爲我搭了木架，玻璃匠給這個框架安上了玻璃，爲了讓蠍子攀登時打滑，我親自給細木護牆塗了柏油。從外表看上，這個建築物像橫臥的窗框，地面是一塊木板，上面鋪著一層沙土。天冷的時候，特別是雨水可能造成水患，對這個沒有排水設施的屋子造成災難性的危害時，可以把頂蓋完全蓋上，這個頂蓋可根據天氣情況開大或關小。在這個圍牆裡，有足夠的地方建造二十四間瓦片房，每一間都有一位屋主，此外，還有寬闊的道路和十字路口供蠍子遠足，而不至

於擁擠。

　　然而，就在我以爲圓滿解決了蠍子的居住問題時，卻又發現如果不加以改善，這個玻璃蠍子園將不可能長久地留住居民。玻璃絕對能阻止攀登的嘗試，因爲蠍子沒有黏底鞋，在這種牆面上牠們無法落腳。牠們在玻璃上亂抓，用尾巴這根絕妙的槓桿做支撐直立起來，可是牠們剛一離開地面，又重重地摔了下來。

　　而當牠們往木頭上攀登時，情況就不妙了，儘管木條已經鋸得很窄，而且還特地塗上了柏油，那些頑強的攀登者還是在溜滑的道路上，一點一點地往上爬，有時牠們貼著奪彩桿爬得很快，隨後又恢復原樣吃力地攀登著。我發現有些蠍子已經爬到了頂，牠們要逃跑了，我只得用鑷子把牠們夾回房子裡。由於通風的需要，一天當中天窗大多得開著，如果我不盯牢，牠們很快就會跑光。

　　我打算用油和肥皂的混合物塗抹在木頭上，讓蠍子打滑。但這只能稍微減慢逃跑的速度，並不能阻止牠們逃跑。牠們細細的小腳能透過塗料插進木頭的小孔裡，接著又開始攀登。我們來試用一種沒有細孔的屏障玻璃紙，把它貼在立柱上吧。這對那些大腹便便的蠍子是無法克服的困難，可是對於那些身體

輕盈的蠍子，這點困難算不了什麼，只要牠們想爬，往往就能
爬上去。後來我往玻璃紙上塗了油脂，才將牠們給制服。

從此再也沒有蠍子逃跑了，儘管牠們始終竭力想逃跑。肥
胖的蠍子竟然有攀登光滑牆壁的能耐，這倒是出人意料。但是
自從用了玻璃棚，就再也沒發生如此的壯舉了。隆格多克大毒
蠍和牠的同行黑蠍子一樣，是老練的爬牆手。

現在我們有了三種安置所：荒石園裡的自由小鎮、實驗室
裡的網罩，最後是玻璃蠍子園。三種安置法各有利弊，我逐一
對它們進行察看，特別是最後一種。這樣我就可以把在蠍子發
源地翻石頭時，所得到的一點零星材料，補充到三種安置法所
提供的材料中。那個豪華的玻璃宮殿──蠍子的羅浮宮，我將
它安置在花園裡的露天長凳上，做為收藏品，我們一家人只要
經過那裡，無不瞧它一眼。沈默寡言的動物，我能讓你開口說
話嗎？

第十八章
隆格多克大毒蠍的食物

　　我首先了解到的是，隆格多克大毒蠍雖然有著可怕的武器
——很可能被視做強盜和貪吃鬼的標誌，但事實上牠是個飲食
十分有節制的小動物。

　　我到附近山崗的石子堆裡造訪牠時，仔細地搜查過牠的洞
穴，希望能從中找到惡魔盛宴之後留下的殘羹剩茶，可是我只
找到了一些隱士吃剩的點心渣，好些時候根本什麼都找不到。
我只得到一些椿象的綠色前翅、成年大蟻獅的翅膀和瘦弱蝗蟲
身上的體節。

　　經過認真的觀察，我從荒石園的小鎮上了解到更多情況。
就像體弱多病的人嚴格節制飲食、定時吃飯一樣，蠍子也有牠
的用餐時間。從十月到翌年四月，這六、七個月的時間裡，牠

足不出戶，儘管牠精力充沛，有敏捷的尾功。這段時期，如果我把一些食物放在牠的面前，牠也不屑一顧，尾巴一甩就把食物掃出了洞穴，不再去注意那食物。

　　約莫三月底時，牠們的胃口才初開。這時去察看牠們的洞穴，就能碰上一、兩隻蠍子在那裡細嚼慢嚥捕獲物，吃的可能是不起眼的千足蟲、隱食蟲或者是石蜈蚣，而且捕獲物遠遠沒有填滿狹小的房間，這些啃骨頭的蠍子要隔很長時間才吃第二頓飯。

　　我期待著牠們的胃口再好些。我想，相貌如此粗野、武器裝備如此精良的蠍子，不會只滿足於這麼一點食物，就像人們不會只為打一隻小鳥，而往槍管裡裝烈性硝甘炸藥一樣，蠍子也不會用可怕的利刃只去刺殺一隻小小的動物而已。牠的食物應該由大量的肉食構成。然而，我想錯了。蠍子雖然有很好的裝備，飯量卻小的出奇。

　　而且蠍子還是個膽小鬼，一隻從甘藍裡飛出的飛蛾，用斷翅拍打了一下地面就把牠嚇跑了，一個對牠不會構成威脅的殘廢者，竟也讓牠害怕。唯有飢餓感才能激發牠向獵物進攻。

　　四月，當蠍子開始想吃東西時，我該給牠吃什麼呢？蠍子

和蜘蛛一樣，也需要活的獵物，並且佐以未凝固的血液。牠需要垂死的、渾身抽搐的獵物，牠從不吃死屍，此外還要求獵物肉質嫩、個頭小。我剛開始飼養蠍子時，想讓牠們大發利市，專門挑了些大個子的蝗蟲餵食。可是牠們拒不接受，因為大蝗蟲咬起來太硬，而且很難對付，那些蝗蟲胡亂撲騰，讓蠍子感到氣餒。

我用田野裡抓來的蟋蟀做實驗。這些蟋蟀肚子胖鼓鼓的，像奶油球般易溶於口。我將六隻這樣的蟋蟀放進玻璃圍牆內，並放進一些生菜葉，以減少「獅子籠」般恐怖的氣氛。歌唱家們似乎並不擔憂危險的處境，牠們唱著美妙動聽的歌，吃起生菜來。當一隻蠍子突然走過來時，蟋蟀瞧著牠，用細細的觸角瞄準牠，牠們對這隻巨獸的到來並未顯出特別的驚慌。而蠍子呢，一發現蟋蟀便往後退，生怕和這些陌生人接觸而受到連累。當牠的螫肢碰到其中一隻蟋蟀時，嚇得馬上逃走了。六隻蟋蟀在野獸群裡住了一個月，沒有一隻蠍子去注意牠們，因為牠們太大、太肥了。六隻蟋蟀依然和剛進來時一樣精力充沛，安然無恙地重獲了自由。

我又為蠍子提供了牠們愛吃的鼠婦、黑色千足蟲和赤馬陸這些「賤民」。在獵人經常出沒的一些石頭下，經常躲著盜虻和砂潛金龜，我便用牠們來做實驗，因為牠們很可能是蠍子習

慣捕捉的獵物。我還把從蠍子洞附近荊棘叢中抓來的鋸角金花蟲，以及在蠍子活動的沙丘上抓到的虎甲蟲，放在牠們的面前。可是，因爲這些獵物面目可憎，也都沒被蠍子接受。

要到哪裡才能找到個小、肉嫩、味美的獵物呢？我在一次偶然的機會得到了這種食物。五月，一種長著軟鞘翅的鞘翅目昆蟲——野櫻朽木蚺前來拜訪，牠身長約一指寬。一大群野櫻朽木蚺突然飛到我的院子裡面，繞著一棵開滿黃色葇荑花的綠橡樹飛舞。牠們停下來，拚命吸吮甜果的汁液，並且瘋狂地忙於做愛。這種歡樂的生活持續了兩週，然後牠們便成群結隊地離去了，不知去了何方。爲了我的囚犯們，我向這群遊民徵收了貢品，我覺得可能會派上用場。

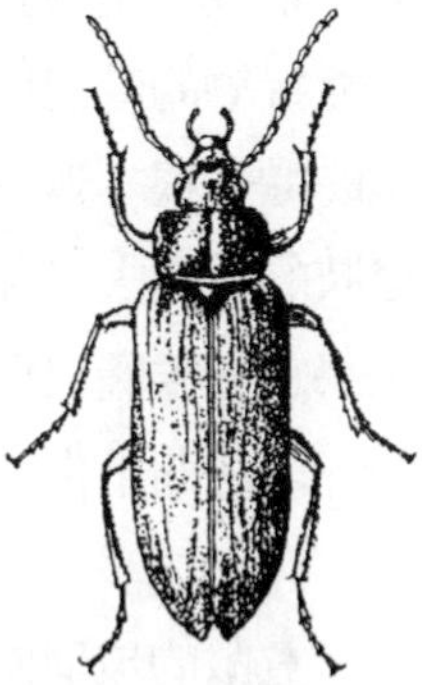
野櫻朽木蚺

我猜對了。經過了漫長的、非常漫長的等待，我看到蠍子進食了，現在，蠍子偷偷向待在地上動也不動的昆蟲走去。這不是捕獵，而是撿落地的果子，沒有緊張驚險，也沒有搏鬥，用不著尾巴，也用不著帶毒的武器。蠍子輕鬆地用兩根鉗指把獵物夾起，然後把螯肢彎曲起來，將獵物送到嘴邊，蠍子進食的時候，一對螯肢始終舉著獵物。活生生的獵物在蠍子的上下

顎之間掙扎，這使得喜歡進食不出聲的蠍子很不高興。

　　於是毒螯彎向嘴，輕輕地一下又一下地刺向獵物，使牠安靜下來。這把利劍一邊不停地刺，嘴一邊繼續咀嚼，就好像用叉子一點一點把食物送到嘴裡似的。

　　最後，這塊獵物經過幾個小時的細細研磨，成了一團腸胃不能接納的乾巴巴渣滓。這團渣滓死死地卡在喉嚨裡，那隻吃飽的蠍子根本無法直接將它吐出來，必須靠螯肢幫忙。蠍子用螯肢的鉗指去叉那團渣子，其中一根鉗指叉到了那個丸子，輕輕將它從喉嚨口取出，扔在地上。這餐飯吃完後，蠍子會有很長一段時間不再進食。

　　寬敞的玻璃圍牆裡的情況，比紗罩裡好些。黃昏時分，裡面充滿了生氣，而且我從中獲得了有關這種奇特節食方式的豐富材料。四月和五月，是蠍子聚會和歡宴的時期，我為牠們提供了豐盛的食物。這個時節，有許多紋白蝶和黃鳳蝶在長著丁香樹的小徑上飛舞，我用網子網住十幾隻紋白蝶，將牠們的翅膀折斷。這十幾隻蝴蝶被放進玻璃屋中，由於翅膀已被折斷，牠們無法逃脫。

　　晚上快八點的時候，那些野獸離開了洞穴，在蓋著瓦片的

271

洞口停了一會兒，聽聽外面有什麼動靜，然後跑到各個角落，開始長途旅行。牠們的尾巴有時翹得像喇叭，有時下垂，尾尖卻總是向上翹著。會採用何種姿勢，全取決於牠們當時的心情以及碰到什麼樣的東西。藉著掛在玻璃房前一盞微弱的提燈照明，我得以觀察到裡面的情況。折翼的蝴蝶在地上打轉，一飛就掉下來。蠍子從吵吵鬧鬧、陷入絕望的蝴蝶中間，走過來走過去，就算撞倒或踩著了蝴蝶，也沒特別去加以注意。有時在相互接觸的混亂中，一個殘廢者就爬到了惡魔的背上，對這種放肆的行為，後者也不理會，仍舊載著這個殘廢者繼續散步。有幾個冒失鬼蹦到了散步者的螯肢下，還有的正好撞上惡魔那可怕的口器，可是什麼也沒發生，蠍子碰也不碰這些食物。在蝴蝶常常光顧丁香樹的那段時間，我每晚都要重複同樣的試驗，耗費了許多食物，卻幾乎什麼目的也沒達到。

然而，我不時也會見到紋白蝶被捕獲的情況。蠍子猛然把牠舉起，腳卻不停地趕著路，螯肢像條胳膊似地伸向前方摸索著。牠沒有把獵物送到嘴邊，因為螯肢正忙著探路呢；牠只是用大顎咬住戰勝品，被狠狠咬住的紋白蝶絕望地抖動著殘留的翅膀，就像一根白色的羽毛在兇狠的勝利者額前飄動。當咬在嘴裡的蝴蝶動得太厲害，讓蠍子感到不舒服時，蠍子總是採用邊走、邊嚼、邊用針輕刺獵物的方法，使牠安靜下來。最後蠍子甩掉了獵物。牠吃了什麼呢？只吃了一個頭。

　　有的蠍子忙著把戰勝品拖到瓦片下的洞穴裡去，牠們想在遠離喧囂的洞穴裡吃點心，但這種情況比較罕見。還有的抓到獵物後，就躲到一個角落裡，肚子陷在沙地裡，毫不掩飾地細嚼慢嚥。

　　一週後，目睹了幾次同樣的場面之後，我對蠍子的住宅進行了搜查，逐一檢查牠們的洞穴，以了解牠們都吃些什麼。翅膀和吃不動的殘渣會給我提供一些資訊，可是除了幾個洞穴外，在大多數洞穴裡，我都沒有找到從死屍身上折下的肢膀。除了三、四隻已被斬首的紋白蝶外，幾乎所有的紋白蝶都完好無損，牠們都已經變乾了，卻還沒被動過。這就是我深入調查得到的結果。在活動的鼎盛時期，這些愛吃頭的蠍子一星期也只吃那麼一丁點食物。玻璃屋裡一共有二十五隻蠍子，全是吃一點點就飽了。

　　紋白蝶也許是牠們很少見到的菜餚。我想牠們在迷宮似的岩石堆裡時，不大可能捉到這種獵物，因為紋白蝶喜歡在花梢上蜿蜒飛行，既然沒見過這種食物，牠們就有可能不屑一顧。沒有自己喜愛的食物，牠們就幾乎什麼也不吃。那麼，在牠們那被陽光鈣化的荒涼家園裡，還能找到什麼呢？

　　看來牠們是吃蝗蟲類和螽斯類，有禾本科植物可吃的地方

都能找到這些「賤民」。因此，在紋白蝶和其他蝴蝶出沒的季節過去後，我首先找的就是蝗蟲，我在玻璃屋裡放了很多蝗蟲類和螽斯類昆蟲。牠們正當年少，身上只穿一件短禮服，這正是我那些喜歡吃嫩肉的客人所需要的食物。這些蝗蟲中有灰也有綠，有胖也有瘦，有趾高氣揚的，也有體胖腳短的，食客可以在眾多種類中進行選擇。

夜幕降臨了，我把抓來的蝗蟲撒在柔和光線所能照到的區域裡，牠們這時倒是挺安靜。隨著天色漸晚，蠍子迫不及待地從家裡出來，到處都麇集著天賜的活物。聽到蝗蟲輕微的蹦跳聲，正在散步的蠍子嚇得逃走了。這和用紋白蝶做實驗時所看到的情景完全相同。儘管蠍子經常和這些獵物相遇，有時甚至從牠們的身上踏過，可是誰也沒去注意這些近在眼前、唾手可得的美味食物。

我看見一隻蝗蟲不巧落入過路者的指縫間，寬厚的過路者沒有合上鉗子，只要牠把螯肢稍微夾緊一點，就能得到一塊好肉，可是毫不在意的蠍子卻讓牠溜走了。我看見一隻綠色的螽斯，意外地爬到了散步者的背上，可怕的坐騎平和地馱著牠，沒有動邪念。我幾百次看見蠍子和蝗蟲迎面相撞，蠍子有時退後讓道，有時甩動尾巴把冒失的擋道者掃開，但從沒有見過蝗蟲真正被抓住的情形，更不用說追殺的情況了。根據我日常的

觀察，要經過很長一段時間才能見到一、兩隻節食的蠍子去占
有一隻蝗蟲。

　　四、五月，正值交尾期的蠍子突然發生了變化，牠們由節
食轉而變得狼吞虎嚥，並沈湎於可恥的大吃大喝中。那時我好
幾次看到住在荒石園裡的蠍子，在瓦片下平靜地吞食著自己的
同類，就像在吃一隻普通獵物似的。同類的整個身子都給吞了
下去，尾巴卻經常吞不下去，它能在吃飽的蠍子喉嚨裡梗上好
幾天，最後才被很不情願地吐出來。推想起來，尾巴尖上那個
毒囊被吐出來不足為奇，也許毒液的滋味不合食客的口味。

　　除了這點殘渣之外，那被吞噬的同類整個消失在吞食者的
肚子裡，那肚子看上去還沒有被吞物的體積大，牠必得有個特
別好的胃口才能裝下這麼大的食物。在食物沒有磨碎、壓實之
前，容體大於容器的容積。因此，如此驚人的食量決不能理解
為正常的用餐，這是婚禮。這個問題稍後將有機會談到。

　　我當然不會把那些在婚禮上相互擁抱時遇難的死者，列入
蠍子正常的食物清單中，這是動物在發情期偏離常規的舉動，
是足以跟修女螳螂悲壯的婚禮相提並論。

　　我也不會把我用心擺設的豐盛宴席登記在內；我把蠍子放

在強大的敵人面前，並挑唆兩個格鬥士，希望看到牠們打起來。被激怒的蠍子起而自衛，用匕首刺向對方，然後，陶醉在勝利喜悅中的蠍子吃掉戰敗者，只要牠吃得下去。這是蠍子慶賀勝利的方式。若不是我從中插手，蠍子決不敢進攻這樣的敵人，也絕不會吃這麼大的獵物。

　　除了這些太例外而無法統計在內的盛宴外，我只統計一些簡單的小吃。我的觀察也許會有差錯，在夜晚，深夜無人看見時，牠們也許還吃了一些食物。因此，在為蠍子出具高度節儉的證明時，我得回憶一下以下的一次實驗，它將給予我們正式的答案。

　　秋初，四隻中等個頭的蠍子被分別放在不同的罐子裡，裡面鋪著細沙以及一塊瓦片，容器上蓋著一塊玻璃，既可防止爬牆高手逃跑，又能讓陽光照進罐子裡。圍牆不會阻擋空氣的流入，卻足以防止一些小獵物，如衣蛾、蚊蟲的進入。這四個罐子被放在一個暖房裡，那裡通常都維持著熱帶的溫度；那裡沒有我提供的任何食物，也絕不會有獵物從外面飛進來。那麼，這些囚犯會怎樣呢？

　　儘管得不到一絲絲食物，牠們卻始終都很愉快，躲在瓦片下的洞穴裡挖土，給自己挖一個洞口有沙丘堡壘的洞穴。牠們

時常出洞，尤其是在傍晚時分，散步一會兒，然後再回到家裡。就連有食物吃的時候，牠們的行為方式也沒什麼不同。

冬天一到，即使暖房裡不結冰，囚犯們也不再離開牠們為了過冬已經挖深了一些的洞穴。牠們的身體一直很健康。受好奇心驅使，我常常去拜訪牠們。每次我都發現牠們精神抖擻，而且總是很快就能把被我翻得亂七八糟的洞穴重新恢復原狀。

冬季順利地度過了，其間一切都很正常。寒冷的時候，蠍子停止了活動，減少甚至取消了便餐。但是隨著天氣轉暖，蠍子的食慾也跟著增強，牠們變得貪吃起來。然而，當玻璃屋裡的同伴靠吃蝴蝶和蝗蟲維持體力時，那些禁食者怎麼樣了呢？牠們是否變得無精打采、形容憔悴了呢？絲毫沒有。

牠們的精神並不比進食的蠍子差，牠們揮動著多節的尾巴做出威脅姿態，來回敬我的獻殷勤，如果我撫摸牠們太過，牠們就會沿著大罐邊上跑掉。看來飢餓並未使牠們感到痛苦，但牠們終究不能這樣長久地持續下去。元月中旬，三個囚禁者死了；最後一個活到七月才死。要經歷九個月的絕對禁食，才能結束牠們的生命。

另一個實驗是以很小的蠍子做為對象，牠們的年齡約兩個

月，從頭到尾長三公分，顏色比成年蠍子鮮豔，尤其是牠們的螯肢，簡直就像用琥珀和珊瑚鑿出來的。儘管牠們還很稚嫩，但已顯出潛在的可怕氣質。自十月起，我便能夠在石頭下面找到牠們。和成年蠍子一樣，牠們總是離群索居，在選定的藏身處為自己挖一個洞穴，並用從洞穴裡挖出的沙土築一個沙丘堡壘。從洞裡被挖出來的小蠍子跑得很快，尾巴彎在脊背上，擺動著細弱的螯針。

十月，我把四隻小蠍子分別放在四個玻璃杯裡，用細紋布把杯口紮起來，使外面的小蟲子無法進入。杯子裡放了一指厚的細沙，供裡面的蠍子挖洞穴，還有一塊紙皮做為遮蓋物，囚犯就待在裡面。看來這些小傢伙和成年蠍子一樣耐餓，牠們總是動個不停，充滿了生氣，能一直活到次年的五、六月。

這兩個實驗證明，蠍子在一年的四分之三時間裡不吃東西，仍能保持活力。那麼，牠們肥胖的身體應該有一個很長的發育過程。

一條只有幾天壽命的毛毛蟲不停地吃，是為了給未來的成蛾儲備能量，牠鬆開肚皮大吃，是因為時日不多了，不能慢嚼細嚥。那麼蠍子如何能靠間隔時間長的微量進食，來儲存那麼多的物質呢？牠應該為格外的長壽而積蓄能源才對啊。

　　約略估計蠍子的壽命，並不困難。我在不同時期翻開山崗上的石頭以獲取答案，就像查閱戶籍檔案一樣。我發現，按身材可把蠍子分成五個級別，最小的長一‧五公分，最長的九公分，在這兩級之間還有三種身長不同的級別。

　　無疑地，每個級別的蠍子之間都相差一歲，甚至更多一些，因為每個階段似乎都在延長；至少我飼養的同一批蠍子過了一年，身材幾乎也不見長。隆格多克大毒蠍的優越性就是老當益壯，牠能活五年，或者更長。可見牠們有充裕的時間靠點滴的食物使自己長大。

　　但是僅僅長大並不夠，還要有活力。點滴的食物總是能持續獲得，這是事實，但蠍子總是精打細算，而且要隔很長時間才吃那麼一點點，這讓人產生了疑問：進食的真正作用是什麼？我那些大大小小嚴格執行節食制度的囚犯們，特別引人深思。好奇心總是讓我忍不住去打擾牠們的休息，而牠們每次都很頻繁地在活動。牠們揮動尾巴、挖沙、掃沙、搬沙，總之，按機械學的表達法，牠們是在挖土方。這要持續八、九個月。

　　要應付這樣繁重的工作，牠們有什麼物質可消耗呢？什麼也沒有。自從被監禁之後，牠們得不到任何食物，於是我們便想到，那是因為身體裡儲備著營養和脂肪。要花費力氣，動物

就得消耗自己體內的積蓄。

　　這個解釋對於肥胖的成年蠍子來說，在某種程度上還說得通，但是我用來做實驗的，是一些偏瘦的中年蠍子，還有剛出生不久的小蠍子，在這些小傢伙的肚子裡能有什麼呢？牠們的身體裡有什麼東西，能在生物氧化作用下轉化為動能呢？用解剖刀沒有發現，我們的想像力也無法做出推估，蠍子完成的工作量和牠們的體重反差太大了。就算牠們整個就是一塊能燒盡最後一粒原子的特殊燃料，所釋放的總熱量也遠遠不等於其機械效力的總和。人類工廠裡不可能只加一塊煤，就讓機器保持全年運轉。

　　但蠍子似乎連這麼一塊燃料也沒有。在長期嚴格的禁食之後，牠們還是那麼容光煥發、膚色紅潤，身體始終一樣健康。蝸牛深深蜷縮在鈣化的螺厴或乾皺外衣封口的螺殼裡，一動也不動，這倒能讓人理解：牠不再吃東西，但也不再活動，把生命的消耗放慢到最低限度來代替儲存。而蠍子儘管持續地過度節食，卻總是在運動，這實在叫人費解。

　　在本冊中已經是第三次碰到這個問題了，第一次是關於狼蛛的孩子，第二次是克羅多蛛，最後是蠍子。我們又陷入了同樣的疑惑。與我們身體結構迥異的動物，沒有專門由生物氧化

決定的體溫，難道牠們也受生物界不變的生物定律所支配嗎？
對牠們而言，運動是否總是食物所提供的熱能轉化為動能的結
果呢？難道牠們不能藉助，至少是部分地藉助周圍的熱能、電
能、光能，和其他一些具同樣作用的能源嗎？

這些能源是世界的靈魂，是一股推動動物世界運動深不可
測的旋風。如果我們設想在某些情況下，動物就像一顆高能蓄
電池，能把周圍的熱蓄積起來，在牠那機器般的身體裡轉化成
動力，這種想法荒謬嗎？由此，我們隱約可以推測出，動物在
沒有食物這種物質能源的情況下，仍能運動的可能性。

啊！在煤炭時代，世界最了不起的發明就是造就了蠍子！
不吃東西卻能運動，假如把這種發明推廣開來，那可是無與倫
比的財富。若是解除了肚子的專制，將能消除多少苦難和暴行
啊！為什麼這麼神奇的實驗不繼續做下去，不進一步用高等動
物來做這種實驗呢？不效法啟蒙者進一步擴大成果真是太可惜
了！否則我們今天也許就可以使思想這種最微妙、最高級的活
動形式，擺脫食物的束縛，藉助陽光來消除疲勞了。

有許多古老的、具有廣闊前景的自然資源尚未被利用，但
有一部分還是在生物界中受到普遍利用。我們人類也靠太陽輻
射而生存，我們從陽光中吸取一部分能量。只以一些椰棗為食

的阿拉伯人，並不比拚命吃肉、喝啤酒的人缺少活力。他們的
腸胃並未裝滿豐富的食物，卻獲得了更多的太陽能。

　　經過對蠍子所進行的全面考察，我們足以認為，蠍子從周
圍的熱量裡獲得了大部分的能源。至於生長所不可缺少的可塑
性物質，遲早都會需要。蛻皮期預示著補充食物的時候到來。
堅硬的皮從背部裂開，蠍子輕輕一滑，就脫掉了那件變得過於
窄小的舊衣服。蛻了皮的蠍子急需吃東西，也許是為了補充長
皮時消耗的能量。如果我的那些囚犯，特別是那些年齡最小的
蠍子，從這個時候起進行節食，那麼過不了多久就會死亡。

第十九章
隆格多克大毒蠍的毒液

蠍子在攻擊平常捕捉的小獵物時，很少動用武器，牠用螯肢抓住獵物，送到口器邊，並一直舉著，等待口器細嚼慢嚥。當獵物亂動，妨礙牠進食的時候，牠就將尾巴向身體前部彎曲，輕刺獵物，使之停止運動。總之，毒螯在獲取食物的過程中只起輔助作用。

在危急關頭，遇敵的時候，毒螯對蠍子極其有用。我不知道這個可怕的傢伙在遇到什麼樣的對手時才需要自衛。有誰敢向居住在岩石堆裡的蠍子進攻呢？就算我不知道一般在哪些情況下蠍子會自衛，但我至少有足夠的時間製造一些機會，迫使蠍子認真去作戰。為了判斷蠍子的毒液有多屬害，我打算在不超出動物的範疇內，讓蠍子去面對各式各樣強大的對手。

我把一隻隆格多克大毒蠍和拿魯波狼蛛，放進一個鋪了沙的大口瓶裡，站在沙子上不像站在玻璃上那麼滑。這兩者都有毒螫，誰會占上風吃掉對方呢？雖說狼蛛沒有蠍子強壯，可是牠卻十分敏捷，能出其不意地跳起來進攻。不等慢吞吞的對手做出招架的姿勢，牠就可能已經出擊了，而且能避開在面前揮舞的刺刀，形勢似乎將會有利於敏捷的蜘蛛。

事實沒有印證這一可能性。對手一出現，狼蛛就半直起身子來，張開淌著毒液的毒牙，勇敢地等待著。蠍子將螫肢向前伸，慢慢地走過來，用螫肢的兩個鉗指抓住狼蛛，讓牠動彈不了。狼蛛絕望地掙扎著，牠那帶毒的鉤狀上顎一開一合，就是咬不到蠍子，因為牠和蠍子之間有一段距離。蠍子有著長長的螫肢，老遠就能抓住敵人，由不得對方靠近，對上蠍子這樣的敵人，根本就沒法搏鬥。

未經任何搏鬥，蠍子翹起尾巴，引向額前，很自如地將毒螫扎進了狼蛛黑色的胸部。蠍子可不像胡蜂和其他劍客那樣，一下子刺穿對方，因為牠要把武器插進對方的身體，還需要用些力氣。於是多節的尾巴一邊向前推，一邊微微地抖動，蠍子一遍又一遍地轉動毒螫，就像我們往針孔裡穿線，老穿不進去時，用手指撚動線頭那樣。毒螫扎進去後，還要在傷口裡停留一段時間，也許是為了讓毒液有足夠的時間流入。那隻健壯的

狼蛛剛被毒螫刺傷，肢體便開始抽搐，且毒液瞬間起了作用，
牠死了。

六名遇害者使我目睹了恐怖的場面。後面幾次所看到的情
景和第一次相同，總是蠍子發現狼蛛後，立即展開進攻，也總
是採取用長螫肢老遠夾住對手的戰術，每次都是被刺的狼蛛突
然身亡。即使狼蛛沒立即斃命，也會被蠍子踩死，狼蛛就像是
被電流迅速擊倒了似的。

吃掉戰敗者，這是規矩，再說，胖嘟嘟的蜘蛛是上等食
物，在蠍子常捕獵的區域裡，應該少有機會得到這種食物。蠍
子迫不及待地就地開飯了。先從頭下手，這是常規，不管吃哪
種捕獲物都是如此。牠安安心心小小口地吃著，嚼碎之後吞下
去，除了幾隻腳骨太硬吃不動外，整個狼蛛都被吃光了。極其
豐盛的宴席持續了二十四小時。

一桌筵席結束。我心想，牠那並不比下肚食物大的肚子，
怎麼容納得了呢？牠們一定有著能力特殊的腸胃，既能經得住
長期的節食，又能在有食物吃的時候撐得飽飽的。

狼蛛如果向蠍子進攻，而不是驕傲地站出來露出胸部，是
有能力和蠍子認真拚上一陣的，如果連牠都鬥不過蠍子，善良

的圓網蛛又怎麼奈何得了蠍子呢！所有的蜘蛛，即使是最強大的角形圓網蛛、彩帶圓網蛛、圓網絲蛛，都遭到了瘋狂的進攻。這些可憐的紡織女們被嚇壞了，竟忘了撒網。如果用網，說不定一下子就能把侵略者給制服；如果是在網上，牠們就能噴出大量的絲，把兇惡的螳螂、可怕的黃邊胡蜂和喜歡跳躍的蝗蟲通通捆綁起來。

　　一旦離開了家，面對著敵人而非獵物時，牠們全然忘記了那強有力的捆綁術。蜘蛛被蠍子的毒螫刺傷後，全都立刻斃命，成了蠍子的美味佳餚。

　　蜘蛛嗜好者──蠍子，在牠們的石頭下，從來也碰不上經常在其他地區活動的狼蛛和圓網蛛。但是，牠們偶爾也能碰上其他一些喜歡住在岩石下的蜘蛛，尤其是那個害羞的克羅多蛛，這種食物對蠍子來說並不常見，因此，不論蜘蛛個頭大小，都來者不拒，只要牠有胃口。

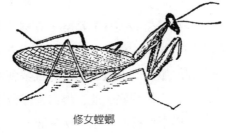

　　我想，蠍子或許不會對另一種高級獵物──修女螳螂無動於衷。當然，蠍子不會到兇狠螳螂所生活的荊棘上去抓

修女螳螂

牠，蠍子雖然有攀登的本領，擅長爬牆，可是在搖晃的樹葉上絕對無法行走。牠應該是在螳螂分娩時去偷襲，我確實經常看見螳螂把窩築在蠍子常經過的石塊下。

夜深人靜，產婦正用黏液把裝滿卵的箱子封起來時，覓食的強盜有可能會突然出現。這種情況會發生，但我從沒見過，也許永遠也不會得見，這得靠機會。那就用人為的方法來彌補這個缺憾吧。

在罐子裡的競技場上，一場決鬥在挑選出的蠍子和螳螂之間進行。兩者的個頭都很大，必要時，我得挑弄牠們，促使牠們相遇。我知道蠍子並非每次都會真的用尾巴攻擊，好幾次都只是拍打一下而已。牠要節約毒液，不到緊急關頭不會施用毒螫的。蠍子突然把尾巴反彈出去，將那討厭的傢伙推開，但是沒有用毒螫。在幾次不同的試驗中，只出現過幾次蠍子把對方刺出血的情況，傷口流血是被毒螫刺傷的標誌。

被蠍子螫肢夾住的螳螂，立刻做出威脅態勢，張開帶鋸齒的腳和帶紋飾的翅膀。這種可怕的姿勢不但沒能使牠獲勝，反而有利於蠍子的進攻。蠍子的毒螫刺進了螳螂那兩隻鋒利的腳之間，一直扎到底，並在傷口裡停留了一會兒，當毒螫拔出來時，還從傷口裡滲出了一滴毒液。

　　螳螂立刻曲起腳，開始了垂死的抽搐，肚皮在跳動，尾部的附屬器官在顫動，跗節也隱約在顫抖；相反地，兇狠的腳、觸角和口器反而一動也不動。這種狀態持續了至少一刻鐘，螳螂才完全不動了。

　　蠍子進攻的目標並不很明確，牠隨意攻擊任何一個構得著的地方。這一回，牠剛好刺中了一個要害部位，這個部位靠近神經中樞，牠刺中了螳螂鋒利的前腳之間的胸部，這正好是弒螳螂步蚿蜂為使獵物癱瘓而採用的刺傷點。這個舉動是偶然的，而不是有意識的，這個粗魯的傢伙並不了解螳螂的身體結構。牠能這麼快使螳螂死亡，全靠運氣，如果毒螫扎在其他非要害的部位，螳螂會怎麼樣呢？

　　我換了一隻蠍子以確保毒囊裡充滿毒液，每進行一場不同對手之間的決鬥，都得採取同樣的預防措施，每位新的受害者，都得配備一位新的祭司。長時間的休息，已經使蠍子毒囊中充滿了毒液。

　　這一次又是一隻肥胖的雌螳螂，牠半立起身，轉動著腦袋，窺視的目光從肩頭掠過，擺出一種威脅的架式，並發出噗噗的聲音，這是雙翅磨擦發出的聲響。大無畏的氣概使牠先勝一籌，牠用帶鋸齒的臂鎧抓住了蠍子的尾巴，由於牠抓得很

緊，失去武裝的蠍子無力加害於牠。

但是螳螂開始感到體力不支，恐懼更加劇了疲勞感，螳螂抓住在地面前揮舞的蠍子尾巴時，就像抓住蠍子身體的其他部位那樣，根本沒料到牠所具備的特殊作用。這個可憐的白痴鬆開了牠的利爪，這下可完了。蠍子刺到了牠那離第三對步足不遠處的腹部，螳螂頓時癱軟下來，像斷了彈簧的機械臂。

我不能夠隨心所欲地讓蠍子刺傷螳螂的某個部位，急躁的蠍子根本不會聽命於人，隨隨便便地使喚牠的武器，我只能利用牠們搏鬥時提供的各種偶發機會。有幾次傷口遠離中樞神經的情況值得注意。

這一次，螳螂鋒利的一隻前腳被刺中了，傷口位在前腳腿節和脛節之間細嫩的連接處。被刺中的那隻腳馬上癱瘓，接著另一隻腳也不動了，其他幾隻腳蜷曲起來，螳螂的肚皮抽搐，很快全身都不動了，牠幾乎是猝死。

還有一隻螳螂，被刺中了中間一隻腳的腿節和脛節之間的關節部位，前面的四隻腳馬上彎曲起來；在進攻時沒張開的翅膀，這會兒也痙攣地張開，就像牠威脅敵人時擺出的架式。這種姿勢至死都沒變。螳螂鋒利的前腳亂動、屈起、伸開、又屈

起，觸角在抖動，肚子扭曲了，尾部的附屬器官也在抖動。螳螂垂死掙扎了一刻鐘，之後便不再動彈，牠死了。

我在駭人悲劇所激發起的好奇心驅使下所做的實驗，情況都是如此。不管傷口在什麼部位，離中樞神經遠還是近，螳螂總是難逃一死，有時猝死，有時是抽搐幾分鐘後才死。響尾蛇、角蝰、洞蛇以及其他有名的可怕毒蛇，都無法這麼迅速地殺死被害者。

我認為，這主要是因為蠍子的受害者太纖弱了。越是有天賦就越脆弱，越容易受傷害，蜘蛛和螳螂這兩種出類拔萃的生靈，瞬間就死於一場紛亂。我想，如果換一種命賤的昆蟲，也許還能挨過幾小時或幾天，也許根本就不會有什麼大礙。那麼，就讓我們去找普羅旺斯園丁所痛恨的螻蛄來幫忙吧。

這個奇怪的昆蟲，專愛咬作物的根。這種粗俗低賤的動物的確很壯，即使被人捏在手心裡，也能讓人鬆手，牠會像鼴鼠那樣，用帶齒的前腳刨我們的皮膚。

被放進狹窄競技場中的蠍子和螻蛄相互對視，好像似曾相識。牠們是否曾碰過面呢？這不太可能。螻蛄是花園裡的寄主，那裡土質肥沃，茂盛的植物招來了地下害蟲。而蠍子卻死

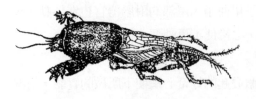

螻蛄

心塌地守著牠那遍佈木本植物的岩石坡。一個來自貧瘠的土壤，一個來自肥沃的土壤，兩者幾乎不可能相遇。當然，即使互不相識，牠們至少也能馬上意識到危險的嚴重性。

不需要我去挑逗，蠍子就向螻蛄進攻了，螻蛄也做出進攻的姿勢，牠的剪子做好了開膛的準備。那對高傲的翅膀相互磨擦著發出響聲，彷彿哼著低宛的戰歌。蠍子不等牠唱完那首曲子，便使勁地甩起尾巴。螻蛄的胸部穿著一件拱形的堅固鎧甲，把脊背套在裡面。在這無法穿透的甲冑後面，有一條很深的皺褶張開著，上面蒙著一層很光滑的皮膚。蠍子的毒螫就從這裡刺了進去，就這麼一下子，不用多，那怪獸便被打倒了，牠好似被雷電擊中般，轟然倒地。

接著螻蛄胡亂蹬了幾下腳，那善於挖掘的腳便癱瘓了，我把草稈放在牠面前時，牠已經不會用鑷子去抓了，其他幾隻腳胡亂地掙扎著，一屈一伸；牠那帶絨球的肉質觸鬚聚成一束，分開，又合在一起，並輕輕拍打著我放在地面前的物體，觸角也在輕輕地抖動，肚皮則猛烈地抽搐。

漸漸地，臨死之前的痙攣稍許緩和了些，過了兩小時，最後進入死亡狀態的跗節才停止了顫動。這隻粗俗的昆蟲也跟狼蛛和螳螂死得一樣慘，只不過垂死掙扎的時間更長一些。

還有待了解的是，胸甲下被刺傷是否危險性特別大，因為那兒靠近神經中樞。我又用別的受刑者和施刑者做了實驗，有時蠍子的毒螯扎進螻蛄胸甲的連接處，更多的時候是扎進肚皮的某一點。在後一種情況下，毒螯頭也許一直扎到了腹部末端，結果也是立即使受害者生命垂危。唯一不同的是，螻蛄那兩隻善於挖掘的前腳和其他幾隻腳一樣，能繼續掙扎一段時間，沒有馬上癱瘓。但不論蠍子刺中哪一個部位，螻蛄都會遭殃，這個身強力壯的動物痙攣一陣後就死了。

現在，該輪到蝗蟲家族中最大、最充滿活力的灰蝗蟲上場了。蠍子似乎很怕靠近這個愛跳躍的傢伙，而蝗蟲自己也巴不得離開這兒，牠一跳起來，就撞到了我用來防止牠們逃跑的玻璃圍牆上。蝗蟲一次次地摔落，掉在蠍子的背上，而蠍子則閃身躲開這個墜落物。最後，一直避而不理的蠍子忍無可忍，終於在蝗蟲的肚皮上扎了一針。

這應該是一種少見的劇烈震盪，蝗蟲的關節突然脫位，一隻帶著護腿甲的後腳掉了下來，這是蝗蟲類在拚殺時常發生的

情況。另一隻後腳癱瘓了，直挺挺地僵著，無法再從地上站起來。蹦跳停止了，前面的四隻腳還在抽動，卻無法前進。蝗蟲精疲力盡了，但牠還是翻過身來，恢復了正常的姿勢，只有那隻粗壯的後腳始終無力地僵直著。

一刻鐘後，蝗蟲倒下去再也沒爬起來，痙攣又持續了好長時間，牠的腳在抽搐，跗節在微微抖動，觸角也在晃動。儘管痙攣越來越嚴重，蝗蟲還是一直拖到了第二天。但有的灰蝗蟲痙攣持續不到一個小時，就完全不動了。

另一種強壯的蝗蟲類——長著圓錐形腦袋的長鼻蝗蟲，也落得和灰蝗蟲同樣的下場，牠拖了好幾個小時才死。我發現另一個被試物——一種帶刀的螽斯，則是逐漸癱瘓，一星期過去了，牠還處於半死不活的狀態。下一個被試物是葡萄樹短翅螽斯。

這隻大腹便便的蟲子被刺傷了肚子。受傷時發出痛苦的叫聲，就像鈸相擊時發出的聲音，接著牠倒下了，看上去好像就要死了。然而受傷的螽斯還硬撐著，兩天後，牠拚命挪動那因失調而無法運動的腳。我突然想要去幫助牠，給牠吃些藥。我用草沾了些葡萄汁做為活血劑給牠服下，牠欣然地接受了。

　　似乎藥水起了作用，牠的身體似有好轉。其實不然，唉！傷者在受傷後的第七天死了。一旦被蠍子刺傷，任何昆蟲都免不了一死，就連最強壯的昆蟲也不例外，有的當場死亡，有的會拖上幾天，但最終都得死。螽斯之所以能活一星期，我不認為是我給牠服用的葡萄汁的作用，而是因為牠體質好，才能堅持那麼久。

　　這和傷勢嚴重與否也有很大的關係，注入的毒液劑量不同，其後果自然也就截然不同。注射劑量的大小由不得我來控制，此外，蠍子隨心所欲地從滴管裡擠出毒液來，牠有時非常吝嗇，有時慷慨大方。因此，不同螽斯所提供的數據很不一致。根據我的紀錄，有的傷號很快就死了，但是大部分都拖了很久才死。

　　大體來看，螽斯的抵抗力比蝗蟲要強，這一點短翅螽斯已經證明過了，在牠之後，帶刀螽斯的頭目——白面螽斯也加以證明了。這個長著有力大顎和象牙色腦袋的昆蟲，腹部中間偏上的部位被刺，看樣子並不嚴重，傷員還在散步，並試圖跳起來。半小時後，毒性開始發作。牠的肚皮開始抽搐，身體彎成弓狀，牠那再也無法閉合的傷口裡有粗沙子的劃痕，這隻驕傲的昆蟲變成了可憐的雙腳殘疾者。六小時後牠精疲力盡地倒下了。牠想奮起卻起不來，已經虛弱不堪，肢體在抽搐，漸漸地

劇痛緩和了。第二天，白面螽斯死了，完完全全地死了，一點
也不動了。

　　傍晚時分，身著黃黑相間服裝的大蜻蜓，飛快地沿著圍籬
悄悄飛來飛去。這是個在僻靜地區搶劫所有船隻的海盜，牠那
風光的樣子和富於激情的行為方式，說明牠的神經比平和的蝗
蟲更敏感。的確，牠被蠍子刺傷後，和螳螂死得一樣快。

　　蟬也是個精力過剩的傢伙，盛夏時牠從早到晚唱個不停，
一邊唱還一邊上下擺動著肚子打節拍，牠被蠍子螫傷後也很快
就死了。再有本事也沒用，笨蛋還活著，天才卻已經死了。

　　那些帶角的鞘翅目昆蟲堅不可破。劍法笨拙、全靠運氣的
蠍子，絕對找不到鞘翅目昆蟲的鎧甲接縫。要想在堅硬的鎧甲
上鑽透一丁點，都需要花上時間，而處於紛亂自衛中的受刑者
是不會讓牠得逞的。再說那野蠻的蠍子根本不會使用鑽探法，
牠只會用快速穿刺法。

　　唯一能夠一下子刺破的地方就是腹部上方，那裡很柔軟，
但有鞘翅保護著。我用鑷子把鞘翅和翅膀掀起來，使那個部位
暴露在外，或者用剪刀先把鞘翅和翅膀剪掉。這種切除術沒什
麼關係，不會影響鞘翅目昆蟲的生活。鞘翅目昆蟲就以這副模

樣被放到蠍子面前，我挑選的都是些個頭較大的鞘翅目昆蟲，有犀角金龜、天牛、金龜子、步行蟲、花金龜、鰓金龜、糞金龜等等。

這些鞘翅目昆蟲被刺傷後都死了，但是刺傷後存活的時間長短各不相同。金龜子在痙攣之後腳變得僵直，背部拱起，腳在原地踏步卻無法前進，因爲運動肌已經失調。牠跌倒在地，無法再站立起來，但是腳卻不停地亂動。幾小時後牠便不再動彈，牠死了。

橡樹寄主──神天牛、山楂樹和桂櫻樹的寄主──櫟黑神天牛被刺傷後，一開始也像患了蠍屈症似地僵化。有時還得靜觀後續變化，有的昆蟲第二天才死，而有的才過三、四個小時就死了。

花金龜、普通鰓金龜和長著漂亮角的松樹鰓金龜，結局也差不多。

金步行蟲被刺傷後，垂死掙扎的痛苦相令人慘不忍睹。抽筋的腳像踩高蹺似地站立不穩，摔倒了、爬起來，再摔倒了，再爬起來，結果還是跌倒了；牠那帶角的肛門鼓突出來，彷彿要把內臟排泄出來似的；口中吐出一大灘黑色的東西，將頭部

淹沒在裡面，金色的鞘翅掀了起來，赤裸裸地露出了可憐的腹部。第二天金步行蟲的跗節還在抽搐，牠快死了。金步行蟲的近親──黑步行蟲，臨死時也有相同的慘狀，我們後面還會談到牠。

我們也許想見識一位深諳死得有尊嚴的禁慾主義者，牠不同的死法。讓蠍子刺傷一隻俗稱「犀牛」的葡萄根犀角金龜。牠的強壯外表居鞘翅目昆蟲之冠。儘管牠鼻子上有角，幼年時卻是老橄欖樹根的和平寄主。被蠍子刺傷的牠，起初好像沒什麼感覺，還和平時一樣嚴肅地散著步，走得很穩當。

可是突然毒性發作，牠的腳不聽使喚了，傷員跟跟蹌蹌，然後仰面朝天倒下，再也起不來了。這種姿勢維持了三、四天，除了隱約可見的垂死掙扎外，沒有抗爭。牠非常平靜地死去了。

黃鳳蝶

現在輪到蝴蝶了，牠們會有怎樣的表現呢？這些精美的蝴蝶對蠍毒一定十分敏感，在實驗前我就認定了這一點。還是通過觀察家的仔細觀察來驗證吧。一隻黃鳳

蝶和海軍蛺蝶被毒螫刺傷後，立刻身亡了。這早在我的預料中。大戟天蛾、條紋天蛾也沒能堅持得更久，牠們也是猝死，就像蜻蜓、狼蛛和螳螂一樣。

但是大大出乎我預料的是，大天蠶蛾好像刀槍不入似地。要擊中牠的確很困難。毒螫在柔軟的毛裡迷失了方向，每次都只拔掉了大天蠶蛾身上的一些毛，脫落的毛飛揚起來。儘管毒螫往大天蠶蛾身上刺了好幾下，我還不能肯定是否真的刺進了牠的體內，於是我把大天蠶蛾肚皮上的毛拔光，使牠的皮膚裸露出來。預備工作完成後，我清清楚楚地看到毒螫扎了進去。這一針確實是刺中了，在此之前的幾針我懷疑都落了空，不過，現在大天蠶蛾似乎無動於衷。

我把牠放在桌上的一個金屬紗罩裡，牠緊緊地抓住紗罩，待在那兒一整天都沒動。牠的翅膀張得很開，一點也沒顫抖。第二天仍然沒什麼變化，開了刀的病號用前跗節的爪鉤勾住網紗，一直吊在紗罩上。我把牠拉下來放在桌上，讓牠仰臥，牠龐大的身體痙攣得很厲害。牠是不是要死了呢？

根本不是。看起來已經生命垂危的大天蠶蛾起死回生了，牠把翅膀垂下來，猛一用力站了起來，又爬到網紗上，重新吊在上面。下午我再次把牠放到桌子上仰臥，牠的翅膀輕輕抖動

了一下，就像打了一個寒顫，躺著的大天蠶蛾趁勢滑下來，並走起路來，牠又爬上了網紗，這時顫動完全停止了。

我們還是讓這個可憐的昆蟲得到安寧吧；當牠真正死了的時候，牠就會摔下來的。然而，直到牠被刺傷後的第四天，也許更久，牠才掉了下來。牠的生命衰竭了，死去的是一隻雌大天蠶蛾。母性比臨終時的痛苦更有力量，能使死亡卻步；這隻大天蠶蛾臨死前產下了卵。

如果順勢以為大天蠶蛾能堅持那麼久，全因為牠是個龐然大物，那麼養蠶場弱小的蠶蛾則提醒我們，應該從其他方面去找原因。蠶蛾雖然是個矮子，只有抖抖翅膀和圍著雌蛾轉的力氣，但牠抵抗毒液的能力並不亞於大天蠶蛾。牠們對毒液的反應之所以遲鈍，也許有以下的原因。

大天蠶蛾和蠶蛾是完全變態的昆蟲，與其他的蝶蛾，特別是黃昏時喜歡在花冠上採花粉的天蛾、黃鳳蝶以及不知疲倦的花殿朝聖者海軍蛺蝶不同。牠們的口器退化，幾乎完全不進食。沒有食物的刺激，牠們只能活上短短幾天，只有產卵繁殖的那段時間。牠們的壽命那麼短，生理構造也應該比較不敏感，所以最不易受到損害。

　　再往下幾行，在節肢動物系列裡，我們要觀察一下粗俗的千足蟲。對蠍子來說牠並不陌生。荒石園裡的小鎮，曾讓我見識過蠍子飽餐牠的補獲物──隱食蟲和石蜈蚣。這些獵物對牠來說都無招架之力，對牠不構成威脅。今天，我要讓蠍子和多足綱最強勁的成員──蜈蚣打打交道。

　　這個長著二十四對腳的怪物，對蠍子來說並不陌生，我曾經見過牠們在同一塊石頭下出現。蠍子是在自己家裡，而另一位是夜裡出遊，臨時在此躲避一下。這樣同居一室沒引起什麼麻煩，那麼是不是每次都如此呢？不久就會見分曉。

蜈蚣

　　我把這兩個可怕的傢伙放在一個裝了沙的寬口大瓶裡。蜈蚣的身體靠著競技場的邊緣，牠那彎彎曲曲的身體活像一條波浪形的帶子，有一根手指那麼粗，十二公分長，深底色上套著綠色的環帶。牠用晃動著的長長觸角探測著周圍的空間，和手指一樣敏感的觸角尖碰到了一動不動的蠍子，牠頓時嚇得直往後退。繞場一周後牠又爬到了蠍子身邊，並再一次觸碰到蠍子，牠又逃走了。

這會兒蠍子可是嚴陣以待，彎弓似的尾巴一觸即發，螯肢也張開了。當蜈蚣又一次來到環形跑道的危險地帶時，就被蠍子的螯肢狠狠的夾住頭頸。這條脊樑柔軟的長蟲子扭動著身體，就連把身體盤纏起來也無濟於事，蠍子不動聲色地把螯肢夾得更緊；蜈蚣的驚跳使蠍子的螯肢時緊時鬆，但始終無法讓螯肢放開。

這時毒螯啟動了，在蜈蚣的側面扎了三、四下，蜈蚣也把毒鉗張得大大的，企圖夾住蠍子，但是沒有成功。牠的上身被蠍子的螯肢夾住了，只有身體的後部在掙扎、扭動，一屈一伸。牠的一切努力都是徒勞的。蠍子的螯肢伸得離身體很遠，蜈蚣的毒顎根本發揮不了作用。我見過許多昆蟲之間的爭鬥，但是還從沒見過像這兩個極端可怕昆蟲之間的搏鬥，那麼駭人的場面，看了讓人起雞皮疙瘩。

戰鬥中出現的一次暫時休戰，才使我得以把這兩個鬥士分開，分別關起來。蜈蚣舔著流血的傷口，幾小時後就恢復了活力。而蠍子卻沒有受到任何傷害。第二天，又進行了一場新的戰鬥，蜈蚣接連被刺中三下，血從傷口裡流了出來。由於害怕報復，蠍子撤退了，牠好像是對勝利感到了恐懼。傷員沒有反擊，牠繼續繞著圓形的競技場逃遁。今天該收兵了，我用圓柱形的硬紙皮套在大口瓶外面，瓶子裡一片黑暗，這樣牠們就會

安靜下來了。

後來發生的事，特別是夜裡的情況我就不知道了。也許牠們之間又發生了戰鬥，蜈蚣又被刺了幾針。

第三天，蜈蚣變得很虛弱。第四天，牠已經快死了。蠍子監視著牠，但還不敢去咬牠。最後，當蜈蚣一點都不動的時候，這個龐大獵物便被肢解了，先是頭，然後是身體的前兩節被蠍子吃掉。蜈蚣頭的味道真是太鮮美了，但剩下的部分要留存到完全變質，新鮮蜈蚣肉那種濃烈的氣味使蠍子無法下口。

蜈蚣被刺了不止七下，到第四天才死，可是強壯的狼蛛才被刺了一下就馬上死了。修女螳螂、聖甲蟲、螻蛄也幾乎死得同樣快，而我收集的其他一些活力十足的昆蟲，還能在軟木板上掙扎幾星期。所有的昆蟲被蠍子刺傷後，當場就會中毒，那些最有活力的昆蟲相繼死去，而蜈蚣被刺了七下竟堅持了四天，牠的死因也許是流血過多和毒液的作用。

為什麼會有這種差別呢？看來好像是身體結構的作用。相同等級的昆蟲存活期都是平衡穩定的。最高等的昆蟲最容易倒下，低等的昆蟲卻穩穩地站著；靈巧敏感的昆蟲死了，而粗俗的千足蟲卻還能堅持。難道真是這樣嗎？螻蛄讓我們拿不定主

意，這個低賤的傢伙和高等昆蟲——蝶蛾和螳螂死得一樣快。
不，我們還不了解蠍子尾部毒囊中所隱藏的秘密。

第二十章
隆格多克大毒蠍及蟳蟒的免疫力

　　我們對蠍子的秘密掌握得那麼少，以致一些意想不到的情況常常會使問題變得複雜化。對生命進行的研究，使我們得到了許多意外的發現；一次次結果相同的實驗，幾乎讓我們得到了一個定律；而這時，一些出乎預料的例外又把我們引上一條與先前那條道相反的新路，並將我們引向那個疑點，即獲得眞知的最後一站。像老黃牛那樣花了九牛二虎之力，經歷漫長而耐心的耕耘之後，卻必須在以爲已經耕完的那塊地的盡頭，打上一個問號，沒有得到最終希望的答案。一個問題又引出了另一個問題。

　　現在，花金龜的幼蟲就讓我做了這樣的一次轉向。在這個青黃不接的時候，由於找不到更好的辦法繼續我的實驗，我便想起了花金龜的幼蟲。在荒石園角落裡的枯葉堆下面，一年四

花金龜的幼蟲

季都能找到很多這種蟲子。昆蟲學家在研究昆蟲時絕對是施刑者，因為他們沒有別的辦法讓昆蟲開口說話。為了解決一大堆問題，我的好奇心使我習慣到沃土中去搜尋。任何一間生物實驗室都有慣用的實驗對象：青蛙、天竺鼠，甚至是狗。對於我這個簡陋的實驗室，花金龜的幼蟲就足夠了。我把這種微不足道的小蟲補充到高貴的受刑者行列中，我們把科學建立在牠們的痛苦之上。

寒冷的深秋季節到來了，這並未使蠍子的活動減緩下來。生活在暖濕腐葉堆裡的花金龜幼蟲，胖嘟嘟的，仍然脊背柔軟、靈活、精力充沛。我把幼蟲和蠍子放在一起。

蠍子沒有立刻進攻，幼蟲拚命逃竄，牠仰面朝天，沿著圍牆爬。蠍子動也不動地看著牠爬，當幼蟲沿著圓形的競技場又繞回到牠身邊時，蠍子閃身讓牠過去。這條幼蟲不是牠喜歡的獵物，更不是一個危險的對手。僅僅為了從殺戮中得到滿足而進行殺戮，蠍子可沒有這種怪癖。

我騷擾牠們，用草去撩撥，想讓牠們接觸，我想替那條幼蟲去挑釁蠍子。那條栽了筋斗的可憐蟲壓根就不想打仗，牠是

個怯懦的傢伙，危險時刻就蜷成一團，再也不動了。蠍子未識破我那根草稈的險惡用心，把這些騷擾都歸罪於那位無辜的鄰居，其實那是我一人所為。蠍子揮起毒螯，刺向對方，這一下刺中了，因為蟲子的傷口在流血。

　　根據成年花金龜表現出來的症狀，我以為牠的幼蟲在臨死前也會抽搐。那麼，真是這樣嗎？當那條幼蟲不再受到騷擾時，身體便舒展開來，逃走了。牠用背行走，走得和平時一樣快，就像沒受傷一樣。被放在沃土上的幼蟲迅速地鑽進土裡，看不出受過傷害的樣子。兩小時後我又去拜訪牠，牠和接受實驗前一樣精力旺盛；第二天牠的身體依然健康。為什麼沒有反應呢？如果是成蟲早就死了，而這麼一條幼蟲卻可抵禦。既然傷口流血，就說明毒針扎得很深，或許也可能是毒螯沒有往傷口裡注入毒液，因此這個刺傷是良性的，絲毫不能傷害這條強壯的蟲子。應該再重新實驗一次。

　　仍然是這隻蟲子再一次被另一隻蠍子刺傷，結果和第一次一樣。傷員很自如地用背部爬行，鑽到那堆腐葉下面，又開始靜靜地吃東西了。毒液在牠身上沒有反應。

　　這種免疫力不會是一種例外，花金龜中沒有特權者，其他的同類應該也有這種抵抗力。

我挖出十二隻花金龜的幼蟲，然後讓牠們被蠍子刺傷，有些蟲子被連續刺了兩、三下。當毒螫扎進身體時，牠們都微微地扭動了一下；如果口器能夠舐到傷口，牠們就會用口器去舐流血的傷口。牠們很快恢復了平靜，腳朝天爬行著，鑽進了沃土中。第二天和第三天，以及之後幾天，我都去探望牠們，毒液似乎並沒有置牠們於險境。

牠們看上去那麼健康，連我都想飼養牠們了。我只要不時地給牠們送一些腐葉，就能把牠們養得胖胖的。第二年六月，那十二隻被可怕毒螫刺傷過的幼蟲化蛹了，牠們將在蛹中蛻變。蠍子的毒螫刺進牠們的肚皮，對牠們就像輕輕的搔癢。

這個奇怪的結果，使我回想起蘭茲[1]所講述的刺蝟故事，他說：

一隻母刺蝟正在給孩子餵奶。我把一條毒蛇扔進箱子裡，刺蝟馬上感覺到了，牠靠嗅覺而不是視覺辨別物體和方向。牠起身，毫不懼怕地向毒蛇走去，用鼻子去聞毒蛇，從尾巴聞到頭部，特別仔細地聞了嘴巴。毒蛇嘶嘶地叫著，在刺蝟的鼻子

---

[1] 蘭茲：姓蘭茲的知名者有不少，書中沒有標明全名，因此無法肯定是誰。有可能是德國作家 Jacob Michael Reinhold 或 Siegfrid Lenz。——編注

和嘴唇上咬了好幾口。彷彿爲了嘲笑這弱小的進攻者，刺蝟只是舔了舔自己的傷口，又繼續進行查看，結果又挨了咬。但這一次是咬在舌頭上。最後刺蝟抓住毒蛇的頭，把牠嚼碎，連毒牙和毒腺也咬碎了，牠把半條蛇給吞了下去。之後牠又回到孩子身邊躺下，給牠們餵奶。晚上，牠吃掉了另一條毒蛇和剩下的半條蛇。牠的身體並未因此不如孩子們健康，甚至連傷口都沒有腫。

兩天後，這隻刺蝟又和另一條蛇展開了一場新的戰鬥。刺蝟走到毒蛇身邊去聞牠。毒蛇張開嘴，伸出毒牙向刺蝟撲去，咬住了牠的上唇，好一會兒才鬆口，刺蝟抖動一下身體，掙脫出來。儘管牠鼻子上被咬了六下，其他地方還被咬了二十多下，牠還是抓住了毒蛇的頭，儘管毒蛇的身體在扭動，刺蝟還是慢慢地把牠吃了下去。這一次，刺蝟母子仍然沒有出現什麼病徵反應。

據說蓬杜王國的國王米特列達特[2]爲了預防敵人下毒，自己養成吃各種毒藥的習慣。漸漸地，他的胃便能夠抗毒了。吃

---

[2] 蓬杜王國是小亞細亞東北部國家，西元前301年成為王國。米特列達特四世（西元前111～前63年）是蓬杜王國最偉大的末代國王，他抵抗羅馬人在亞洲的統治，最後被羅馬統帥龐培打敗。這位君主以對毒藥的免疫力而聞名。——譯注

毒蛇的刺蝟，另一位米特列達特，也是經由逐漸習慣而獲得免疫力的嗎？牠難道不是天生就有這種能耐嗎？當牠第一次嚼食毒蛇腦袋時，是否就已經具有抗體了呢？

花金龜幼蟲告訴我們牠具有免疫力。若說昆蟲類中應該有能預防蠍子刺傷的某種昆蟲，再怎麼說也不該是腐葉堆的宿主花金龜。牠和蠍子出沒的場所不同，彼此幾乎不可能碰面。再說，花金龜的幼蟲並沒有毒癮，我放在蠍子面前的那些幼蟲，恐怕是第一批見到蠍子的花金龜幼蟲。儘管牠們毫無任何防備，卻有抵抗蠍毒的能力。

專門消滅毒蛇的刺蝟，具有從事這一行所必備的特長；這倒是符合邏輯的說法。同樣地，生活在地中海沿岸省份最美麗的鳥——蜂虎，肚子裡裝滿了活胡蜂卻安然無恙；杜鵑鳥的胃裡布滿了松毛蟲的毛卻不會癢。這都是出於其職業所需。

可是，花金龜的幼蟲有何必要預防蠍子呢？也許牠一輩子也不會碰上蠍子。我無法相信對蠍毒的抵抗力是少數幼蟲享有的特權，我認為這是一種普遍的能力。花金龜的成蟲沒有抵抗力，而處於高等狀態準備階段的幼蟲時，卻能抵抗蠍毒。那麼所有的幼蟲根據其強壯程度不同，或多或少都應該具有類似的抵抗力。

　　對這個問題，實驗會做出什麼樣的說明？我們應該把那些體質弱的幼蟲排除在實驗之外。對牠們來說，不用說毒液了，只要隨便刺一下就會傷勢嚴重，常常還會致命，細細的針尖輕碰一下，牠們就會遭殃了。如果用粗針，即使無毒，又會給牠帶來怎樣的後果呢？因此我們需要那些肥胖的、被扎破了肚皮也不動聲色的蟲子。

　　我終於如願以償。我從泥土裡一棵橄欖樹腐爛變軟的老根上，得到了葡萄根犀角金龜的幼蟲。這種蟲有拇指那麼粗，活像一條小肥腸。胖嘟嘟的蟲子被蠍子刺傷後，鑽進了大口瓶裡腐朽的橄欖木塊中，牠們對遭到的意外並不在意，照樣吃得那麼香甜，八個月後變得身肥體壯。牠給自己準備了一個窩，準備在裡面蛻變，牠經歷了可怕的實驗卻安然無恙。

　　至於成蟲，我們已經目睹過牠們的表現，腹部和鞘翅下被刺傷的龐然大物馬上跌倒在地，腳朝天輕輕亂蹬，最多三、四天就沒有一點動靜了。龐然大物死了，而牠們的幼蟲卻依然精力充沛，食慾旺盛。

　　要想得到預期的成功，還得依靠許多其他蟲子的配合。在我家門口有兩棵桂櫻，一年四季都青翠碧綠。可是，一隻天牛卻把它們給毀了。這是一種常寄居在英國山楂樹上的小天牛，

叫做櫟黑神天牛。氰酸香味不但沒讓牠起反感，反而還吸引了
牠。這隻帶角的漂亮昆蟲之所以知道這種樹的味道，是因為牠
經常光顧帶著一點苦味的山楂樹繖房花序。桂櫻那麼討牠喜
歡，於是牠便把家安在這裡，為了挽救我的樹，只得借重斧頭
的幫忙了。

　　我把受損最嚴重的樹幹砍掉，從一截劈開的樹幹裡，得到
了十二隻天牛幼蟲。有時我在附近的樹上也能找到天牛。現在
該輪到我跟你算帳了，你這破壞我的綠色搖籃的害蟲，你得為
自己犯下的罪行付出代價，我要讓你死於蠍子之手。

　　天牛成蟲果然死了，而且是驟死，可是幼蟲卻活了下來。
大口瓶裡有砍下的木頭碎塊，住在裡面的幼蟲悠哉悠哉地啃著
木頭。只要糧食供應不斷，這些被刺傷的幼蟲就能毫無困難地
度過幼蟲期。

　　橡樹上的神天牛也是如此。帶長觸角的成蟲死了，幼蟲卻
不在乎蠍子的毒螫。被放回木頭長廊後，幼蟲和以前一樣啃著
木頭，完成了成長過程。

　　普通鰓金龜的結果也相同。可是，僅僅幾分鐘時間，被刺
傷的鰓金龜成蟲卻死了，相反地，白色的幼蟲還好好地活著，

牠鑽到土裡，然後又回到地面吃我給牠的生菜心。如果我繼續耐心地飼養，這條經歷過事故、很快康復了的幼蟲會變成鰓金龜，牠那閃著健康光澤的大肚子就是明證。

從一棵檉柳老根上所得到的鹿角鍬形蟲的近親——平行六面鍬形蟲的幼蟲，也補充了我們前面得到的結果：成蟲經蠍子一螫也死了，幼蟲卻活了下來。這些例子已經足夠，繼續沿著這條路走下去已經沒有意義了。

花金龜幼蟲、犀角金龜幼蟲、天牛幼蟲、鰓金龜幼蟲和平行六面鍬形蟲幼蟲都是胖嘟嘟的。這些專吃植物、大腹便便的蟲子所具備的免疫力，是否和牠們所吃食物的性質有關呢？這些貪得無饜的食客用來儲存能量的脂肪層，是否能中和毒液呢？讓我們去請教一些瘦型的食肉鞘翅類吧。

我選擇了食肉鞘翅類中，最強壯的高麗亞綏斯黑步行蟲。當我在牆角下發現這隻黑色鬥士時，牠正好發現了一隻蝸牛。這個生來好戰的大膽強盜，把鞘翅合成了不可攻破的護胸甲，我把這副甲冑的後面削去了一些，以便使蠍子的毒螫能從這個唯一可插入的地方，插進牠的上腹部。

這裡又重演了金步行蟲的悲慘結局。與兇殘的螫針搏鬥的

情形，如果發生在更高等的動物身上，是很恐怖的。吃了市政部門加有士的寧[3]的香腸後，被折磨得死去活來的狗，就是這樣掙扎的。被刺傷的昆蟲先是拚命地逃，接著突然停了下來，腳部變得僵直，身體也僵直起來；牠翹起尾部，低下頭，靠大顎支撐著，那姿勢好像栽了筋斗似地。一陣痙攣將牠擊垮，牠倒下了，但很快又站起來，腳繃得直直地，踮著腳尖。看牠那樣子，關節像是由鐵絲架控制似地，活像一個靠生硬的彈簧伸縮控制的木偶。痙攣再次發作，牠又摔倒了，然後又爬起來；這樣的動作反覆持續了二十分鐘。最後，這個故障的木偶仰面朝天倒下了，但還一直在動，直到第二天，慣性才停止。

那麼牠的幼蟲呢？牠們不像花金龜幼蟲、犀角金龜幼蟲和其他幼蟲那樣，有一層起保護作用的脂肪。黑步行蟲的瘦型幼蟲，只受到蠍子毒螫輕微的傷害，接受實驗後過了兩個星期，牠們鑽進土裡，挖了一間斗室在那裡蛻變，不久就從土裡面鑽出了一隻充滿活力的成蟲。飲食習慣和胖瘦程度，都不是產生抵抗力的原因。

繼鞘翅目昆蟲之後，蝶蛾也告訴了我們，某類昆蟲在昆蟲界中所占的等級高低，跟免疫力無關。第一個觀察對象是豹蠹

---

③ 士的寧：又稱馬錢子鹼、番木鱉素。有毒，微量用做藥用。——編注

蛾，牠的幼蟲是各種樹木和灌木的災星。我抓到一隻正把產卵
管插進丁香樹皮裂紋裡，準備產卵的豹蠹蛾，牠穿著非常漂亮
的藍點白底衣裳。我把牠交給了蠍子。事情拖得並不久，漂亮
的豹蠹蛾被刺傷後，很快就進入了彌留狀態，牠沒有胡亂地掙
扎，死得很平靜。

那麼牠的幼蟲呢？牠們被刺傷後還和以前一樣健康，一旦
重新回到那個被我劈
開、牠被從中取出的
丁香樹枝洞裡，便和
往常一樣積極工作。
這一點我從溢出洞口
的蛀屑便可得知。按
照常理，蛹和蝴蝶要
到夏天才會出現。

豹蠹蛾雌蛾

用蠶寶寶做實驗則更加便利，我可以從附近農場的養蠶場
得到蠶，要多少有多少。五月底當養蠶接近尾聲時，我讓蠍子
刺傷了十四隻蠶寶寶，蠶寶寶的皮膚細膩，身體豐滿，因此每
次被毒螫輕輕刺一下都會大量出血。

在好奇心驅使下，我在那張桌子上導演了一齣齣野蠻的刺

殺，桌面上沾滿了血跡，看上去像一滴滴的液體琥珀。

　　重新被放回桑葉上的受傷蠶寶寶，幾乎是迫不及待地吃起桑葉來，胃口還和平時一樣好；十天後，所有的蠶寶寶都結了繭，繭的形狀和厚度都很標準。最後，從這些毫無雜質的蠶繭裡鑽出了蠶蛾，稍後我們將利用這些蠶蛾做其他的研究。目前，事實證明蠶寶寶對蠍子的毒螫有抵抗力。至於蠶蛾本身，

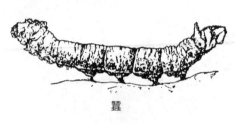

蠶

我們已經知道牠們會怎樣；牠們死了，像大天蠶蛾那樣死得比較慢倒是真的，但最終還是死了。毒螫對牠總是致命的。

　　大戟天蛾提供了同樣的答案，蛾很快就死了，而幼蟲卻不怕毒螫，牠們吃飽了就鑽到土裡變成了蛹，蛹殼外面包裹著一層沙粒和絲織成的粗糙網紗。在被刺傷的幼蟲中，仍有一些幼蟲的生命受危及，也許是因為牠們多處受傷的緣故吧。皮膚對毒螫的穿刺有一定的抵抗作用，而流出的血有沒有抵抗力我還不清楚，這使我無法確定牠們受到的傷害性質。為了把問題弄個水落石出，我不得不延長戰事，有時可能會有些過分。被刺傷一次的毛毛蟲，應該能像英勇的蠶一樣，承受住考驗。但如果毒液劑量過大，毛毛蟲就會死。

大天蠶蛾青綠色的大幼蟲為我提供了明確的結果，被刺出血的幼蟲重新回到牠的牧場——扁桃樹上後，完成了發育過程，然後結出了一個周正精巧的繭。

大戟天蛾

雙翅目昆蟲和膜翅目昆蟲值得研究。蝶蛾和鞘翅目昆蟲，往往得經過蛻變才變為成蟲。但是牠們的體形很小，大多受不了被鑷子夾著放到蠍子的毒螯下；牠們那脆弱的幼蟲，皮膚被刺破一點就可能會死。我們還是去觀察那些大塊頭吧。

在那些大塊頭中，有不同類別的直翅目昆蟲：長鼻蝗蟲、灰蝗蟲、白面螽斯、螻蛄和螳螂。牠們被蠍子的毒螯刺傷後全都會死，這一點我們已經知道了。然而，這類昆蟲在進入以交尾儀式為標記的完全成熟期之前，要經過一個過渡期，這個時期的昆蟲既算不上是真正的幼蟲，又和成蟲沒有一點相似處，是昆蟲進入交配期前完成發育的階段。

我們在葡萄收穫季的葡萄藤上所發現的灰蝗蟲，尚未長出網狀翅膀和堅硬的直翅鞘，只有退化的翅芽。變為成蟲的螻蛄

長著寬大的翅膀，折疊起來的翅膀像一條細長的尾巴，圍住了腹部下端，但最初牠卻只有不太雅觀的小翅膀，緊貼著脊背的上部。

在年輕的長鼻蝗蟲、白面螽斯和其他一些昆蟲那裡，都能看到這種初級的特徵。未來具有飛行功能的寬大翅膀的胚胎，就蘊含在這些小裡小氣的鞘套裡。至於其他的昆蟲，從一開始牠們的裝束基本上就和成蟲完全一樣。直翅目昆蟲隨著年齡的增長而發育成熟，但不發生蛻變。

那麼，這些不完美的、翅膀發育不全的小昆蟲，能像真正的幼蟲——天牛幼蟲、犀角金龜幼蟲和蛾的幼蟲那樣，承受住蠍子的螫傷嗎？如果這些年輕昆蟲體內充滿的液體，相當於足夠劑量的預防藥，我們就該看到這些昆蟲具有免疫力。但事實並非如此。就拿螻蛄來說，不管是有翅膀還是無翅膀，也不管是老是少，都難逃一死。螳螂、蝗蟲和長鼻蝗蟲也一樣，不管是成熟的還是未成熟的，也都會死。

根據昆蟲對蠍子的抵抗力，我們把昆蟲分成兩類：一類昆蟲經歷了真正的變態，整個身體隨之發生變化；而另一類只發生一些次要的變化。第一類昆蟲的幼蟲具有抵抗力，而成蟲卻會死，第二類昆蟲的幼蟲和成蟲都死了。

　　為什麼會有這種差別？實驗結果告訴我們，受試者越是粗俗低賤，抵抗毒螫的能力就越強。狼蛛、圓網蛛和螳螂這些敏感型的昆蟲，都會突然地當場暴斃；充滿活力的金步行蟲、黑步行蟲像吃了中樞興奮藥那樣，立刻發生痙攣；熱情的運糞工——聖甲蟲，像患了舞蹈病似地亂奔亂跑。相反地，笨重的犀角金龜和喜歡在薔薇心裡休眠的花金龜，則忍受著痛苦，肢體微微地抽搐了好幾天才死。接著，分類地位在牠們之下的蝗科昆蟲——蝗蟲，是傑出的常見昆蟲，更低等的還有蜈蚣這種身體不全的低等小動物。很明顯地，毒液起作用的快慢，取決於受刑生物的敏感性。

　　我們來個別研究一下，經歷過徹底變態的高等昆蟲。我們在牠們身上使用「變態」這個詞，意思就是指形態的改變。那麼從幼蟲到蛾，從生活在腐質土中的幼蟲變成花金龜，是否僅僅只是形態的變化呢？蠍子的毒液告訴我們，其中還有更深刻、更奇妙的變化。變態昆蟲的體內發生了一次深刻的變化，事實上物質成分始終沒變，但發生了溶融，從而使原子結構變得更精巧，昆蟲變得會神經質地顫抖，這是交配期的昆蟲最重要的一個特徵。堅硬的鞘翅、瓣胃、絨球、晃動的觸角、步行的腳、飛翔的翅膀，所有這些都很棒，但又沒有任何價值。

　　還有別的東西掌管著這些裝備。剛剛完成變態的昆蟲獲得

了新生，更加充滿了活力，感覺也更靈敏了。第二次新生改變
了一切，不僅改變了昆蟲的外貌特徵，更重要的是，改變了那
些看不見、摸不著的深層東西。這不僅僅是分子排列的改變，
而是過去所沒有的新能力的展現。總的來說，簡單的小生物體
幼蟲原本過著非常單調的平靜生活，現在牠爲了獲得未來的本
能而發生變態，變態改變了牠的體態，提煉了牠的體液，並對
構成其體內能源的原子逐一進行精煉，邁向進步的大飛躍完成
了。但是，這種新形態不像原始形態那樣具有牢固的穩定性，
牠所獲得的完美是以失去平衡爲代價的，因此成蟲經不住考驗
死了，而幼蟲經歷了同樣的考驗卻沒有危險。

　　蝗蟲類和普通的直翅目昆蟲，情況則完全不同。牠們沒有
發生眞正意義上的變態，牠們的身體結構、生活習性，都沒有
起根本的變化。牠們一生中，幾乎一直保持著剛孵化出來時的
那個樣子。牠們那與生俱來的形態幾乎不會被未來所改變，牠
們生就的習性也不能爲時間所改變。對牠們來說，沒有脫胎換
骨的變化，也沒有突然的推進。自一出生，牠們就具有成蟲的
外表，因此也就失去了結構簡單的幼蟲所享有的豁免權。

　　不經歷蠕蟲這種形態、一身簡便的蝗蟲，有生長發育過快
的不利因素。牠們的幼蟲，也和身體結構基本相同、只有部分
細節有異的成蟲，死得一樣快。

對這個不一定正確的解釋，我既不堅決主張，也並不反對。用一條繩子去探測無底深淵，往往得不到難以獲得的正確概念。無論如何，一個具重大意義的事實已經獲得，即變態改變了有機體的深層結構，儘管個中原因還無法解釋清楚。

蠍毒這種卓越的化學試劑，能夠區別出幼蟲和成蟲的肉體，它對前者的影響溫和，對後者卻是致命的。

這個奇怪的結果又引發了一個問題，這個問題對於主張藉由注射血清、接種疫苗來減輕病毒的著名理論來說，並不陌生。一隻將經歷完全變態的幼蟲被蠍子刺傷了，自然有人會說牠接種了疫苗，從這個意義上說，牠已感染了病毒；這種病毒在未來狀況下將使牠致命，但在目前的狀態下卻不會產生嚴重後果。接種者似乎對注射沒什麼反應，還可以繼續進食，繼續從事幼蟲的日常作息。

然而，這種病毒卻不可避免地以某種方式，對昆蟲的血液和神經產生影響。它是否能阻止昆蟲變態後產生易受損傷的特點呢？憑藉從小養成的毒性適應力，成蟲是否會有免疫力呢？牠們能不能像米特列達特抵抗毒藥般地抵抗蠍毒呢？總之，經歷過完全變態過程的昆蟲，如果在幼蟲時期被蠍子刺傷過，牠們是否能因此具有抵抗毒螫的能力呢？這就是問題的所在。

人們熱切希望得到肯定的答案，以至於一開始就想回答：是的，成蟲會有抵抗力。不過還是讓實驗來說話吧。為了做這個實驗，我做了一些準備工作，準備了四組昆蟲，第一組是十二隻花金龜幼蟲，牠們在十月被刺傷過，後來又重新接種，也就是說五月又被刺傷一次。第二組也是十二隻花金龜幼蟲，但牠們只在五月被刺傷過。四隻大戟天蛾蛹組成了第三組，牠們是四月被蠍子刺傷後的毛毛蟲變來的。最後一組是蠶繭，這些繭是我前面提過的，被刺得血淋淋的蠶寶寶結出來的。變態完成後，牠們都得再次接受蠍子的手術。

第一個讓我在急切等待後得到答案的，是蠶蛾。兩、三個星期後，蠶蛾扭動著身體交配，雖然牠們在幼蟲期被刺傷過，交配時的熱情絲毫沒有因此而降溫。我讓牠們接受了考驗。蠍子進攻得很辛苦，因為牠的針法不太準，但這也無妨，所有被刺傷的蠶蛾兩天後都死了。預防接種並未改變結果：以前沒有接種過的蠶蛾會死，接種後還是會死。

然而，這些證據還不夠具說服力，由此下結論未免顯得草率。我還會得到更有力的證據，我對大戟天蛾抱有信心，對強壯的花金龜更是充滿了信心。從理論上說，在幼蟲時期已經感染過毒液的大戟天蛾，應該具有免疫力，但牠還是保持著一般所具的易受損害特點；牠被毒螫刺傷後立刻就身亡了，和幼年

時沒接受過接種的大戟天蛾完全一樣。

　　也許是因為幼蟲期和蠶蛾期先後兩次刺傷時間的間隔太短，毒液疫苗還未能夠在有機體中發揮應有的作用。也許需要花更長的時間，讓疫苗在昆蟲的生理構造中產生深刻的變化，使其產生抵抗力。花金龜幼蟲也許將消除這種不利因素。

　　有一組花金龜的幼蟲曾經被刺傷了兩回，一次在十月，另一次在翌年五月。成蟲七月底破殼而出，從第一次受傷到現在已經有十個月了，自第二次受傷到現在也有三個月了。現在成蟲是否具有免疫力了呢？

　　根本沒有。那十二隻在幼蟲期接受過初種和復種的花金龜，被蠍子刺傷後全死了，和靜靜出生在腐葉堆裡的同類死得一樣快。十二隻僅在五月接種過一次的花金龜，也是死得一樣迅速。在這兩組昆蟲身上採用的方法，最初使我充滿了信心，結果卻遭到了慘敗，我為此感到無地自容。

　　我又嘗試了另一種方法，那就是「輸血法」，這類似於注射血清。對蠍子毒液有抵抗力的花金龜幼蟲的血液，應該具有一些特殊的作用，正好可以抵消毒液的毒性。把幼蟲的血輸入成蟲的體內，能否把幼蟲的能量帶入成蟲體內，使牠完全免於

中毒呢？

　　我用針頭扎破了花金龜幼蟲的皮膚，血大量地流出來，我將血集在表蒙玻璃裡，用一根直徑很小、一頭尖利的玻璃管當注射器。我用嘴吸一下，就將血液吸入了玻璃管，管裡的血液劑量有所變化，從幾毫升到十幾、二十幾毫升。我先用針尖在花金龜的肚子上扎出一個洞眼，以便插入脆弱的注射器。然後我用嘴對著管子吹，把血液輸入牠的體內，主要是在腹部。花金龜順利地接受了手術。由於補充了一些幼蟲的血，再加上傷勢又不嚴重，牠看起來非常健康。

　　但是這種治療方法的效果怎麼樣呢？沒有任何效果。我等了兩天，以便讓帶免疫力的血液有充分的時間擴散並發生作用。現在花金龜面對著蠍子，蒙上您的臉吧，荒謬的生理學家，花金龜就和沒有接受您自以為高明的手術之前一樣，還是死了。昆蟲不是用調製化學試劑的方法調配出來的。

第二十一章

隆格多克大毒蠍
的婚戀序曲

四月，當燕子歸來，布穀鳥唱出第一個音符時，荒石園裡那座一直都很平靜的小鎮上，發生了一場革命。夜幕降臨時，好些蠍子離開牠們的住所朝聖去了，並且再也沒有回家。更嚴重的是，許多次我發現同一塊石頭下有兩隻蠍子，一隻蠍子正在吞食另一隻。這難道是一開春就習慣遊蕩的蠍子，不小心闖入了鄰居的家，而引發的同類相食嗎？如果闖入者不比對方更強，就會在那裡喪生。幾乎可以說，擅入者被主人心安理得地、用了整整幾天時間，一小口一小口地吃掉了，就好像這是一個普通獵物似的。

然而，引起我注意的是，被吞食的蠍子一律是中等身材的蠍子。牠們的顏色更加金黃，肚子較小，這說明牠們是雄蠍子，全都是雄性的。而那些個頭較大，更肥胖、顏色更深的蠍

子，沒有落得這樣悲慘的下場。因此，這可能不是鄰里間的打鬥，牠們並不是因爲渴望離群索居才加害所有的拜訪者，吃掉牠們，以這種過激的方式杜絕冒失行爲的再度發生。這應該是一種結婚儀式，交配結束後，肥胖的雌蠍爲儀式安排了一個悲劇性的結局。我得承認，直到第二年，我還是沒有爲這種懷疑找到根據，因爲我的裝備太差了。

又一年的春天到了。事先我已經準備好了寬敞的玻璃屋，裡面有二十五個居民，各自占有一塊瓦片。自四月中旬起，每晚天黑後約八、九點鐘，玻璃宮裡熱鬧非凡。大白天顯得很沈寂的玻璃宮變成了歡樂的舞臺，剛吃完飯，全體成員就跑到玻璃宮裡。掛在玻璃前的提燈能讓我們觀察到裡面的情況。

看牠們表演成了我們在白日操煩過後的一種消遣，對我們來說就像是看戲。在這樸素的劇院中，表演是那麼有趣，以至於到了掌燈時刻，大大小小的觀眾便來到前廳觀看，大家全都在場，甚至連看家犬湯姆也來了。牠對蠍子的事不感興趣，牠像個眞正的哲學家；的確，牠躺在我們的腳邊打著瞌睡，睜隻眼閉隻眼地瞧著牠的朋友──孩子們。

現在，我們要讓讀者對正在發生的事有個概念。在玻璃牆邊，微弱燈光照亮的那個區域裡，很快形成了好幾個集團。那

些隨處可見的孤獨散步者，在燈光吸引下也離開黑暗處，跑到柔和溫馨的燈光下。夜蛾也不見得比牠們更愛往光亮處跑。瞧，又有一些新來者加入了群體，而前臺有一些則放棄了嬉戲，回到暗處，休息片刻之後，再次充滿激情地回到前臺。

這種亂哄哄的場面和狂歡時可怕的喧鬧，同樣具有吸引力。有的蠍子從遠處趕來，神情嚴肅地從陰暗處走出來，突然迅速而輕柔地一躍，做了一個滑步動作，走向燈光下的那群蠍子。牠們敏捷的動作讓人想到碎步小跑的小老鼠。牠們希望相互結交，可是才被別人的指頭碰了一下，牠們就趕緊逃走，好像彼此都被燙著了似的。另一些已經和同伴糾纏在一起的蠍子，也趕緊脫身逃走，牠們在黑暗中定了定神，然後又回來。

不時出現非常混亂的場面：蠍子們的步足糾纏不清地踩來踩去，幾隻螯肢咬在一起，捲起的尾巴相互碰撞，也不知道是表示威脅還是親暱。

從有利的光線入射角度可以看到，在混亂中有一對對亮點閃閃發光，看上去像深紅色的寶石。人們或許會把它當成是眼睛射出的光；實際上，這是蠍子額前的兩個複眼，它們像反射鏡一樣光亮。所有的蠍子都參與了毆鬥，不論大小；這好像是一場殊死搏鬥，是一場大屠殺，也像是一場嬉鬧的遊戲。小貓

也會這樣嬉鬧。不久，這夥蠍子就散了，分散到各個角落，既沒有打傷也沒有扭傷。

現在，逃亡者們重新聚集在提燈周圍。牠們來來去去，走了又來，常常迎面相撞。最匆忙的那位還從別人的背上踏了過去，被踏的那隻蠍子動了一下臀部，沒有表示更多的抗議，反擊的時候未到。相互碰撞的蠍子至多也只是互拍一下，即用尾巴拍對方一下。在牠們圈內，這種拍打並無惡意，因為沒有使用毒螫，這就像我們平常揮揮拳頭一樣。

除了亂踩和揮舞尾巴外，還有更離奇的。牠們會擺出極為奇怪的架式。兩位毆鬥者額頭對額頭，螯肢頂著螯肢，筆直豎起來活像一棵樹，也就是說，牠們只靠上身支撐，下半身豎起來，胸部八個白色的呼吸小袋也因而暴露出來。繃成一條直線、垂直豎起的尾巴相互磨擦、觸摸，而尾巴尖卻勾在一起，輕柔地一次又一次地連接起來，又分開。

突然間，友好的金字塔崩塌了，兩隻蠍子匆匆離去，不講任何禮數。

兩位鬥士為什麼要擺出這種姿勢呢？是敵對雙方在搏鬥嗎？看樣子不是，因為這種接觸是和平的。接下去的觀察告訴

我們：牠們是在調情，爲了表白自己的愛情，蠍子才倒立成一棵筆直的樹。

繼續剛才開始的觀察，把每天收集到的點滴材料以表格形式記錄下來，準會有幫助的，而且記述起來也會比較快捷。但是那樣會略去細節，實際上每次的情況都有所不同，很難分類歸納，那麼這種紀錄就沒有意義了。對於這麼奇特且鮮爲人知的習性的描寫，是不該有一點疏漏的。雖然可能會出現一些重複，但最好還是根據時間的先後順序分段敘述，把我們觀察到的新情況逐一記下來。無序將會變得有序。每天夜晚都有一些特別的情況，能爲我們提供一些足以證明和補充前例的特徵。因此我採用日記形式來做記錄。

一九○四年四月二十五日，喂！這是怎麼回事？這可是從沒見過的事啊！我隨時保持警覺觀察的眼睛，還是第一次見到這種事。兩隻蠍子面對面伸出螯肢，握住對方的指頭，這是友好的握手，而不是挑戰，雙方的舉止在牠們看來是友好的。這是兩隻異性蠍子。身體較胖、顏色也較深的那隻是雌蠍，另一隻相對瘦一些、顏色也較淺的是雄蠍。牠們將尾巴盤成很漂亮的螺旋形，這一對邁著整齊的步伐，沿著玻璃牆散步。雄蠍子走在前，而且是倒著走，穩穩當當且沒有阻力。雌蠍子順從地跟著，牠面對著雄蠍子，手指被雄蠍子握住。

　　牠們走走停停，但始終手拉著手，散步斷斷續續進行著，一會兒走來這，一會兒走到那，從圍牆的這一頭走到那一頭，絲毫看不出散步者的目的地是哪裡。牠們是在漫步、在玩耍，肯定還在暗送秋波。就像禮拜天的晚禱後，我們村裡的年輕人在樹籬邊散步，各自帶著自己的心上人。

　　散步者經常改變方向，但不管往哪個方向走，總是由雄蠍子決定。在不鬆手的情況下，牠優雅地側轉身和伴侶並排站著。這時，牠用平放下來的尾巴去撫摸一下雌蠍的背脊。而對方一動也不動，一副無動於衷的樣子。

　　整整一小時，我毫不懈怠地注視著牠們沒完沒了地來回走。我的一位家人幫了我的大忙，他發現了一個還未被世人發現，甚至連有觀察眼光的人也沒見過的奇異現象。

　　儘管時間很晚了，該休息了，我們的注意力仍然非常集中，不想放過任何一個重要的細節，這對我們來說非常辛苦。

　　最後，大約十點鐘左右，蠍子的散步結束了。那隻雄蠍子來到一個瓦片上，似乎這是個合適的隱蔽所。牠放開了同伴的一隻手，另一隻手仍然牢牢地牽著對方，牠用腳扒了幾下，再用尾巴掃土。一個地洞打開了，牠先鑽進去，然後慢慢地、動

作輕柔地把耐心的雌蠍子帶進洞裡，很快我們什麼也看不見了。沙堆封閉了洞口，這對情侶到了家中。

打擾牠們是很愚蠢的；如果我想馬上看到後續正在發生的事情，還爲時過早，現在還不是時候。前期的準備工作可能將會持續大半夜，長時間的熬夜已使我這個八旬老翁感到力不從心了。我的腳開始發軟，眼皮也直打顫。我們還是睡覺去吧。

我做了一夜夢，夢見蠍子鑽進了我的被窩，爬到了我的臉上，對此我並不特別驚訝，因爲我常夢見一些奇怪的事。第二天拂曉時，我掀開了那塊石頭。雌蠍子孤身一人，雄蠍子沒了蹤影，牠既不在洞穴裡，也不在附近。第一次就出師不利，以後又會怎樣呢？

五月十日，快晚上七點了，天空布滿了烏雲，快下雨了。玻璃屋裡一對蠍子靜靜待在一片瓦片下，牠們面對面，手拉手。我謹慎地掀起瓦片，讓裡面的蠍子暴露出來，好能夠全程監視牠們的幽會。天黑了，我覺得這下子就不會打破沒屋頂房間裡的靜謐了。一場陣雨迫使我撤離了那裡。蠍子在玻璃罩裡不用避雨，牠們會做什麼呢？牠們還會照樣忙牠們的事嗎？可是牠們的床沒有華蓋怎麼辦？

　　一小時後雨停了，我又回到蠍子的家。牠們已經走了，選了旁邊的一塊瓦片。牠們始終手拉著手，雌蠍子在外面，雄蠍子在洞裡收拾房間。為了不錯過蠍子交配的那一刻，我們全家輪流守候著，每十分鐘換一班。我覺得這一刻臨近了，可是我們的努力又白費了；八點左右天已完全黑了，這對情侶因為不滿意那個地點，又要去朝聖。牠們手拉著手，準備到別處去尋找住處。雄蠍子倒退著，在前面引路，隨牠的意去選擇一個住處，雌蠍子順從地跟隨著。這和我四月二十五日看到的情形完全相同。

　　最後牠們總算找到了一塊滿意的瓦片，雄蠍子先鑽進去，但這回牠一刻也沒鬆開過伴侶的手，牠用尾巴掃了幾下，新房就收拾好了，雌蠍子在溫柔的雄蠍子引導下鑽進洞去。

　　兩小時後我去看望牠們，以為這段時間牠們已經完成準備活動了。我掀開瓦片，發現牠們還是老樣子，面對面，手拉手。看來今天是不可能看到更多情況了。

　　第二天，還是沒什麼新動靜。牠們面對面在沈思，腳一動也不動。教父和教母，勾著手指在瓦片下繼續著沒完沒了的幽會。傍晚，在太陽落山時，經過二十四小時的幽會之後，這對情侶分手了。雄蠍子離開了瓦片，雌蠍子還待在那裡，事情沒

有一點進展。

這次觀察有兩件事要記下。訂婚散步之後，這對情侶需要
一個隱密安靜的藏身所。牠們絕不會在露天地、在晃動的人群
中、在眾目睽睽之下完婚的。洞頂的瓦片不管是在白天還是晚
上被掀掉，這對狀似陷入沈思的未婚夫婦為了謹慎起見，都會
離開，去另尋一個住所。而且，牠們還得在蓋著石板的洞穴
裡，停留很長時間，我們剛才看到的停留延續了二十四小時，
卻仍然沒有決定性的結果。

五月十二日，今晚我們會看到什麼情況呢？天氣很熱，風
平浪靜，正適合夜間嬉戲。一對情侶形成了，牠們是如何開始
的，我不知道。這回雄蠍子的個子比肚子肥胖的雌蠍子矮小的
多。矮小瘦弱的雄蠍子仍然勇敢地履行自己的職責。照老規矩
牠倒著走，尾巴捲成喇叭形。牠帶著肥胖的雌蠍子沿著玻璃圍
牆散步，轉了一圈又一圈，時而朝一個方向走，時而又掉頭朝
反方向走。

牠們經常停下來，這時兩隻蠍子的額頭挨在一起，頭時而
偏左時而偏右，好像在說悄悄話。細小的前腳不停地動著，像
是狂熱的撫摸。這是什麼意思？怎樣才能用言語翻譯出牠們無
聲的祝婚詞呢？

　　我們全家人都來看這對奇怪地套在一起的蠍子，我們的出現絲毫沒打擾到牠們。牠們那樣子很優美，這樣說並不誇張。牠們那半透明的身體在燈光下閃著光，倒像是黃色琥珀雕刻而成的雕塑。牠們將胳膊伸得直直的，尾巴捲成可愛的螺旋狀。牠們動作緩慢，看一步走一步，進行著長途旅行。

　　什麼也打斷不了牠們。一個夜間出來乘涼的流浪者，在路上與牠們相遇了，牠本來也是沿著牆腳走的，一旦察覺了那對蠍子之間的微妙關係，牠便閃身讓牠們自由通過。最後，終於有一塊瓦片下的洞穴接納了散步者，雄蠍子在前面倒著走，這是不言而喻的。現在是九點。

　　經過整整一晚的柔情蜜意後，接著在夜裡就發生了恐怖的悲劇。第二天早晨，雌蠍子還在昨晚的那塊瓦片下，瘦小的雄蠍子在牠身邊，但已經被殺，而且被吃掉了一些。牠的頭部、一隻螯肢和兩隻腳已經不見了。我把屍體放在洞口看得見的地方。整整一天，那位隱士都沒去動牠一下。當天又黑下來時，牠出來了，牠在經過的路上碰到了那具屍體，便將屍體搬到遠處以便體面地安葬牠，也就是吃完牠。

　　這種吞食同類的行為，和去年我們在露天小鎮上看到的情況一樣。我時常在別的石頭底下發現一隻雌蠍子，正逍遙自

在、像吃家常便飯似地蠶食昨夜的伴侶。我想，雄蠍子完成了
自己的職責之後，如果不及時脫身，就會被整個或部分吞食
掉。我眼前正好有確鑿的證據。昨晚才看見一對情侶完成了慣
常的前奏——散步之後進了洞穴，今天早晨我去察看時，還是
在那塊瓦片下，妻子卻正在哨食牠的丈夫。

看來那隻不幸的雄蠍子已經完成了使命。需要牠傳種的時
候，雌蠍子是不會吃牠的。這對夫婦動作很快。因為我發現有
些蠍子情意綿綿，互相表達了愛意，並經過二十四小時的深思
熟慮後，卻還沒締結良緣。一些無法確定的因素，也許是周圍
的環境、氣壓、溫度和蠍子本身的熱情等因素，在很大程度上
可以加快或減緩交配的完成。對於觀察者來說，要想把握準確
的時機去發現尚不能肯定的梳狀板的作用，是件很困難的事。

五月十四日，肯定不是飢餓使我的蠍子每天晚上處於興奮
狀態。夜晚時，想在附近找到食物並不費吹灰之力，因為我才
剛為這群忙碌的蠍子提供了豐富的食品，所選的都是牠們喜歡
的食物。有肉質細嫩的小蝗蟲、直翅目昆蟲中味道最鮮美的小
螽斯，還有截去翅膀的尺蠖蛾。再過一段日子，我還會給牠們
提供美味珍饈。以前我在蠍子洞穴裡發現過，類似蜻蜓的昆蟲
——蟻獅的屍骸和翅膀，這使我肯定，蜻蜓也是牠們喜愛的食
物之一。

　　但是，這麼豐盛的食物卻沒有引起蠍子們的興趣，誰也沒去注意這些食物。在混亂的蠍子當中，蝗蟲在跳，折了翅的尺蠖蛾在拍打著地面，蜻蜓在顫動著。路過牠們身邊的蠍子卻視若無睹，牠們踐踏著食物、踢翻食物，用尾巴把牠們掃到一邊去。總之，牠們不需要，絕對不需要這些食物。牠們要的是別的東西。

　　牠們幾乎全是沿著玻璃圍牆走，有些固執的傢伙還企圖越獄。牠們用尾巴支撐著站起來，腳下一滑摔下來，然後又在別的地方重新開始爬。牠們伸出拳頭去砸玻璃，不惜任何代價也要出去。這個動物園已經很大了，所有的昆蟲都有自己的空間，裡面有長長的小徑可供牠們散步。儘管如此，牠們還是想到遠方去流浪。如果牠們是自由的，牠們就會雲遊四方。去年也是在這個時期，荒石園裡的移民們全都離開了小鎮，我從此再也沒見到牠們。

　　春天，到了交尾期牠們必須要去旅行。一向喜歡離群索居的蠍子，現在要拋棄牠們的斗室，去完成愛情之旅。牠們茶飯不思，要去尋找自己的伴侶，在牠們領地內的石頭下，常有同類雲集相聚，牠們應該有擇偶的機會。若不是怕天黑摔斷腳，我眞想到滿是岩石的山崗上去，參加蠍子在自由歡愉的氣氛中舉行的婚禮。牠們在光禿禿的山崗上做什麼呢？看來跟玻璃屋

裡的蠍子沒什麼不同。選好了新娘後，雄蠍子便帶著牠，手牽手到長著薰衣草的草地上去漫步許久。這時，牠們雖然享受不到我那盞提燈所發出的昏暗光線，卻有月光助興。

五月二十日，雄蠍子邀請雌蠍子散步的場面，不是每天晚上都能看到，好些蠍子已經從石頭底下出來結成對了。一對對手拉著手，一整天都在那裡待著，動也不動，彼此面對面沈思不語。天黑了，牠們一刻也沒分手，又開始沿著玻璃圍牆繼續前一天晚上，或者更早就已開始的散步。我們不知道牠們是在何時或怎樣結合在一起的。有的蠍子意外地在很難進行監視的僻靜路上相遇。當我發現時，牠們已經手拉手走在一起了。

今天，機會在向我微笑，一對蠍子在我眼前，在燈光下結成伴侶了。一隻雄蠍子興高采烈地從一群蠍子中間穿梭而過時，突然與一位路過的雌蠍子打了個照面，而那正是牠要找的伴侶，對方沒有拒絕，事情進展得很快。

牠們額頭碰額頭，螯肢勾在一塊，尾巴使勁地搖擺著，垂直豎起，兩條尾巴勾在一起，慢慢摩挲著，互相輕輕地撫摸著。兩隻蠍子合在一起像一棵筆直的樹，形狀就像前面描述過的那樣。很快這個結構解體了。不再有更多的表示，牠們開始手拉手去散步。這種金字塔形狀是蠍子結合的前奏。這種姿勢

並不少見，當同性相遇時，牠們確實也會做出這種姿勢來，不過沒有那麼標準，更重要的是，沒有那麼鄭重其事。在那種情況下，這一姿勢是表示不耐煩，而非表達愛情，兩條相交的尾巴是相互撞擊而不是相互撫摸。

再看看那隻雄蠍子，牠匆匆轉過身來倒退著，帶著勝利者的驕傲神情離開。牠們遇到了其他一些雌蠍子，那些雌蠍子用好奇的、也許是嫉妒的眼光瞧著這對情侶，其中一隻撲向被雄蠍子牽著的雌蠍子，抱住牠的腳，拚命想阻止牠們的結合。為了克服阻力，雄蠍子累得精疲力盡，牠推推不動，拉也拉不動，怎麼也動不了。牠並沒有為意外事件感到不快，牠放棄了爭奪。這時身邊正好有一隻雌蠍子，這回牠沒做任何表白，便直截了當地與對方進行談判，牠拉住姑娘的手，邀請牠去散步，姑娘不願意，掙脫出來逃走了。

牠又以同樣直率的方式，向那群好奇者中的另一位發出邀請，這位姑娘接受了邀請，但是誰也不能保證牠在路上就不會逃離這個勾引者。對這個輕浮的小子來說，這又算得了什麼！姑娘有的是，跑了一個，還能再找一個。牠到底要什麼呢？第一個到來的姑娘。

牠得到了第一個到來的姑娘，牠現在帶著被征服的姑娘來

了。牠走進了被燈光照亮的區域。如果對方拒絕前進，牠就會用盡全力，一下一下地硬扯著對方走，如果對方順從，牠的動作就很輕柔。中途牠們常常要停下來歇歇腳，有時會停很久。

雄蠍子專心致志地進行著奇怪的操練。牠收回螯肢，還是說胳膊更好些，然後再向前伸直，並迫使對方也和牠一樣交替地做著這個動作。這對蠍子組成了一個四邊形的活動架，反覆地收攏、打開。做完柔軟訓練之後，這個器械就收縮起來，停止不動了。

現在，牠們的額頭碰在一起了，兩個嘴貼在一塊，抒發著愛慕之情。為了描述這種愛撫，我腦海裡湧現出接吻、擁抱等字眼。但我不敢用這些字眼，因為蠍子沒有頭、臉、上唇和面頰。牠那像被刀削過似的平截面上，甚至連吻端也沒有。我們只能找到一張由醜陋下頷構成的臉。

可是對蠍子來說，那個部位是再美不過了！雄蠍子用比其他腳更纖細的前腳，輕拍著對方那張在牠看來極為美麗的臉蛋，懷著一種快意輕輕地咬著；雌蠍子也用下頷撫弄著雄蠍子那張同樣醜陋的嘴臉，真是溫柔天真到了極點。據說接吻是鴿子發明的，我又為牠找到了一位先驅，那就是蠍子。

雌蠍子聽任擺布，完全處於被動，牠心中不是沒有溜走的念頭。但是怎麼溜呢？很簡單。牠用尾巴當棍子，拍打過於親熱的同伴的手腕，同伴立刻就鬆開了手。這意味著斷交。等明天，賭氣的姑娘消了氣，一切又將繼續進行。

五月二十五日，這種用棍子驅趕的方式告訴我們，在最初觀察中顯得順從聽話的新娘，也有任性的時候，牠會斷然拒絕雄蠍子的求愛，還會突然鬧離婚。這就來舉個例子吧。

今晚牠倆都打扮得漂漂亮亮，正在散步，隨後牠們找到了一塊瓦片，看來挺合適的。雄蠍子為了方便行動，放開了一隻螯肢，牠用腳和尾巴把門口打掃乾淨，鑽進瓦片下面，隨著洞穴漸漸挖成，新娘似乎是心甘情願地跟著往裡走。

可能是地點和時間都不合新娘的意，牠的身體又露出洞口，倒退著爬出半截身子，牠在跟帶路者搏鬥，對方硬是將牠朝身邊拉。牠們爭執得很激烈，一個極力往裡拉，另一個則是往外拉，展開了拉鋸戰，雙方勢均力敵。最後，雌蠍子猛然用力，把牠的配偶扯了出來。

這一對露出地面後，並沒有斷交，而是繼續散步。牠們沿著玻璃圍牆走了整整一小時，一會兒拐到這個方向，一會兒又

拐到另一個方向，最後又回到剛才那塊瓦片旁。確確實實是剛才那塊瓦片。道路已經開通，雄蠍子毫不遲疑地鑽下去，並狂熱地把新娘往裡拽，雌蠍子在外面反抗。牠把腳繃直了不動，腳在地上劃出一道道痕跡，尾巴用力靠在拱起的瓦片上，不想進去。牠這樣抵抗應該不是為了掃我的興。沒有前奏的交尾會怎麼樣呢？

在石頭下，誘拐者軟硬兼施，最後，倔強的雌蠍子變得服服貼貼。牠們進了洞房，這時剛過十點鐘。下半夜我應該守著，等著看結局，然後在適當時刻掀開石頭，看看下面發生的情況。好機會很難得，應該好好利用這次機會。我將會看到什麼呢？

什麼也看不到，才過了半小時，獲得了自由的抗婚者從洞穴裡出來，逃走了，另一位急忙從洞底追上來，牠在洞口停下腳步，四處張望，新娘已經逃走了。雄蠍子垂頭喪氣地回到家中。牠遭遇厄運，我也一樣。

第二十二章

隆格多克大毒蠍交尾

　　六月到了。我怕強光會帶來干擾，在此之前，我一直都是把提燈掛在離玻璃牆一定距離的地方。微弱的燈光使我無法看清，這對正在散步的情侶是怎麼套在一起的。牠們是主動把手牽在一起的嗎？是把手指勾在一起組成一個互動輪，還是只靠一方牽引？那又是靠哪一方呢？讓我們來把問題弄清楚吧，這個問題至關緊要。

　　我把提燈掛在玻璃屋的中央，將玻璃宮照得通明。蠍子們不但不害怕，反而興高采烈地聚攏過來。牠們跑到號誌燈周圍，有的甚至還想爬上去靠近光源。牠們抓住四周的白鐵皮，沿著貼了瓷磚的牆壁往上爬，頑強地堅持著，也不怕滑下來，最後終於爬到了高處。一部分蠍子貼在玻璃罩上，另一部分靠在金屬支架上，一動不動地待在那兒。整個晚上，我都注視著

341

提燈，牠們被提燈的光輝給迷住了。這使我想起以前大天蠶蛾也曾為提燈發出的光芒而心醉神迷。

在提燈下最亮的地方，一對蠍子把握時間組成了直立的樹形，尾巴相互拍打著，動作很優雅，然後牠們開始步行。雄蠍子採取了主動，用兩隻螯肢的鉗指分別握住雌蠍的鉗指，由牠使力並抓住對方；也只有牠有自由支配權，牠想鬆手的時候，套在一起的兩隻蠍子才能分開，牠只要鬆開螯肢就成了。而雌蠍子卻沒有自由，牠是俘虜，誘拐者給牠帶上了拇指銬。

有時候還可以看得更清楚，但機會不多。我碰巧見到那隻雄蠍子用胳膊拉牠的新娘，還看見牠拉新娘的腳和尾巴。新娘伸直胳膊，硬僵著不肯前進，粗魯的雄蠍子完全忘了克制，牠把新娘推倒了還亂施暴力。事情真相大白了，這完全是誘拐，是粗暴的綁架，就像羅繆律斯的手下擄走薩賓女人那樣[1]。

如果事情如我們所想，遲早要以悲劇收場——牠們的慣例就是，新婚之夜新郎要被吃掉，那麼粗魯的誘拐者對自己的壯舉還真是異常執著。受害者拚命要將祭司領到祭壇上，這可真夠新鮮的！

---

[1] 羅繆律斯：西羅馬帝國的末代皇帝。薩賓人：義大利古民族。——譯注

　　經過連續數晚的觀察，我發現，最胖的那些雌蠍子，幾乎不參加這種手拉手的遊戲；熱衷散步的雄蠍子，幾乎總是找那些年輕的、肚皮較小的雌蠍子。牠們要找年輕姑娘。牠們雖然也常和那些老雌蠍子打照面，用尾巴碰碰牠們，試圖牽牠們的手，但那不過是逢場作戲，往往得不到對方的歡心；被抓住手指的大娘，會用尾巴提醒牠放規矩點，休得放肆。遭到拒絕的雄蠍子便不再強求，牠放開對方，大家各走各的。

　　那些大肚皮的都是老肥婆，對交尾很冷漠，提不起熱情來。去年的同一時期，或許還要更早些，牠們也有過風流的時候，但時間過後牠們就厭倦此事了。雌蠍子的妊娠期特別長，這在更高等的動物中也不遑多見。蠍子的胚胎需要一年，或更長的時間才能成熟。

　　我們再回頭去看看剛才見到的，在提燈下結成的那一對。第二天早上六點鐘，我去探望牠們時，牠們還在瓦片下，正準備去散步，即面對著面，手拉著手。正當我在監視這對蠍子的時候，又有第二對組合而成，並且開始了長途旅行。一大早就遠征倒是讓我感到吃驚，我還從未見過，恐怕也很難會再看到像這樣大白天散步的情景。照常理，兩口子散步應該是在天黑了以後進行的。今天為何如此猴急呢？我想原因可能是昨天下過暴雨，下午雷打個不停，而且雷聲震耳。昨天是慶祝聖梅達

主教的節日，或許是聖梅達②打開了水閘，昨晚一整夜都下著傾盆大雨。高壓電和臭氧味讓昏昏欲睡的隱居者們興奮起來，由於神經受到刺激，牠們大多數都跑到斗室的門口，伸出螯肢去試探外面的情況。最衝動的那兩隻蠍子索性跑了出來，與其說牠們是沈迷在交尾的激情中，倒不如說是為這場暴雨興奮不已，如癡如醉。牠倆意氣相投，便一起邁著莊嚴的步伐，冒著轟鳴的雷聲在外面散起步來。

牠們路經一些開著房門的小屋，想進去，可是屋主不同意。屋主出現在門口，揮起拳頭比劃著，彷彿在說：「滾到別處去，這裡已經名花有主了。」牠們走了。在別處也同樣遭到屋主的拒絕和威脅。最後沒辦法，牠們只好鑽進第一對蠍子夫妻昨晚開始入住的那塊瓦片底下。

同居沒有引起口角，老房客和新房客相安無事，各自陷入了沈思，完全沒有一點動靜，伴侶們始終手牽著手。這種狀態持續了一整天。大約下午五點鐘，兩對情侶分開了。雄蠍子離開了房間，看樣子是要像往常一樣去享受黃昏的快樂時光。雌

② 聖梅達：努瓦邕和圖爾奈的首位主教。努瓦邕是法國瓦茲地區的區府所在地，有十二、十三世紀的哥德式教堂。圖爾奈為比利時城市，歷史上先後為羅馬人、法蘭克人所占領；六世紀時成為法國管轄下的主教府，1526年劃歸哈布斯堡王朝，1667年又被法國占領，1830年終於歸入比利時版圖。——譯注

蠍子卻相反，牠們待在瓦片下。據我所知，在這麼長時間的會
晤中，什麼事也沒發生，儘管有激發情緒的隆隆雷聲作響。

　　四隻蠍子同處一室的情況，並非僅此一例，在玻璃罩的瓦
片下，經常可以見到一夥一夥的蠍子，不分性別地住在一起。
我已經說過，在牠們的出生地，我從沒見過兩隻蠍子同住在一
塊石頭下，但不能因此就斷言，那是因為殘暴的習性禁止鄰里
間的任何交往。玻璃圍牆裡的情況告訴我，我們可能錯了。那
裡的房間充足有餘，每隻蠍子都可以選一間房占為己有，牢牢
地守著它。可是事情偏偏又不是這樣。當熱鬧的夜晚到來時，
蠍子沒有閒人勿擾的專屬、固定的家，所有的房子都屬於大
家，見到瓦片就可以進去，裡面的房客也不會抗議。爾後，蠍
子們出去散步，散完步又可以隨便回到任何一間小屋裡。黃昏
時的嬉戲結束後，三、四隻蠍子，有時是更多的蠍子聚在一
起，不分性別，一個挨一個地擠在一間小小的斗室裡，一起度
過夜晚和翌日白天。這裡不過是個臨時蝸居，第二天晚上牠們
還會換一個住所，全憑散步者高興。只有到了冬天，牠們才使
用固定的居所。這些遊民過著非常太平的日子，牠們之間從來
沒有發生過嚴重的口角，即使有五、六隻蠍子同居一室。

　　但是，這種寬容只限於成年蠍子之間，也許是有點害怕報
復。和平共處還有另一個更重要的原因，融洽的關係對今後的

相處是不可或缺的。蠍子的性情變得溫和了，但也不盡然如此。臨盆的雌蠍子總是食慾旺盛，而且顯得有些異常。牠對新生兒越是溫柔，對已經長大卻還未達生育年齡的孩子就越是仇恨。牠就像寓言中的惡魔似的，路上遇到的孩子，對牠來說不過是一塊嫩肉而已。

下面那可怕的一幕，常常浮現我的腦海。一隻體長只有成年蠍子三分之一或四分之一的蠍子，冒冒失失地從一間斗室門前經過，沒想到惡運正等待著牠。肥胖的雌蠍子從屋裡出來，朝那可憐的孩子走去，用螯肢抓住牠，一下就把牠刺死，然後心安理得地吃起來。那些少男少女們遲早都會以同樣的方式死在玻璃罩裡。我對提供替代者存有顧慮，因為那等於是為屠殺者提供新的食物。原先有十二個少男少女，沒幾天就一個也不剩了。雌蠍子吃孩子並非出於飢餓，因為我總是按時為牠提供豐富的食物。可是，雌蠍子還是把孩子全給吃掉了。青春是美好的，但是在這個惡魔世界裡，青春則成了極其不利的因素。

我很自然地把這些屠殺行徑，歸咎於妊娠期常常出現的怪癖。快要分娩的雌蠍子多疑而且氣量小；在牠眼裡誰都是敵人，要想擺脫牠們，只有把牠們吃掉，只要牠有能力，牠就要吃。的確，當孩子出生，牠很快獲得了自由後，八月中旬，小動物園裡便呈現出祥和的氣氛，再也沒發現以前頻繁過度的同

類相食現象。

　　此外，不注意家庭保衛工作的雄蠍子，也不再癡迷於悲劇性的婚戀，牠們是和平主義者，雖然態度生硬，卻不會殺害鄰里。牠們之間從來不會爲了占有自己看上的姑娘而爭鬥，情敵之間不是以決鬥或動刀的方法爭奪情人，而是一切順其自然，就算不能和和氣氣，至少也不會發生毆鬥。

　　兩隻雄蠍子遇到同一隻雌蠍子時，誰能夠邀請牠去散步呢？那就得看誰能拉贏了。牠們一左一右各抓住美麗姑娘的一隻手，拚命往自己身邊拉。牠們用後腳做槓桿，支撐著身體，臀部微微顫抖，尾巴搖擺著，形成爆發力。加油啊！牠們拉扯著姑娘又是搖，又是猛力向後拉，好像要把牠分成兩半，一人帶一半回家。小伙子求愛時，姑娘可是有被撕裂的危險。

　　再者，雄蠍子之間不會發生任何直接的衝撞，甚至連用尾巴拍打對方一下都沒有，唯獨那位姑娘受到了粗暴的對待。眼看牠們爭奪得那麼瘋狂，我眞害怕姑娘的胳膊會被扯下來。然而姑娘完好無損。爭奪了老半天仍然不分勝負，兩位情敵已經不耐煩了，牠倆乾脆把閒置的那隻手也拉在一起。三隻蠍子圍成了一個圓圈，又開始更激烈的爭奪。大家都在使勁，牠們時而前進，時而後退，拉呀拉的，直到用盡氣力爲止。突然那位

疲勞不堪的情敵放棄爭奪，溜走了，將全力爭奪了半天的溫柔姑娘讓給了自己的敵人。勝利者馬上就用另一隻螯肢抓住姑娘的另一隻手，成為真正的搭檔，散步開始了。至於失敗者，我們不必為牠擔心，牠很快就能在一群姑娘中再找一個，以挽回面子。

再舉一個情敵相遇，和平競爭的例子。一對蠍子在散步，雄蠍子的個子很小，然而對遊戲卻非常有熱情。當牠的伴侶不肯前進時，牠就拉拉扯扯，把對方的背脊都震得顫抖起來。這時突然來了一隻更壯實的蠍子，牠覺得這位大姐很合牠的意，於是就想得到牠。牠會不會竭盡全力撲向那個小氣鬼，揍牠一頓，或者把牠殺了呢？牠才不會那麼做呢。蠍子在處理這類微妙事情時，是不會訴諸武力的。

壯漢沒有為難那個小矮子，牠逕朝姑娘走去，拉起牠的尾巴。於是兩隻雄蠍子，一個拉手，一個拉尾，拚命地爭奪起來，短暫的爭議之後，牠們達成了協定，每人拉住姑娘的一隻螯肢。瘋狂的拉鋸戰又繼續進行，牠們一個往左拉，一個往右拉，左邊的那位好像要把姑娘肢解了似的。最後，小個子認輸了，牠放開姑娘的手，喪氣地走了。大個子馬上抓過姑娘的另一隻手，沒有再出現什麼意外，這對搭檔散步去了。

　　從四月底到九月初，每天晚上交尾的前奏，一次次不厭其煩地在重演，連暑天的炎熱也不能平息牠們的狂熱，反而爲牠們注入了新的熱情。春天，我看見蠍子相互之間保持著一定的距離，形單影隻地在進行長途跋涉；六月時，我看到三、四隻蠍子在同一間屋子裡過夜。

　　我趁機想了解，住在瓦片下的一對對散步者在做什麼，結果沒成功。我想掀開瓦片，好了解牠們溫柔的會晤過程中的全部細節，這一招不管用，即使是在夜晚也不行，我試了好幾次都一無所獲。屋上的瓦片一旦被掀掉，那些伴侶就會重新去遠征，並住進另一間屋子，在那裡重新開始我無法連續監視的活動。要完成這項細緻的工作，需要有特殊的機會，而不是靠我們插手。

　　今天這種機會來了。七月三日，將近七點，一對伴侶引起了我的注意，這對搭檔是昨晚結合在一起的，牠們一起散步，選擇住宅。雄蠍子置身瓦片下，除了螯肢以外，整個都看不見了。這間屋子牠倆住太小了。雄蠍子進去了，而個子高大、身體豐滿的雌蠍子還在屋外，手被雄蠍子拉著。

　　雌蠍子那彎成大彎弓似的尾巴，懶洋洋地側向一邊，毒螯的尖頭支在地面上，站得穩穩的八隻腳呈倒退的姿勢，一副準

備逃走的架式。牠的身體動也不動，我一天中去看過牠二十次，既沒見牠的臀部動一下，也沒發現牠的神態有什麼變化，那條拱著的尾巴也一樣沒有動靜，要不是牠的頭部還會動，還真會被當成一塊石頭。

雄蠍子也同樣不動。就算我看不見牠的身體，至少還可以看見牠的螯肢，從螯肢姿勢的改變，就能知道蠍子是否在動。這兩隻蠍子已經發呆了一整天，這種狀態一直持續到晚上八點。牠們這樣面對面是在體驗什麼？牠們一動不動地拉著手，是在幹什麼？如果可以用言語表述，我想說牠們在沈思。這是個唯一比較貼近表象的詞，雖然在人類的任何一種語言中，都找不到貼切的辭彙來表達這種幸福的境界。這對蠍子靠勾在一起的手指相連。我們還是別對無法理解的事妄加評論吧。

大約八點的時候，屋子外面已經非常熱鬧了，雌蠍子突然動了一下；牠活躍起來了，接著便使足力氣，終於掙脫出來，牠要逃走。一隻螯肢已經收回來了，另一隻還被扯著。為了掙斷這具有懾服力的鏈條，牠拚死命地拉，以致一邊的肩膀都脫臼了，牠用那隻沒有受傷的螯肢探著路逃走了。雄蠍子也逃走了，今晚一切都完了。

在整個交尾季節裡，蠍子固定在晚上散步，這顯然是交配

前的序曲中最重要的樂章。散步者在締結姻緣前要互相了解，展示自己優雅的風度，誇耀自己的長處。什麼時候才能完婚呢？在沒完沒了的守候中，我的耐心已耗盡，再繼續觀察也是徒勞。我又重新掀開瓦片，指望著最終能搞清那些梳狀板的作用，結果還是讓我大失所望。

婚禮是在夜闌人靜時結束的，我對此確信不疑。倘若我有幸趕上好時機，我一定會克服睡意堅持到黎明；雖然我老了，但是為了得到一個創見，我還是可以堅持的。然而，我堅持不懈、為之奮鬥的目標是多麼渺茫啊！

我很清楚，也一次次看到這種令人討厭的情景。在大多數情況下，第二天早晨還是只能看到那對蠍子，像前一天晚上那樣，始終保持手拉手的姿勢。要想成功，我必須打破生活習慣，持續三、四個月整夜不睡。這樣的計畫超出了我的能力，我只好放棄了。

只有一次，唯一的一次，讓我隱約看見了這個難題的答案。當我掀開石頭時，那隻雄蠍子翻過身，拉著新娘的手依然沒有鬆開；牠肚皮朝上，向下輕輕滑到新娘的身下。當雄蠍子的懇求最終被接受時，就是這樣行事的。採用這種姿勢能使夫妻保持平衡。也許在最後關頭還用上了梳狀板，但是由於我掀

開瓦片時嚇著了牠們，重疊在一起的蠍子馬上分開了。根據我看到的這一點線索，可見蠍子交尾時的姿勢和蟋蟀差不多，不同的是蠍子手拉著手，還把梳狀板交錯在一起。對房間裡後來發生的事，我了解的比較多。我在那些散步者夜宿過的房間瓦片上做了記號。第二天會在那裡看見什麼呢？通常，我們看到的，仍然是昨晚那一對蠍子還在面對面，手拉手。

有時，雌蠍子單獨在屋裡面。完成任務的雄蠍子想辦法擺脫出來，走了。牠中止夫妻的歡娛有著非常重要的原因，特別是五月，這是蠍子最熱衷於嬉戲的季節，因此，我時常能見到雌蠍子津津有味地嚼著被殺死的丈夫的場面。

是誰犯了謀殺罪？當然是雌蠍子了。這是修女螳螂的野蠻習性——情人如果不及時跑掉，就會被殺死、吃掉；如果動作敏捷些、果斷些，有時還跑得掉，但也不是總能逃脫成功。雄蠍子可以自行決定放手，因為是牠的手在握對方的手；只要放開鉗指，牠就可以擺脫束縛。然而那要命的、能帶來快感的梳狀板契合在一起，成了圈套，雙方梳狀板上排列密集的齒也許還在痙攣，不肯立即分開。這下子，可憐的雄蠍子可就完了。

雄蠍子雖然和威脅牠的雌蠍子一樣有毒螯，但是牠能不能、會不會自衛呢？看樣子是不會，因為牠總是成為受害者。

也許脊背朝下的仰臥姿勢妨礙了牠操縱尾巴，因為尾巴運作得往背上捲。也許還因為無法改變的本性，阻止牠向未來的母親動用武力。牠毫不反抗，聽憑可怕的妻子就這麼將牠刺死。

寡婦立刻開始大吃起來，這和蜘蛛的習性差不多；然而，蜘蛛沒有蠍子那種致命的武器，這至少能讓那些行動果敢的雄蜘蛛有時間逃走。

喪宴儘管經常舉行，卻沒有嚴格的規定；在某種程度上，吃多吃少取決於胃口如何。我看到一些雌蠍子對新婚丈夫的屍體不感興趣，只把頭給吃了，然後把屍體拉到垃圾場，再也沒碰一下。也曾見過這樣的悍婦，牠們兩手舉著屍體，在眾目睽睽之下走來走去，就好像那是一件戰利品似的；後來也沒再舉行什麼儀式，牠就拋棄了屍體，把牠讓給了愛吃肉食的螞蟻。

第二十三章
隆格多克大毒蠍的家庭

　　有關蠍子生活的問題，書籍所提供的知識眞是太貧乏了，不斷進行實際接觸，還勝過去藏書最豐富的圖書館。在許多情況下，無知反倒更好；如此一來，我們的思想便能自由馳騁，不會因書本知識的影響而鑽進牛角尖裡。對此，我再一次獲得了親身感受。

　　我從一篇解剖學論文，而且還是一位名師的大作中得知，隆格多克大毒蠍自九月開始承擔起家庭義務。啊！索性沒看過這篇論文倒更好！僅就我們這個地區而言，隆格多克大毒蠍的繁殖期，明明是在這個時期之前。好在這篇論文對我的教誨不深，如果我眞等到九月，那就什麼也不會看見了。而爲了最終能看到我料想會非常有趣的那一幕，第三年還得接著觀察，那該是多麼討厭的等待。如果沒有特殊原因，屆時我可能就會放

棄這轉瞬即逝的機會，我會浪費那一年的時間，也許會放棄這個課題。

是啊，無知有它好的一面；遠離被人踏實的道路，才會發現新的東西。這是一位非常有名、對現成書本知識幾乎不抱指望的大師，很早以前告訴我的。有一天，巴斯德[1]非常意外地按了我家的門鈴，他是一位名人。我以前曾經聽說過他的大名，也拜讀過這位知名學者關於酒石酸的分子不對稱性的論文。我曾懷著極大的興趣，注意他關於纖毛毛蟲綱繁殖研究的動態。

每個時代都有科學的奇想，我們當今這個時代有演化論，以前則有過自然發生論。巴斯德用那些無菌，或是故意放了繁殖力很強的細菌的圓底燒瓶，借助嚴格而又簡潔的高超實驗，永遠地推翻了誤把腐敗物質中的化學反應，看成生命起源的荒謬理論。

這場爭議已經成功地被加以澄清了，對此我已有所聞，我非常熱情地接待了這位知名的來訪者。這位學者第一次來我

---

① 巴斯德：1822～1895年，法國微生物學家、化學家、現代微生物學的奠基人。——編注

家，就是為了請教一些問題。我將此殊榮歸因於我被視為一位物理和化學方面的同行，但我不過只是他一個無名的小小同行罷了！

巴斯德返回亞維農地區的目的，是要養蠶。近幾年來，養蠶場受到了莫名瘟疫的侵害，蠶農們終日人心惶惶。那些蠶寶寶無緣無故就害了病，腐爛發臭，然後變得像石膏一樣硬。農民們眼看著他們最主要的收入來源之一化為泡影，簡直不知所措；耗費大量心血和錢財飼養的一房一房的蠶寶寶，不得不扔進肥料堆裡。

客人簡單地談了一下瘟疫肆虐的情況後，便直截了當地進入了正題。

「我想看一些蠶繭，」客人說道，「我還從來沒見過蠶，只是聽說過，您能否幫我弄來一些蠶繭？」

「這事再簡單不過了，我的房東正好是做蠶繭生意的，我們是對門鄰居。您等我一會兒好嗎？我會帶回您想要的東西。」

我三步併做兩步地跑到了鄰居家，裝了滿懷的蠶繭。回到

家，我把蠶繭拿給這位大學者看。他拿了一個，用手指夾著翻來覆去地看，非常好奇地仔細打量著蠶繭，就好像在欣賞來自另一個星球的新鮮玩意。他把蠶繭放在耳邊搖了搖。

「它會發出響聲，」他非常吃驚地說道，「裡面是不是有東西？」

「那當然。」

「是什麼？」

「蠶蛹。」

「蠶蛹是什麼樣的東西？」

「依我看，牠像一具木乃伊，蠶變成蛾之前，得先在裡面變態。」

「每個蠶繭裡都有一個蛹嗎？」

「那當然，為了保護蛹，蠶才結了這個繭。」

「啊！」

大學者不再說什麼了。他把蠶繭裝進了口袋，以便好好地了解蠶蛹這重要的新事物。巴斯德如此強烈的自信心真令我驚訝。他連蠶寶寶、蠶繭和蠶蛹都不認識，竟然想讓蠶寶寶獲得新生。古代的體育教練赤膊上陣去格鬥，這位與蠶場瘟疫做鬥爭的天才格鬥士，也一樣是赤膊上陣；也就是說，關於他自己要拯救的那種昆蟲，他連最一般的常識都不具備。我當時感到

很震驚，更確切地說，是他令我讚嘆。

對於後來發生的事，我就不那麼吃驚了。那時巴斯德研究的另一個課題，是透過加熱來改善酒的品質。他突然轉了話題，說道：「讓我看看您的酒窖吧。」

帶他看我的酒窖，那個屬於我的、寒酸的酒窖，從前，靠我這個窮教師的一點微薄收入，也只能喝到少量的酒，只能把紅糖和蘋果楂放在一個罈子裡發酵，釀出一種帶酸味的劣質酒！我的酒窖！給他看我的酒窖！他怎麼不說要看我的酒桶，看標有年份和產地、布滿灰塵的酒瓶呢？我的酒窖！

我覺得很尷尬，試圖迴避他的請求，便將話題轉移開。而他卻很執著。

「請您讓我看看您的酒窖吧。」

他執意要看，我也就不好拒絕了。我用手指著廚房角落裡，一把沒有椅墊的椅子，椅上放著裝有十二升酒的大肚瓶，說：

「先生，我的酒窖就在那裡。」

「這就是您的酒窖？」

「我沒有別的酒窖。」
「就這些？」
「唉！是的，就這些。」
「啊！」

　　我沒再說什麼，學者也不再說什麼了。顯然，巴斯德不知
個中的酸甜苦辣，即俗話說的一貧如洗是什麼滋味。我那個只
有一把舊椅子和一個大肚瓶的酒窖，沒為用加熱法來克服發酵
的問題提供材料，反倒充分說明了這位知名訪客似乎沒弄明白
的另一個問題。微生物裡最可怕的一種——會扼殺誠意的倒
楣，沒被他注意到。

　　儘管發生過酒窖這段不愉快的小插曲，但他那種泰然自
若、堅定自信的性格，還是讓我留下了深刻的印象。他對昆蟲
的蛻變一竅不通，今天才第一次見到蠶繭，知道裡面有東西，
這東西將會變成蛾，他竟然連我們南方農村小學生都知道的事
情也不懂。這個毫無經驗、提起問題幼稚得讓我大為吃驚的新
手，將要改變養蠶場的衛生狀況，甚至還想在醫學領域，乃至
整個衛生領域，引起一場革命。

　　他以思想武裝自已，不拘泥於枝微末節，而是高瞻遠矚。
至於蠶寶寶、蠶繭、蠶蛹、蠶蛾，以及昆蟲學裡成千上萬個小

秘密，對他來說有何重要！對於他要解決的問題來說，也許不
知道這些更好。這樣他的思想才能更加具有獨立性，使思想的
火花更大膽地迸發出來。只有衝破已知事物的束縛，行動才會
更加自由。

　　巴斯德驚奇萬分地聽著蠶繭發出聲響，受到他這個好榜樣
的鼓舞，我決定採用一種前所未見的方法，來對昆蟲的本能進
行研究。我很少翻書本，既不是採用鑽書堆這種耗費龐大、又
超出我財力所及的方法，也不是去請教別人，而是堅持不懈地
與我的研究對象獨處，直到牠們開口說話。我什麼也不懂，這
反倒更好，可以更自由地提出問題，根據得到的線索，今天從
這個角度去思考，明天從相反的角度去思考。有時如果我打開
書本，我也會有意識地在腦海中留下一塊，供思考和提出疑問
的空間，就像我開墾的土地上，也存在著長有雜草和荊棘叢的
地方。

　　要不是採取了這種謹慎的態度，我差點浪費了一年時間。
如果盡信書本的內容，我就不會想到隆格多克大毒蠍會在九月
前繁殖，而且還會對牠們在七月繁殖感到意外。我把實際繁殖
期和預計繁殖期之間的誤差，歸咎於氣候的差異，因為我是在
普羅旺斯觀察，而為我提供這一資訊的雷翁·杜福[2]，則是在
西班牙進行觀察的。儘管大師享有崇高的權威，我還是應該有

自己的主見。否則，若非偶然從普通黑蠍子那裡得到資訊，我就錯過了機會。所以說，巴斯德不知蠶蛹爲何物，是多麼合情合理啊！

　　個頭較小，也不如隆格多克大毒蠍活躍的普通黑蠍子，做爲對照組，被養在我實驗桌上的普通大口瓶裡。黑蠍子的數量少，便於觀察，我每天都能對這些普通的容器進行觀察。每天早晨，開始往記事本上寫散文之前，我都不忘打開蓋在瓶口上的硬紙皮，看看裡面那些囚犯，了解一下夜裡發生的情況。像這種日常的觀察不太適用於大玻璃屋，因爲裡面有那麼多房間，如果一間間地觀察，勢必要引起一片混亂，然後還要有條不紊地恢復原狀。而觀察這些裝在大口瓶裡的黑蠍子，只需一會兒功夫。

　　幸好有這個時刻，在我監視下的分支機構，七月二十二日早晨六點左右，我掀開硬紙皮蓋時，發現一隻雌蠍背上有一群小蠍子，牠看上去像披了一件白色的斗篷。這使我體驗到一絲滿足感，這種滿足感時常帶給觀察者一些補償。這是我第一次看見雌蠍背上爬滿小蠍子時的壯觀景象。雌蠍子剛剛完成分娩，想必牠是在夜裡生產的，因爲昨晚牠身上還是光光的。

② 雷翁杜福：瑞士博物學家。——譯注

　　好戲還在後頭呢。第二天，另一隻雌蠍子背上也爬滿了小蠍子，牠全身白通通的；第三天，又有兩隻雌蠍子也變成了這副模樣，總共有四隻黑蠍子分娩。這大大超出了我預期的目標。能有這四個蠍子家庭，並能過上幾天安寧的日子，我們就足以感受到生活的溫馨了。

　　更何況機遇給了我諸多關照。我第一次在大口瓶裡得到新發現時，就想到了玻璃屋子，心想隆格多克大毒蠍是否也和黑蠍子一樣早熟呢。我們趕快去看看吧。

　　我把二十五塊瓦片都翻開了。這是多麼輝煌的成就啊！我覺得我這個老頭兒熱血沸騰，就像二十歲的小伙子一樣充滿激情。我在三片瓦片下，發現了帶著孩子的雌蠍子，其中一隻的孩子已經開始長大，牠們大約已經出生兩週了，這是根據我後來的觀察判斷出來的。另外兩家的孩子都是新生兒，是當天晚上剛出生的，蠍子小心翼翼護在肚皮下的殘餘物，證實了這個判斷。我們過一會兒再來看看這些殘餘物是什麼。

　　七月結束，八、九月也過去了，再也沒有蠍子分娩。兩種蠍子分娩的時間都在七月下旬，之後就沒有了。但是在玻璃宮裡，有些雌蠍子的肚皮還和孕婦一樣大。我指望牠們還能為我添丁，牠們的外表讓我有此想法。冬天到了，牠們全都讓我失

望了。看來將要發生之事得延遲到下一年了。這是新的一次漫長的妊娠期，這在低等動物中極爲特別。我把每隻雌蠍子連同其孩子，單獨放在一個狹小的容器裡，以便仔細觀察。早晨去觀察時，昨晚分娩的雌蠍子肚皮底下還藏著一些孩子。我用草稈撥開雌蠍子，在那群還沒爬到雌蠍子背上的孩子中，發現了一些東西，這一發現完全動搖了我從書本上獲得的那一點知識。書上說蠍子是胎生的，這個詞彙不夠確切，小蠍子並非一出生就是我們熟悉的那個模樣。

就算是胎生，如何想像得到伸直螯肢、叉開腳、翹著尾巴的小蠍子是如何進入產道的呢？體積那麼大的小蠍子，絕不可能通過狹窄的產道。牠出生時肯定是被包裹住的，而且體積剛好適合。

我在雌蠍子腹部底下發現的殘留物，確實是卵，是名符其實的卵，差不多和臨盆期子宮中解剖出來的卵，形狀相同。小蠍子壓縮得像米粒那麼大，尾巴緊緊貼在肚皮上，螯肢折疊在胸前，腳緊靠著身體兩側；這樣可以使卵的外表光滑，沒有一點凹凸感。額頭上的深色小點是眼睛。小傢伙在一滴透明液體中浮動，此刻，這外裹一層薄膜的液體，就是小蠍子的大氣和世界。

　　這些物質確實是卵，起初在隆格多克大毒蠍腹下有三、四十粒卵，黑蠍子腹下的卵少一些。牠們都在夜間產卵，我來遲了，只趕上了尾聲。但剩下的這些卵，也足以讓我確信這一點——蠍子其實是卵生動物，而小蠍子很快就會從產下的卵裡孵化出來。

　　那麼，小蠍子是怎麼從卵裡出來的呢？我憑著得天獨厚的條件，目擊了全部過程。我看見雌蠍子用大顎尖，輕輕咬住卵外面的薄膜，將它撕破，然後吞進肚裡，再小心翼翼地剝掉新生的胎膜，就像母山羊和母貓吃掉胎膜時那麼溫柔。儘管牠們使用的工具那麼粗重，卻一點也沒擦傷孩子剛形成的幼嫩皮膚，也沒有扭傷牠們的肢體。

　　令我驚訝不已的是，蠍子接生的動作也和人類差不多。在遙遠的石炭紀，從第一隻蠍子出現時，這種溫柔的分娩方式就已經在孕育中了；卵相當於長眠的種子，當時爲爬蟲類和魚類所擁有，不久，又爲鳥類和幾乎所有的昆蟲所擁有，它是生物的身體愈形精巧的見證，是高等胎生動物的序曲。那時，卵的孵化不是在體外，不是在事物衝突的危機中，而是在母體的腹中完成的。

　　生物的演化，不是從低等到高等，從優到特優這樣逐級演

進的，而是跳躍式的，有時出現前進，有時出現倒退。海洋有漲潮和退潮，比江河湖海更深不可測的另一種海洋——生命也同樣有漲落潮。它還有別的運動方式嗎？誰能說有，誰又能說沒有呢？

如果母山羊不用舌頭舔去小山羊的胎膜，小山羊永遠不可能從襁褓中解脫出來。同樣地，小蠍子也需要母親的幫助。我看見一些被黏液黏住的小蠍子，在被撕破一半的胎膜裡隱約晃動，就是無法掙脫出來，必須靠母親用牙齒咬開胎膜，才能完成分娩。小蠍子根本不能協助分娩，柔弱的小蠍子無法衝破薄如洋蔥瓣膜般脆弱的胎膜。

雛鳥的喙尖有一層短暫存在的老繭，可以用做鎬頭，敲破蛋殼。為了節省空間而壓縮成米粒大的小蠍子，則是癡等著外力的幫助。母親得包辦一切，牠做的漂亮極了，以至於分娩的附屬物，甚至連那些與其他卵一同排出的不孕卵，都被牠徹底清掃乾淨了。現在看不到一點殘留物了，所有殘餘物都重新回收到母親肚子裡，放卵的地面也打掃得相當乾淨。

因此，我們看到的是已被小心翼翼剝去胎膜的小蠍子，牠們乾淨整潔又自由自在。白色的隆格多克大毒蠍從頭到尾的長度是九公釐，黑蠍子是四公釐。分娩完成後，小蠍子便一隻一

隻地爬到母親背上。雌蠍子把螯肢平放在地上，好讓牠的孩子
爬到背上。小蠍子不慌不忙地順著螯肢往上爬，一個挨一個聚
集起來，見縫插針，於是在雌蠍背上形成了一件披風。靠小腳
幫忙，小蠍子穩當地貼在母親背上，如果不用點力，還很難用
毛刷把牠們掃下來。雌蠍子和背上的小蠍子就這樣不動了。做
實驗的時候到了。

身披小蠍子組成的白披風的雌蠍子值得關注，牠一動不
動，尾巴翹著。如果用一根草稈接近小蠍子，牠馬上就會憤怒
地舉起螯肢，擺出自衛時也很少採用的架勢，兩隻螯肢擺出拳
擊姿勢，鉗口張得大大的，準備回擊。牠很少揮舞尾巴，因為
驟然伸開尾巴會震動背部，可能會使一部分小蠍子摔下來。僅
僅動用勇猛、迅速而又具威懾力的拳頭就夠了。

我的好奇心並不在此，我讓其中一隻小蠍子跌落在離雌蠍
子一指遠的地上。雌蠍子看來並不擔心這次事故，牠剛才動也
不動，現在依舊待著不動。牠為什麼對孩子的跌落無動於衷
呢？因為摔下來的小蠍子自己能擺脫困境，牠蹬蹬腳，扭動幾
下，摟著了母親的一隻螯肢，便迅速爬上去，重新加入兄弟們
的行列，牠重新端坐母親背上，而不是平平地趴著。和走鋼絲
演員──狼蛛的孩子相比，牠們遠沒有那麼靈活。

　　實驗的規模又擴大了一些。這次我讓一部分小蠍子摔下來，散落在不遠處的地上，小蠍子們遲疑了好一會兒，當牠們不知該往何處走而開始流浪時，母親終於感到事態的嚴重性，便用兩隻腳，我用這個詞來指稱帶鉗的跗節，用圍成半圓的雙臂貼著地面一刮，就把走失的孩子帶了回來。牠的動作那麼笨拙粗魯，根本沒考慮到可能有把孩子搓傷的危險。母雞是用溫柔的呼喚聲召回走散的小雞，而雌蠍子卻是用耙子把孩子摟回來。儘管如此，孩子們全都安然無恙，牠們一接觸到母親，就爬到牠的背上，重新聚集在那裡。

　　在這群孩子中，有些外來者也同樣被接納了，牠們和雌蠍子的親生子受到同等的待遇。我用畫筆把一隻雌蠍子背上所有或部分的孩子掃下來，讓牠們掉在另一隻背負孩子的雌蠍子身邊時，那隻雌蠍子也像對待自己孩子般，用雙臂把牠們摟起來。牠像是要收養牠們，如果這個詞不會太誇張的話。收養還不至於，那是狼蛛的盲目舉動，牠們分不清自己的和別人的孩子，因而收容了所有集在牠們身邊的孩子。

　　我還指望看見牠們像咖里哥宇矮灌木叢中，常會碰上的狼蛛那樣，背上馱著孩子散步。雌蠍子不會做出這種有失體統的事，牠們一旦做了母親，便好一段時間不再出門，即使是晚上別人散步的時間，牠也關在屋子裡，不思飲食，把心思用在撫

養孩子上。

　　那些弱小的生靈還得經歷一次微妙的考驗，或者可以說，牠們將再獲一次新生。牠們在靜態中等待，再生要經過類似從幼蟲到成蟲階段的內在變化。儘管小蠍子基本上已具備蠍子的外型，但牠們的輪廓還不那麼分明，像被水氣籠罩著一般。我認為，小蠍子得脫去身上這件童裝，才能變得輕巧，顯出清晰的輪廓。

　　要完成這個變化，牠們需要在母親背上靜待一星期。當表皮擦傷完成時，我會這麼說，是因為用「蛻皮」一詞我還有些顧慮，因為這跟小蠍子後來經歷的幾次真正蛻皮很不相同。真正蛻皮時，皮膚是從胸廓裂開的，小蠍子從唯一的裂縫鑽出來，蛻下一層乾巴巴的皮。這層皮和蠍子形狀一模一樣，空模子保持著蠍子的真實輪廓。

　　現在則完全是另一回事。我把幾隻正在蛻皮的小蠍子放在玻璃片上，牠們一動不動，像遭遇了極大不幸似地，看起來好像快要死去。牠們的皮膚不是從一個專門處裂開，而是前後左右都同時裂開，步足蛻去了護套，螯肢蛻去了手套，尾巴也蛻去了外套。身體各部位的舊皮同時脫落下來，沒有順序，蛻下的皮都是碎片。牠們變得敏捷了。儘管身體依舊是白色的，但

變得靈活了。牠們迅速下地去玩耍，並在母親身邊小跑步。最驚人的進步是，牠們突然長大了。隆格多克大毒蠍原來身長九公釐，現在是十四公釐；黑蠍子從四公釐長到了六至七公釐，長度增加了二分之一，體積幾乎是原來的三倍。

對這種突然的成長我感到很吃驚，不禁自問這是什麼原因呢？這些小蠍子什麼也沒吃。牠們的體重沒有增加，反而還減少了；因為蛻了一層皮，體積變大了，但重量沒有增加。這種膨脹簡直像物體受熱膨脹似的。這是身體內部的變化，這種變化使活動的分子聚合成大分子，體積增加了，卻沒有帶來新的物質。有足夠的耐心，並且有適當工具的人，可以繼續研究這種結構上的突變，或許能得到一些有價值的收穫。鑑於缺乏條件，我只能把這個問題留待他人了。

小蠍子蛻下的皮呈白色條狀和光滑的塊狀，這些皮沒有掉在地下，而是附在雌蠍子的背上，特別是靠近大腿基部的地方，脫落的皮交織成一條莫列頓呢毯，剛蛻完皮的小蠍子就躺在上面。雌蠍子這個坐騎，現在有了便於好動騎士騎坐的鞍褥了。小蠍子需要上上下下，這層皮變成了堅硬的鞍具，為小蠍子的迅速移動提供了依靠。

當我用畫筆輕輕把小蠍子撥下去時，很高興地看到那些摔

下去的小蠍子，非常迅速地回到了坐鞍上。牠們抓住鞍褥的流
蘇，用尾巴做槓桿，翻身一躍便回到了位置上。這塊奇怪的毯
子真像是舷索，為攀登提供了方便。大約一週的時間，即小蠍
子離開母親之前，這層皮會一直牢牢地貼在雌蠍子背上，不會
脫位。等小蠍子分散到母親周圍時，這層毯子會自動脫落，或
整塊脫落或一片片脫落，最後雌蠍子背上什麼也不會留下。

　而此時，小蠍子身上卻顯現出顏色來了，肚皮和尾巴染上
了金黃色，螯肢閃著柔和的亮光，像半透明的琥珀。青春使一
切都變得美好。小隆格多克大毒蠍真的非常美麗。如果牠就這
麼保持原樣，如果牠沒有一個很快就會具威脅性的毒囊的話，
還真會成為人們樂意飼養的寵物呢。不久，牠們產生了一絲自
由的念頭，自願地從母親背上下來，到附近去快樂地嬉戲。如
果跑得太遠，母親就會警告牠們，並用耙子似的臂膀把牠們從
沙地上摟回來。

　雌蠍子和小蠍子打瞌睡時的情景，跟母雞和小雞休息時一
樣動人。小蠍子大部分在地上，緊緊靠著母親，有一些則躺在
白色的鞍褥上，這個墊子很舒適。還有一些爬到母親的尾巴
上，一直爬到渦旋頂，好像把站在這個制高點俯瞰當成了一種
樂趣。突然又有一些雜技演員上來了，牠們把前面的夥伴趕
走，強占了那個位置。誰都想在這個平臺上占一席之地，讓好

奇心得到滿足。

　　大部分孩子依偎在母親身邊；亂動個不停的孩子鑽到母親的肚子底下，在那裡縮成一團，只露出閃爍著黑眼睛的額頭。那些特別好動的孩子更喜歡母親的大腿，把它當成了體操用具，在上面盪起了鞦韆。之後，孩子們不慌不忙地重新回到母親的背上坐好，便不動了。母親和孩子都一動也不動。

　　小蠍子離開母親前，需要一週的時間等待成熟，準備自立，發生特殊變化的時間也是一週，牠們不吃不喝，體積卻增加了二分之一。小蠍子待在母親背上的時間總共是兩週，而狼蛛要背著孩子度過六、七個月，牠們的孩子雖然不吃不喝，卻十分活潑，成天動個不停。小隆格多克大毒蠍吃了什麼呢？蛻皮使牠們變得敏捷，獲得新生，在這之後牠們總該吃點什麼吧？雌蠍子請牠們一起用餐嗎？牠是否把最鮮嫩的食物留給孩子們呢？牠誰也沒邀請，也沒留下任何食物。我從小蝗蟲裡挑出一隻給雌蠍子，心想給那些幼小的蠍子吃正合適。當雌蠍子一點一點地吃著蝗蟲時，根本就不顧身邊的孩子，其中一個孩子從母親背上跑到額頭上，俯下身想看看發生了什麼事，牠的腳碰到了母親的下顎，嚇得突然往後一縮，牠走開了。小蠍子很謹慎，因為那張正在嚼食的口器，不但不會給牠留下一口食物，說不定還會把牠咬住，在不經意間把牠給吞下去。

　　另一隻小蠍子吊在那隻蝗蟲的尾部，雌蠍子正在啃咬蝗蟲的頭部。小蠍子也在後面輕輕地咬，牠把蝗蟲拉來拉去，試圖從上面扯下一小塊肉來，費了九牛二虎之力也沒成功，蝗蟲的肉太老了。

　　這種情景我看過不止一次；小蠍子胃口開了的時候，如果母親稍微留意給牠一點食物，特別是適合牠胃口的食物，小蠍子還是很樂意接受的。可是牠只顧著自己吃，事情就是這樣。

　　唉！讓我度過愉快時光的美麗小蠍子們，你們想怎麼樣呢？你們是想離開，到遠處去尋找食物，去尋找微小的動物，我從你們心神不定的樣子就看出來了；你們想躲避母親，而牠也不再認你們。你們已經夠大了，是各奔東西的時候了。

　　如果我確實能提供你們所需的小獵物，假如我有空為你們捕捉獵物，我願意繼續飼養你們，但不是讓你們住在那個玻璃屋出生地的瓦片下，也不是讓你們生活在那些老蠍子中，我了解牠們的偏狹。我的小蠍子們，那些惡魔會把你們吃掉，就連你們的母親也不會赦免你們。從今以後，對牠們來說，你們都是外來之敵。明年，嫉妒心強烈的牠們會在結婚時吃掉你們。為了謹慎起見，你們應該離開這裡。

你們住在哪裡，如何生存呢？最好還是相互道聲再見，儘管這對我來說不無遺憾。最近我就會抽出一天時間，把你們帶回你們的家園去，把你們散播在火熱太陽照耀下的岩石山崗。你們會在那裡找到同伴，牠們和你們差不多大，單獨住在小石頭下，有的住在沒有指甲大的石頭下，你們在那裡會比在我這裡，更能夠學會為生存而進行的艱苦鬥爭。

第二十四章

白蠟蟲

　　當孩子們大批遷移後，克羅多蛛放棄了牠那鋪著半指厚的莫列頓呢地毯的小屋。那小屋原本如此溫暖舒適，現在卻堆滿垃圾，妨礙了第二次分娩。牠將去別的地方造一張帶華蓋、輕巧的吊床，建造一座經濟的小屋，在那裡度過剩下的好時光。那些還不到婚嫁年齡的克羅多蛛，對禦寒沒有更多的要求，憑著頑強的耐寒力，牠們只需要一頂遮蔽在岩石下的細布帳篷就夠了。

　　反之，熱天即將過去時，雌克羅多蛛則急於擴大和加厚住宅，為此牠們不惜耗盡儲存的絲，儲絲倉庫是靠牠夏季夜晚狩獵才儲滿的。霜降時，也許牠們會發現這個富麗堂皇的小城堡，比最初那張小裡小氣的吊床舒適多了。然而牠建造這座房子完全不是為自己，而是為了即將出生的孩子。自那以後圍牆

總是不夠結實，地毯倒是很柔軟。

　　克羅多蛛的最佳作品當屬牠的窩，與之相比，燕雀和金絲雀的窩只不過是些土氣的建築。當然，雌克羅多蛛不在窩裡孵卵，牠不是孵化器，也不是嘴對嘴地餵牠的孩子，再說，牠的孩子也不需要。但牠卻極其溫柔，一連八個月守著牠的卵，保護著牠們，那份虔誠完全比得上，甚至超過了鳥類。

　　母性是小動物靈感的源泉，成千上萬個傑作證明了母親的能力。回想一下，我有幸向讀者介紹過的最後一個傑作——迷宮蛛的傑作，那難道不是一道用泥土和絲混合建造而成的城牆，一道用來防止卵被姬蜂刺到、密不透風的城牆嗎？

　　每一位母親都會採取類似的防禦措施，有的方法巧妙，有的則極其簡單。奇怪的是，小動物能力的高低與其門第等級的劃分並不一致。一些長著鞘翅護甲、帶著漂亮羽飾、披著金色鱗片，擠身於高等昆蟲行列的昆蟲，什麼本事也沒有，或者說幾乎沒有；牠們外表華貴，實際上卻蠢笨無知。而另外一些出身最卑賤、不被人注意的昆蟲，只要我們留意一下，就會對牠們的才智讚嘆不已。

　　在我們人類社會中，不也是如此嗎？有真才實學者往往避

開惹人注目的華麗。為了使我們所擁有的點滴才智發揮出來，就需要貧窮的刺激。早在一千九百年前，貝爾斯[1]就在一首諷刺詩的開頭寫道：

胃是藝術大師，是才華的施與者。

有個諺語用較婉轉的方式重複了這句老話：

未在樓頂草堆上放熟的歐楂，分文不值。
人也和歐楂一樣。

動物如同人類，需求能激發出才智，有時會使牠們做出超乎想像的發明創造。我認識一種最平凡、最不為世人所了解的昆蟲，牠為了保護自己的後代，解決了以下的難題：在產卵期時，牠使體長比平時增加一倍；身體前段專為自己服務，掠食、消化食物、散步、享受陽光的溫暖；身體的後半段則變成了托兒所、哺乳室，孩子在那裡孵化、成熟。

這個奇特的昆蟲名叫白蠟蟲，在大戟樹上時常可以見到這種昆蟲。希臘人稱牠為「Characias」，當今的普羅旺斯農民管

① 貝爾斯：古羅馬詩人。——譯注

牠叫「Chusclo」或「Lachusclo」。

大戟樹喜歡適合橄欖樹生長的氣候。在塞西尼翁山崗上，到處生長著大戟，在最貧瘠的地方，它那青綠色的繁茂枝葉與周圍草木稀疏的環境形成了鮮明的對照。它紮根於碎石堆中，碎石將陽光反射到它身上。冬季，茂密的枝葉使它能抵禦寒冬的侵襲。

總之，它有自己的智慧。當愚蠢的杏樹讓花冠在北風中簌簌發抖時，它卻不慌不忙，繼續觀察著天氣變化；它彎成曲棍形以保護稚嫩的花冠。嚴寒冰凍過去了，大戟樹突然灌滿了汁液，花莖裡充滿了火炭味的乳液，花冠綻開深色的繖形小花。當年出生的第一批小蒼蠅便來此暢飲。

再過幾天，隨著天氣轉暖我們將會看見，許多居民慢慢從大戟樹下的枯葉堆裡鑽出來，這就是白蠟蟲。牠準備離開過冬的地方，在腐葉堆裡的白蠟蟲，過一段時間就小心地向上挪一點，在高聳植物的底部等待春暖花開，用取之不盡的甘露慶賀春天的到來。

四月，最遲五月，搬遷就完成了，所有的小昆蟲都聚集在樹幹高處，一群一群地擠在一起，密密麻麻，有點像蚜蟲。白

蠟蟲長著鑽針般的口器，以飲樹汁維生。事實上牠屬於同翅目昆蟲，並且具有蚜蟲的居住方式和社會習性，但是，牠遠不像我們常在薔薇和其他植物上見到的，光溜溜、胖嘟嘟的蚜蟲模樣，白蠟蟲的穿著和舉止都十分高雅。

篤耨香上的橘黃色蚜蟲，包在多角或杏子般的圓癭裡，尾部有一條細細的長尾巴，輕輕一碰就會變成粉末。[2]而白蠟蟲卻不同，牠穿著套裝，那是一件齊膝緊身外衣，但是比較脆弱，用針尖一扎就會裂成一塊塊，就像一層易碎的殼。

這件外套不論式樣還是顏色，看起來都不漂亮。白蠟蟲渾身上下都是不透明的白色，看起來比乳白更柔和，上身著捲曲的燈芯絨短上衣，在四條縱向排列的長條絨之間，還分布著一些短條絨。後襬是由十條帶子組成的流蘇，流蘇漸漸散開排成梳齒狀；胸部有一塊花紋對稱的護胸甲，護胸甲上有六個清晰的圓洞，棕色的腳從洞裡伸出來，赤裸裸的，活動很自如。護胸甲和背部的捲絨上衣合在一起，構成一件無袖的絨背心，袖孔緊束；護胸甲上的那些洞，便於口器和觸角自由活動；白色的寬袖長衫延伸向身體的其他部位。

---

② 蚜蟲蟲癭文見《法布爾昆蟲記全集8——昆蟲的幾何學》第十章。——編注

　　這件冬裝遮住了昆蟲的整個身體，但不超出身體的長度。不久以後，到了產卵期，衣服的後襬加長了，好像這隻昆蟲在遽長，身長增加了兩倍，而實際上牠並沒長大，新添的部分像威尼斯輕舟翹起的船艄，上部有平行的寬凹槽，下面有細細的、近乎光滑的條紋，尾部像被砍掉了一截似的，用放大鏡可以看到那裡有一個橫切口，裡面塞著細棉花。

　　這件衣服的衣料易碎、易化，而且易燃，會在紙上留下一個有點半透明的印跡。這些特點說明它是一種蠟，有點像蜂蠟。為了得到這種蠟，我不是從昆蟲身上小塊小塊地往下剝，而是抓了一把白蠟蟲投入沸水中，蠟衣溶化了，分解成一種油狀液體漂浮於水上，被剝光衣服的昆蟲沈入了水底。經過冷卻，浮在水上的薄薄一層，凝成了一片黃色的琥珀。

　　這顏色讓我感到有些意外，蠟衣原本的顏色近似乳白色，而現在經過溶解，卻變成了樹脂的顏色。這是分子排列不同造成的，沒有別的原因。

　　為了使黃色的蠟變白。例如把蜂蠟變白，製蠟工將蠟熔化，再將熔化的蠟倒在涼水裡，讓它變成薄薄的蠟紙，然後把蠟紙放在篩子裡，擺在太陽下曬。經過多次反覆的熔化、凝固、曝曬，慢慢地改變了分子結構，蠟就變白了。在漂白工藝

方面，白蠟蟲不知要比我們高明多少倍呢！

　　無需一次次地熔化和長久的日曬，牠一下子就能把黃色的蠟變成無與倫比的白色蠟。牠以溫和的方式，得到了我們手工坊裡用粗劣方法得到的成果。

　　和蜂蠟一樣，白蠟蟲身上的蠟也不是從別處收集來的，而是直接生成的，是從皮下滲出來的。白蠟蟲身上彎彎曲曲的燈芯紋和有規則的細紋，以及漂亮的凹槽。無需經過加工，從毛孔裡滲出的蠟會自動成形，就像小鳥的羽毛外衣一樣。這些也是在身體內部結構的作用下，自然而然長成的，無需人為地去加以整理。

　　剛孵化出來的白蠟蟲，渾身赤裸裸，呈棕色。離開母親去大戟樹上定居前，為了能喝上第一口樹汁，牠身上很快布滿了白點，這是牠未來所穿的上衣雛形。漸漸地，這些白點多了起來，並變成了燈芯狀，以至於小白蠟蟲離開母親時，就已經和成年白蠟蟲的穿著一樣了。

　　蠟液的滲出是持續的，這件白長衫不斷地擴大、不斷地完善。因此，被我剝掉外衣的白蠟蟲應該還能夠長出新衣來。實驗證實了我的猜測，我用針劃破了一隻白蠟蟲成蟲的外衣，用

毛刷一掃，就把牠的外衣剝掉了，受害者露出了可憐的棕色皮膚。我把牠隔離在一根大戟樹枝上，兩、三週後，牠的外衣又長成了，雖然沒有第一件那麼寬大，但好歹過得去，剪裁也合身。這些蠟本來是應該用來加大原來那件外衣的，可是現在，卻用來做了另一件衣服。

白蠟蟲使尾部超出實際身長兩倍有什麼好處呢？這只是簡單的裝飾嗎？那可不止是裝飾品，到了四月，把這個奇怪的附屬物掰下來、打開，就會發現裡面是凹陷的，凹陷處填滿了特別漂亮的棉花，任何羽絨都沒有這麼柔軟、這麼白。在這條高級羽絨被中間散布著一些卵形珍珠，有白色的，也有棕紅色的，這些就是卵。在卵中間混雜著一些躁動的新生兒，有的赤裸著身子，也有的身上程度不一地長著白點，那是因為牠們的蠟衣大小不同。

另外，請注意那些懶洋洋地待在大戟樹上遊蕩的白蠟蟲。我們將會看到隔好長一段時間，才有一個穿著考究的孩子從棉袋鑽出來，牠邁著輕快的步子跑過來，在母親身邊找到一個位置，安頓下來後，便將口器插進多汁的樹皮下，不把那口井吸乾，牠是不會挪動的。每天都會有小孩從棉袋裡鑽出來，這要持續數月之久！

如果僅限於這種觀察，人們會認為白蠟蟲是胎生動物，能在這兒或那兒散播下一個個穿著衣服的小生命。根本沒這回事，在塞滿棉花的袋子裡，我們才發現了卵和一些孵化出來的孩子，再說，要想看到產卵和孵化也並不是難事。

我把幾隻被摘去尾袋的白蠟蟲，放在一個裝著一根大戟樹枝的玻璃管裡，牠們那裸露在外的尾巴基部將不再有秘密。我看見那裡長出了一小撮像黴點似的白色東西，這是從屁股後面分泌出來的蠟，只不過不是燈芯狀，而是非常細的絲狀，袋子裡面的絨棉應該就是這樣形成的。不久，在柔軟的細絲裡出現了一粒卵，和我們從那個盜來的育兒箱裡所得到的一模一樣。

用這種方法，我可以估算出一窩卵有多少數量。在一隻裝有食物的玻璃管裡，兩隻被剝去尾袋的白蠟蟲，在十三天裡產了三十粒卵，大約各產十五粒，或者說，差不多是每天產一粒卵。由於產卵期持續將近五個月，一隻母白蠟蟲產卵的總數應該是兩百粒左右。

卵的孵化要經過三、四週，這反映在卵由白色變成淺棕紅色的顏色變化上。剛出卵殼的小白蠟蟲是棕紅色的，全身光溜溜，外表看上去和小蜘蛛十分相像。牠那一對長長的觸角很像兩隻腳，不久，牠們背上出現了四條縱向生長的白色細燈芯條

絨，燈芯條絨之間留著空白，這是初步形成的蠟質外套。

　　白蠟蟲的產卵期長達四個多月，孵化速度卻相對的快速，至於那個由漸漸分泌出的物質所構成的表被，則告訴了我們，為什麼育兒袋裡既有白色和棕紅色的卵，又有全身赤裸或是穿得很單薄的幼兒。原來這個袋子是個倉庫，產下的卵要在那裡存放數月之久。

　　小白蠟蟲在袋內柔軟的棉絮中孵化、成熟，在迎接嚴寒的考驗之前，先穿上蠟製的衣服。母親帶著孩子們，緩緩地從大戟樹的一根枝椏轉移到另一根枝椏，並不擔心孩子們走失。當孩子感到自己身強力壯時，就該疏散到附近去定居了，育兒室的門始終敞開，只要把擋在門口的棉絮推開一點，就可進出。

　　拿魯波狼蛛帶孩子時可沒這麼細心，安全意識也沒這麼強。這個波西米亞人背上的孩子沒遮沒擋，也沒採取任何防止孩子跌落下來的措施；在極為擁擠的情況下，孩子跌落是常有的事。

　　深受啟發的白蠟蟲，把自己的外套做成了燕尾服形的袋子，用尾部分泌出的絲束做成柔軟的墊子。為了找到一個類似的例子，我們得從大戟樹上的白蠟蟲，追溯到最早的哺乳動物

——袋鼠、負子鼠，和其他一些在肚皮皺褶裡養育嬰兒的動物。早產的、發育不全的胎兒，被安插在母親的乳房之間，牠們將在育兒袋裡，也可以說是在囊袋裡完成發育。

我們就用「囊袋」這個詞來稱呼白蠟蟲的袋子吧。兩種不同的囊袋倒是有不少相似處，不過，昆蟲還是比毛皮動物略勝一籌。經常，小動物誕生新生命的方式極爲出色，而到了大動物那裡卻變得平平庸庸；在囊袋最初的發明中，蚜蟲發現了比負子鼠更好的方法。

爲了更便於繼續講述小昆蟲的故事，以及避免在小路邊被火熱的太陽烤曬，我在實驗室的一扇窗前安置了一個透明的罐子，裡面放了一大簇大戟枝葉。在我的照顧下，今年三月，這棵植物上已經殖入了三、四打白蠟蟲，牠們佩戴著大小不等的囊袋。飼養白蠟蟲獲得了預期的成功，大戟樹長得相當茂盛，它的居民也很興旺。

白蠟蟲的囊袋裡裝滿了卵，之後孵化出幼蟲，成熟的幼蟲一天天多了起來，牠們從囊袋裡出來，隨心所欲地分布在大戟上。要不是天候炎熱，人們說不定會以爲植物上覆蓋了一層雪，由此可見白色營地的居民之多。那裡有幾千個身材各異的新居民，我們很容易根據牠們嬌小的體形，特別是身後沒有囊

袋這一特點，將牠們和母親區別開來。牠們的囊袋得等到在哺育牠們的大戟樹下冬眠之後才會形成。母白蠟蟲不斷生育，牠們的孩子自然會有年齡的差別，有的看上去胖些，有的看上去瘦些。孩子們都穿著同樣的服裝，長相也一樣，乍看之下都一樣。但差別還是有的，大致可以把牠們分成兩組：一組數量特別的少，絕大多數都屬於第二組。

八月，差異就更明顯了。在樹葉尖上有一些獨居的白蠟蟲，牠們的腰上圍著一條不明顯的蠟製腰帶，模模糊糊的像一層膜，其餘的白蠟蟲幾乎都把口器插進樹皮繼續暢飲。離開飲水者群體的那些獨居者是誰呢？這是些正在蛻變的雄白蠟蟲。我剝開幾隻白蠟蟲身上的脆膜，在中間的絨床墊上，有一隻翅膀發育不全的蛹在休息，這張床墊和育兒室裡的一樣柔軟。九月，我得到了第一批完美的雄性成蟲。

牠們可真是些奇怪的昆蟲！長腳、長觸角，有著蚜蟲的某些特徵。身體是黑色的，上面撒著一些細如粉狀的蠟點，這是牠蛻變時用的那個囊袋的碎屑。翅膀是鉛灰色的，頂端略圓，休息時翅膀合攏，長度超出腹部底端一大截，後部有一排筆直修長的纖毛飾物，也許像幼蟲身上的外套一樣，是蠟凝結而成的。這是個非常易碎的裝飾，昆蟲只不過在我那個玻璃監獄中的樹葉間散散步，就把那個飾物碰掉了一大半。

　　牠們高興時，會把腹部末端翹高到張開的翅膀之間，齊刷刷的纖毛也隨之張開，像薔薇花飾。喜歡賣弄風姿的白蠟蟲會像孔雀那樣開屏。爲了使婚禮增色，牠把自己的尾巴裝飾得有如彗星的尾巴，張開呈扇形，然後再合起來。忽開忽閉的扇子，在陽光下閃爍著光芒。歡樂的衝動過後，牠便將飾物收起，降下腹部，將它重新隱藏到翅膀下。

　　白蠟蟲的頭小，觸角長，腹端有個短而尖的東西，像鈎子似的，那是交配的工具。牠絕對沒有長口器。這些愛俏的小頭昆蟲能幹什麼呢？牠們改變形態只是爲了調戲那些女鄰居，交配，然後死亡。看來牠們的作用並不特別重要，在我實驗室裡的大戟樹枝上，有幾千隻第二代雌白蠟蟲，而雄性只有三十隻，雌性差不多是雄性的一百倍。帶著漂亮羽飾的雄性白蠟蟲，恐難滿足如此龐大後宮的需要。

　　再說，牠們看起來從容不迫。我看見牠們從坍塌的囊袋裡出來時，身上滿是灰塵，牠們往皮膚上塗點蠟，揮去灰塵，試著展開翅膀，然後輕輕地飛到那扇堅閉的、以防因犯逃跑的玻璃窗上。陽光下的狂歡，比充滿激情的婚禮更吸引牠們，看來是房間裡的柔和光線使牠們興致索然。如果是在露天陽光直射下，牠們肯定會炫耀自己的裝飾，並且不乏熱情地結成一對對伉儷。現在有最好的交尾條件，雌性的數量遠遠多於雄性，這

就意味著，在應召者中只有極少一部分會被選中，大約是百分之一。儘管如此，所有的雌蟲都將繁衍後代。對這些奇怪的昆蟲來說，為了保持種族興旺，只要不時有一些雌性生育就足夠了。向意中人傳情是一種遺傳行為，會盛行一段時間，只要每年數量很少的幾對配偶，從整體上補充消耗的能量就行了。

一種常會光顧蜜蜂家的寄生蟲——短尾小蜂屬的昆蟲，曾經讓我們見識過雄性稀少的例子。[3]兩種微小的昆蟲使我們涉入了一個繁殖理論尚未研究過的廣泛領域。或許有一天，牠們會幫助我們解決神秘的性問題。

然而在大戟樹上，那些有囊袋的年老雌白蠟蟲一天天在減少。卵排完了，囊袋空了，牠們自己跌落到地面，被螞蟻們細細分解掉。臨近耶誕節時，植物上只留下了那些年輕的白蠟蟲。牠們的育兒袋要等到春天才會開始長出來。嚴冬來臨了，大群的白蠟蟲鑽到大戟下的枯葉堆裡，要到三月才會鑽出來，慢慢爬上大戟，長出育兒袋，重新開始生長變態的輪迴。

③ 短尾小蜂文見《法布爾昆蟲記全集3——變換菜單》第十章。——編注

第二十五章

聖櫟胭脂蟲

除了能高度體現女工手藝的巢以外，還有許多可與之媲美的育兒方法，有些溫柔的育兒方法令人欽佩。狼蛛把卵囊吊在紡絲器上，那袋子直碰腳後跟；有半年的時間，狼蛛都背著密密麻麻地擠在背上的孩子散步。同樣地，蠍子也把孩子背在背上，讓孩子們在牠的背上待兩週養精蓄銳，然後才讓牠們獨立生活。白蠟蟲用分泌出的蠟，在腹部末端做了一個精美的囊袋，小白蠟蟲在那裡孵化，長出毛絨絨的羽飾，漸漸成熟，做好遷移前的準備；柔軟的袋子上開著一個洞，當隱居者能夠到養育牠們的大戟樹上安家時，便會一個個從洞口爬出來。

最平凡的昆蟲之一——聖櫟胭脂蟲更了不起，雌性胭脂蟲成為堅不可破的堡壘，牠那像烏木城堡一樣堅硬的皮膚，就是給孩子準備的搖籃。

　　五月，我們耐心地觀察一下向陽的聖櫟樹或綠橡樹的細枝，再去走訪那種叫做「阿瓦俞斯」的荊棘叢和一些叫胭脂蟲櫟的植物。普羅旺斯農民十分熟悉這些荊棘叢，它們拉拉雜雜地長著刺人的針葉，而那種植物是一腳就能跨過的矮灌木；它的的確確是橡木，鑲嵌在粗糙堅果裡的美麗橡實就是證明。這種灌木同聖櫟樹一樣，能結出很多果實。但是我們得放棄那種普通的橡樹——英國櫟，在那裡找不到我們今天想要的東西。只有前兩種橡樹才有研究價值。

　　我們將會在這兩種植物上，發現一些黑得發亮、像小豌豆般的小球，這就是胭脂蟲，牠也是一種比較奇怪的昆蟲。牠是動物嗎？沒聽說過這種東西的人根本想不到牠會是動物，而會把牠當做一種漿果，一種黑色的醋栗。尤其是用牙一咬，小球會爆開，從中流出略帶苦味的甜汁，這就更容易讓人把牠當成果子了。

　　這種味道相當不錯的果子是一種動物，肯定地說，是一種昆蟲。我們用放大鏡仔細觀察一下牠的頭、胸、腹和腳。牠根本就沒有頭，也沒有肚子和腳，整個看上去就像是一顆大珍珠，和用煤玉做的普通珠寶別無二致。那牠至少得有個能證明牠是動物的器官吧？沒有。牠像光滑的象牙那麼平滑。那麼牠有沒有什麼地方會微微抖動，有沒有任何顯示牠會動的特徵

呢？沒有，牠一動也不動，簡直像塊卵石。

也許，我們可以從小球底下接觸細樹枝的那一面，發現一些動物的結構特徵。小球很容易摘取，一點也沒弄破，就像摘一顆漿果那麼容易。牠的底部略顯扁平，並有一種蠟白色的粉狀物質，這種粉有一股特殊香味，有黏性。在酒精中浸泡二十四小時後，這種物質便溶解了，那個待觀察的部位露了出來。

我將小球放在放大鏡下仔細搜索，但最終也沒能在牠的底部發現腳和爪鉤；不管這些器官多麼微小，總可以發揮固定的作用。放大鏡下也沒發現小球表面有必不可少的吸盤。小球的底部沒有背部光滑，但也和其他地方一樣光禿禿的。事實上，胭脂蟲好像就是這樣黏在樹枝上的，並不靠其他東西支撐。

這真是不可思議。「黑珍珠」會吃東西、會長胖，並不停地流出一種像從釀酒坊裡生產出來的物質。為了滿足這樣的消耗，牠至少得有一個能穿透多汁樹表皮的口器吧。肯定有，只是太小了，以至於我疲勞的眼睛辨認不清。當我把胭脂蟲從樹上摘下來時，也許那吸水的工具縮進了身體，所以才看不見。

小球接觸樹枝的那一面，有一條寬寬的凹紋，占據了大半個圓面。在凹紋的底端，底面邊緣處有一條扣眼似的狹長裂

口。胭脂蟲只透過這裂口和外面接觸。這條裂縫有多種用途，
首先，它是一個湧出糖漿的泉眼。摘幾枝上面有胭脂蟲的聖櫟
樹枝，將樹枝的截斷面浸在水裡面，樹枝可以保鮮一段時間；
這是讓胭脂蟲感到舒適的必要條件。不久，我們就會看到從那
狹長的裂口裡，滲出一種無色的透明黏液，兩天後，黏液積成
了一個和胭脂蟲肚子一般大的滴狀物，這個滴狀物太重時就會
滴下來，但不會流到胭脂蟲身上，因為流水的那個孔在後面。
另一個水滴也很快開始形成，這個泉眼不間斷地滴出水來。

用小指頭蘸一點蒸餾器中流出的水滴，嚐一嚐，味道好極
了，就像嚐蜜一樣。如果胭脂蟲能讓人們大量飼養，並聽憑人
們收穫牠們的產品，我們就等於擁有了一個寶貴的糖廠。不
過，還是讓別人去盡情開發吧。

這裡的別人，指的是耐心的收穫者螞蟻，牠們湧向比蚜蟲
更慷慨的胭脂蟲，小氣的蚜蟲捨不得自己的精美食品，要想從
牠們的觸角尖上喝到一小口糖漿，還得先在牠的胖肚子上搔
癢，刺激牠很久。胭脂蟲卻很大方，牠隨時都樂意讓想喝的人
飲個痛快。牠把自己的利口酒大量贈送給別人。

因此，螞蟻們急急忙忙地湧到胭脂蟲身邊；牠們排成了長
隊，三、四個一夥，細細地舔著胭脂蟲肚子上的裂口。不管胭

脂蟲待在多高的橡樹葉叢裡，螞蟻總能機靈地找到牠們。當我看到一隻螞蟻毫不猶豫地往樹上爬時，只要盯住牠就行了，牠能把我逕直引向黑色的「小酒館」。由於小胭脂蟲實在太小，常會讓不夠敏銳的眼睛錯過，此時，螞蟻就是可靠的嚮導了。執掌小酒館的小胭脂蟲，也和大胭脂蟲一樣門庭若市。

在野外的樹上，勤勞的螞蟻採集著糖漿，只要糖漿一滲出來，就被牠們舔乾。很難讓人估計出這口泉眼的藏量是多少，不斷被舔乾的小圓酒桶周圍，幾乎沒有留下潮濕的痕跡。要想好好品味這種瓊漿玉液，必須把一根樹枝單獨放在遠離飲酒者的地方。在沒有螞蟻的時候，利口酒很快凝成了一大滴，酒罈裡滲出的液體超過了罈子的容量，而且液體還在往外滲，比任何時候流得都快。糖漿的生產是連續不斷的，落下一滴後還會再冒出一滴來。

螞蟻飼養蚜蟲是為了擠牠的奶。如果聖櫟胭脂蟲能讓人在牧場裡飼養，哪個乳牛場不想經營這能帶來無限利潤的產品呢？但是，如果把牠們從休息的地方摘下來，牠們就會死，因為牠們無法定居在其他地方。於是螞蟻便就地開採牠們，壓根沒打算把牠們帶到林間別墅中飼養。既然牠們的養殖技術在此行不通，也就只好明智地放棄。

　　胭脂蟲爲什麼要流出這種如此美味、令熟悉者如此喜愛的玉液呢？牠是爲螞蟻準備的嗎？爲什麼不能有這種可能性？由於螞蟻的數量眾多，而且善於從事聚積財富的活動，牠們在普通的動物野餐會上，發揮了很大的作用。因此，做爲其工作的報酬，便將蚜蟲的乳汁和胭脂蟲的泉水授予了牠們。

　　五月底，我們砸開小黑球，在硬而易碎的外殼裡，看到了解剖體中有許多卵，除了卵以外，什麼也沒有。我還以爲裡面有甜酒和一排排的蒸餾器呢。我發現了一個巨大的卵巢。胭脂蟲不是別的東西，牠只不過是一個裝滿了卵的盒子。

　　牠的卵是白色的，一組一組聚在一起，也可以說是頭挨著頭，大約有三十個小團；從排列的方式看，像一堆毛茸茸的瘦果。一簇簇細細的螺旋狀導管，像錯綜複雜的溝槽，包圍、纏繞著團繖花序，根本無法精確算出卵的數量。一團大約有一百粒卵，因此總數應該是幾千粒。

　　胭脂蟲要那麼多後代做什麼呢？做爲普通食物的提煉師，胭脂蟲和其他許多低等動物一樣，擔任著製造營養分子的任務，牠以過量繁殖的方式防止被滅絕。牠把自己的利口酒給螞蟻喝了個痛快，螞蟻可能是個討厭的客人，但並不危險，再說，如果胭脂蟲不服從嚴格的精選，就得用卵去餵養一位會給

牠們帶來毀滅的食客。

　　我曾經在小球裡發現食卵嗜好者。這是一種很小的幼蟲，牠從一個卵團爬到另一個卵團上，掏空裡面的卵。牠通常單獨行動，有時也結伴而行，兩、三隻甚至更多。據我統計，從洞裡鑽出來的小幼蟲最多達十隻。

　　牠是怎麼進入這個封閉、無法穿透的角質城堡呢？肯定是蟲卵從滴出糖漿的狹縫被送入了城堡。一位母親突然到來，牠發現了這條裂縫，喝了一口泉水，然後轉身把產卵管插進去。不用武力，敵人就這樣進入了城堡。

　　牠屬於小蜂科的成員，是勤勞的腸道探索者，工作起來很有效率。六月的第一週，牠們變爲成蟲，從殼裡爬出來，與胭脂蟲的孩子相比，牠算得上是巨人，身長二公釐。牠在胚胎期時曾經穿過的那個狹窄天窗，現在已經無法通過了；躺在裡面的蟲子便憑著又尖又硬的牙齒，在城堡的圍牆上打開一個孔。裡面有幾隻蟲，小球的外殼上就有幾個圓孔。

　　這個破壞卵囊的傢伙是深藍黑色的，深色的翅膀有凹槽，像陡然下翻的斗篷。牠的頭部扁平，頭寬超過胸寬，強有力的大顎使牠能夠咬穿堅固的城牆。長長的、不停晃動的觸角有點

彎，觸角尖略微鼓起，飾有一個白環。這個小昆蟲又矮又胖，跑起來是碎步小跑；牠擦亮翅膀，刷乾淨觸角，爲自己掏空了胭脂蟲的肚子而感到心滿意足。在我們的分類目錄裡，能找到牠的名字嗎？我不知道，而且也不太想知道。用野蠻拉丁語寫就的標籤所能告訴讀者的，不見得比寥寥幾行故事所述說的還要多。

六月即將過去，糖漿有一段時間不往外溢了，螞蟻們不再到此地來飲水，這說明胭脂蟲內部發生了深刻的變化。然而外表卻沒有變，始終是一個黑得發亮的小球，堅硬又光滑，牢固地黏在蠟白色底座上。用小刀尖剖開這個煤玉匣子與臃腫底座相對的頂蓋。小球的殼就和金龜子的鞘翅一樣硬而易碎，裡面多汁的肉一點也不剩了，所剩的是白色和紅色混合成的乾粉。

把這種乾粉收集到玻璃管裡，用放大鏡來瞧瞧，所見的情景真是令人震驚。這種粉在騷動，是活的。要想數清楚這麼多的數目可真駭人聽聞，無數的小生命擠做一團，胭脂蟲爲了能留下一條命脈，竟然生育無度。

白色的是尚未成熟孵化的卵，六月底，這樣的卵已爲數不多了。其他顏色的粉狀物是活動的小昆蟲，牠們呈淺棕紅色或是橘黃色。其中又以白色素最多，那是一堆蛻下的卵殼。

　　這些破外套被排列成放射狀的頭狀花序模樣，和當初胚胎在卵球裡時的排列方式完全一樣。這個細節告訴我們，胭脂蟲沒有產卵，也就是說卵不僅沒被排出母親的腹部，而且還杵在硬殼圍牆中某個特定位置上，亦即還在那個庇護卵巢的大屋頂下。卵被封閉在它們形成的原位，仍然按原樣排列著，一串串保持原狀的卵，變成了一袋一袋的小蟲。

　　關於這種奇怪的生育方法，避債蛾屬的昆蟲提供了一個例子。這種方法可免去母親產卵，使卵就地孵化。回想一下，那看上去比毛毛蟲還可憐、發育不全的蛾，牠隱居在蛹殼裡，然後變乾，肚子裡裝滿了卵，卵將就地孵化。雌避債蛾變成了一個乾袋子，牠的孩子將從裡面孵化出來。胭脂蟲也是如此。

　　我觀看了胭脂蟲的出生過程。新生兒焦躁不安，想鑽出牠們的外套。許多小胭脂蟲都成功地擺脫了外套的束縛，將蛻下的卵殼留在輻射狀排列的位置上。另一些為數不少的小胭脂蟲，把小群體共有的那個套子給拔走了，並拖著套子走了一段時間。小套子的黏附力很強，小傢伙們拖著它穿過外殼，到了小屋外才把套子甩掉。因此，我在牠們出生的那個樹枝上，在離雌胭脂蟲那小球一段距離處，發現了許多白色的舊衫。如果未曾仔細觀察事件的經過，我們會以為小傢伙是在胭脂蟲體外孵化的。這些皮屑是個假相，其實所有的卵全都是在小盒子裡

孵化的。

在完成了對活動粉末的記錄之後，我們來看一下煤玉盒子。盒子被一層橫隔膜隔成上下兩層，那層隔膜是雌胭脂蟲乾枯的屍骸。屬於胭脂蟲自身的物質很少，現在只剩下一層易脆的皮。箱子裡剩下的那堆東西都是屬於卵巢的。新生兒住的上層，一點也不比底層差。

當遷移的時刻到來時，從下層很容易出去，因為底下有一扇門，就是那個像扣眼形狀的裂縫，它是開著的，而且總是大開著。可是要怎麼從隔膜隔開的上層出去呢？小胭脂蟲那麼虛弱、那麼小，永遠也不可能挖破那層膜。我們仔細瞧瞧吧。隔膜正中央有一個圓形的天窗，住在下層的居民，可以直接從房間的門，也就是那扇扣眼形的門出去，而住在上層的居民可以經由地板上的那個洞下來。母胭脂蟲真是思慮周密，牠那層乾癟的皮成了樓板，並且開了一個窺視孔，否則一半的孩子都會因為出不來而死去。

小昆蟲太小了，普通肉眼幾乎看不見牠們，因此得借助一把高倍放大鏡。我們看清了小胭脂蟲呈卵形，後部比前部小，呈柔和的紅棕色，六隻腳很好動，開始行走時急步小跑，可是之後就一動也不動，完全處於靜止狀態。小胭脂蟲身後還有兩

根半透明的長觸角搖搖晃晃，如果不仔細看是看不到的；兩個黑黑的點是眼睛。

那個小玻璃管裡的小胭脂蟲顯得很忙碌，牠們在遊蕩，兩根伸展的觸角一搖一晃，牠們爬上爬下，連滾帶爬地在蛻下的空卵殼上走來走去。看得出來牠們在準備出發，小傢伙要去闖大世界了。牠需要什麼呢？看樣子需要一根能提供營養液的樹枝，我注意到了這種需求。

荒石園裡有一棵綠橡樹，這是園子裡唯一一棵高三、四公尺的強壯灌木。六月中旬，小胭脂蟲開始孵化出來，我把三十隻胭脂蟲連同牠們依託的細樹枝，一起安放在橡樹上。

儘管我很用心，不過，當小胭脂蟲如預料中那樣，分散在聖櫟樹上時，要想監視牠們的行蹤可就不容易了。旅行者太渺小了，而地方又太大，再者，用望遠鏡對樹葉、樹枝和樹梢逐一進行觀察更行不通，那會讓人失去耐心。

幾天後，我探望那些我搆得著的雌胭脂蟲，已經有小胭脂蟲出殼了，數量很多，在路邊的皮屑證明了這一點。至於那些小胭脂蟲，我卻到處都找不著牠們，既不在樹皮上，也不在葉子上。牠們會不會都爬到了難於攀登的聖櫟樹梢上去了呢？牠

們會不會去了別處？我不能讓移民從我的視野中消失。於是，我在一些裝有腐植質鬆軟沃土的花盆裡，移栽了一、兩拃高的小聖櫟樹，用樹膠在每根植物的細枝上黏上五、六隻胭脂蟲，黏的時候格外小心，生怕堵住了出口。我把這個人造小樹林放在實驗室的窗戶對面，避開強光的地方。

七月二日，我觀看了一次出走行動，下午兩點鐘最熱的時候，無數隻小胭脂蟲離開了城堡。牠們匆匆穿過房間那扇大門——那個扣眼似的裂縫，好些小傢伙屁股後面還拖著蛻下的卵殼。牠們在小球的圓頂上稍停一會，然後就分散到附近的樹枝上去了。好幾隻蟲子爬到了植物頂梢上，牠們對爬上這個高度顯得並不很滿足，還有幾隻沿著樹幹爬下來，我根本無法判斷這一大群小胭脂蟲要往哪裡去。也許是因為牠們第一次在自由的場地上行走，一時有點混亂；小傢伙隨處亂跑，沈浸在獲得自由的喜悅中。讓牠們去吧，牠們會安靜下來的。

第二天，我確實沒能在聖櫟樹上找到一隻小胭脂蟲，牠們全都爬到花盆裡離樹幹不遠的黑土上去了，泥土剛澆完水，冒出一股腐葉變成的腐質土的美味。在一塊指甲般大的地方，那些小傢伙又聚集成群了。誰也不動彈，看來牠們對這個牧場很滿意，或者更確切地說，是對這個飲水槽極為滿意。牠們好像是在恢復體力，舒適得連動都不想動了。

我來幫助牠們生活得更美滿吧。為了給牠們一些陰涼，讓住處涼爽，我把事先泡水浸軟的聖櫟樹枯葉蓋在水槽上。我的小蟲子們，你們現在該自己去擺脫困境了，別的事我可愛莫能助了。

我才剛了解了你們故事中的一個要點，如果不了解這個細節，下面的研究就無法繼續了。我最初的想法雖說很有道理，但並不正確。小胭脂蟲並非像母親那樣定居在聖櫟樹上，而是定居在出生的那棵樹下的泥土上，至少在一開始，牠們要在青苔和枯葉中找一個比較涼快的藏身所，以便恢復消耗的體力。

以後牠們靠什麼維持生活呢？我還說不出來。我看見牠們成群結隊，一連五、六天待在一個地方，沒有一個離開群體，也沒有一個鑽進鬆軟的泥土。後來，胭脂蟲的數量變少了，漸漸地全都消失了，好像蒸發掉了似的。儘管牠們離我這麼近，到頭來我還是一無所有，一群小傢伙沒有留下任何痕跡。

看樣子，種著綠色橡樹的花盆沒有提供繁盛牠們的條件，牠們也許需要草地，需要帶根莖的禾本科植物，還有根莖豐富、但紮得不太深的草本植物，小胭脂蟲或許已經在一些根莖上安好了小巢。但真是這樣嗎？

　　我知道五月在一些聖櫟樹下，有許多小胭脂蟲，我下鄉對那些樹進行觀察。我想小胭脂蟲肯定在那裡，在一個不大的範圍內，因為牠們很虛弱，不可能遠行。我仔細查看了長在樹周圍地面上的各種植物；我挖土，把草連根拔起，耐心地用放大鏡逐一檢查拔出的每一棵植物的根。搜查連續進行了多次，冬天和秋天都曾經進行過。艱苦的調查並沒有結果，小傢伙們找不著了。

　　第二年春回大地時，我明白了小胭脂蟲棲息的樹下，並不一定非有植物不可。還是回頭來看看荒石園裡的那棵聖櫟樹吧，在它的葉簇上，我放過三十隻胭脂蟲成蟲，現在已經有不少居民從小球裡面出來了。但是在聖櫟樹下，方圓幾步範圍內的地上完全是光禿禿的，在新近剛用鏟子鏟光的角落裡，沒有一根草，或者說是寸草不生。至於聖櫟樹的根，我覺得沒有必要去費心，因為它紮得很深，小昆蟲是無法到達的。

　　然而五月的時候，在此之前沒有胭脂蟲的灌木上，卻布滿了黑色的小球。我播下的種子結果了。從殼裡鑽出來的小昆蟲，在地下度過了冬天，當天氣變熱時，牠們又回到樹上，將在那裡變成球。在連一根側根都找不到的這處貧瘠土地裡，牠是靠什麼過活的呢？也許不靠什麼。

　　牠們鑽到土裡，主要是爲了找個住處，而不是爲了得到食物。要想抵禦嚴冬，住在離地面不深的土粒縫隙中是靠不住的。如果遇上惡劣的天氣，還不知道會有多少小胭脂蟲，因爲得不到良好庇護而死去呢！爲了能夠承受鑽進殼裡的食卵者的禍害，以及可怕的惡劣氣候造成的災害，爲了留下命脈，胭脂蟲必須生出成千上萬個孩子。

　　故事中的其餘情節也得來不易。四月到了。我的三個孩子是我晚年生活的快樂泉源，他們借給我年輕人敏銳的眼光，如果沒有他們的協助，我將會放棄在一望無際的天地上進行追蹤的計畫。前一年，在一些望得見的聖櫟叢上，曾經出現過許多胭脂蟲，我用白線在每一根有胭脂蟲的小細枝上做了記號。

　　就是在那兒，我的小孩子們對每片葉子、每根樹枝逐一進行觀察，我用放大鏡大略地觀察一遍之後，就把收穫物放在植物標本盒裡。細緻的觀察將在我的實驗室裡完成，在實驗室裡可以很方便地對牠們進行觀察。

　　四月七日，正當我對研究感到絕望時，一隻小昆蟲進入了放大鏡的視野裡。是牠！就是牠！我去年見到牠從出生地硬殼裡出來的模樣，現在所見仍然一模一樣。牠的體態、形狀一點都沒變，顏色和大小也沒變。牠在散步，顯得很忙碌，也許是

在找適合牠的地方。樹枝表皮上一點細微的皺褶隨時都會把牠隱藏起來，我把這根帶著珍貴傢伙的樹枝，放在紗罩下。

第二天，我隱約看見一層蛻下的皮。急步小跑的小傢伙從此變成了一個靜止不動的微粒，這是胭脂蟲的小球體雛形。像這樣的發現，我只有幸碰到過一次。如果我能得到更多小胭脂蟲，倒是值得進行更細緻的研究。我前去察看聖櫟樹的時間太遲了，這項工作本該在三月做的。據我推測，那個時節應該能看到小昆蟲們離開土地，重返綠橡樹的簇葉中，準備蛻變。果真如此的話，我就不會只得到一隻胭脂蟲了，而應該是好幾隻才對。不過，我也不敢指望豐收，因為嚴冬肯定會給牠們造成損耗，儘管一開始時牠們數量眾多。牠們從樹上下來時有成千上萬隻，而再回到樹上的，卻只有一小撮流民，春天時小黑球數量減少就是最好的證明。

爬上樹的小傢伙是什麼樣子呢？我僅有的那隻小胭脂蟲，可讓我清楚明白了。牠變成了一個圓球，這確實就是成年胭脂蟲的樣子，儘管樹枝浸在裝了水的杯子裡，但沒過多久胭脂蟲就乾癟了，幸好我還擁有其他一些相同的、略大一點的小球，我從聖櫟樹上收穫了兩種胭脂蟲。

小球形的居多，牠們的個頭隨年齡不同而有所變化，最小

的幾乎不到一公釐，腹部扁平，環繞著一個白色圓圈，底部開始顯露出蠟黃色，背部是圓形的，呈淺紅棕色或淺栗色，有一些細小、不規則分布的白色乳突。小胭脂蟲的這身打扮，有點像生活在熱帶海洋中的一種貝殼——虎貝。糖廠已經開始生產，胭脂蟲的尾部凝聚起一滴透明的糖漿，螞蟻們都跑來喝糖水了。幾週後，胭脂蟲的顏色變成了煤玉般的黑色，小球變得像顆豌豆那麼大，這就是胭脂蟲最終的模樣。

少數胭脂蟲像半收縮的蛞蝓，腹部扁平，整個貼在樹枝上，背部凸出，或多或少帶有鮮豔的琥珀色，身上散布著白色的乳突，乳突縱向排列，五個一行或七個一行。由於胭脂蟲是琥珀色的，而且帶有白色的小點，看上去有點像一種上面撒著糖粒、叫做「貓舌」的糕點。這種胭脂蟲的尾部不會滲出糖漿，因此螞蟻不會來光顧。

我想，這第二種是雄性胭脂蟲的幼蟲。估計牠變為成蟲時會是一種帶翅膀、專事交配的昆蟲，但是我還無法證實這種猜測。我那些像蛞蝓似的小蟲，在枯萎的樹枝上會死去，而到實驗室外去觀察牠們的發育變化，則超出了我的耐心。

關於聖櫟胭脂蟲的故事，還不完整，但有一點卻值得記住。雌胭脂蟲那免於產卵的卵巢乾化成一個盒子，把胎兒封閉

在裡面，在這個乾燥的遺骸裡，群集著幾千隻小胭脂蟲，牠們在那裡等待大規模遷徙期的到來。胭脂蟲把普通的生育方式簡化到不能再簡單的地步，雌胭脂蟲變成了一個育兒箱。

【譯名對照表】

中譯	原文
【昆蟲名】	
千足蟲	Mille-Pattes
土蜂	Scolie
大天蠶蛾	Grand-Paon
大戟天蛾	Sphinx de l'euphorbe
大蜻蜓	Æschna grandis Lin.
小蜂科	Chalcidien
天牛	Capricorne
天牛幼蟲	Vrillette
尺蠖蛾	Phalène
卡得力當斯樸帕蟲	Pupa quadridens
平行六面鍬形蟲	Dorcus parallelipipedus
玉米金龜	Pentodon
田野蟋蟀	Grillon champêtre
白面螽斯	Dectique à front blanc
白臘蟲	Dorthésie
	Dorthesia Characias Latr.
石蜈蚣	Lithobie
石蜂	Chalicodome
吉丁蟲	Bupreste
同翅目	Aphidien
灰色樸帕蟲	Pupa cinerea
灰蝗蟲	Criquet cendré
衣蛾	Teigne
克羅多蛛	Clotho de Durand
	Clotho Durandi Latr.
步行蟲	Carabe
角形圓網蛛	Épeire angulaire
	Epeira angulata Walck.
赤馬陸	Iule
松毛蟲	Processionnaire
松樹鰓金龜	Hanneton du pin
直翅目	Orthoptère

中譯	原文
花金龜	Cétoine
虎甲蟲	Cicindèle
金步行蟲	Carabe doré
金龜子	Scarabée
長鼻蝗蟲	Truxale
冠冕圓網蛛	Épeire diadème
	Epeira diadema Clerck
砂潛金龜	Opâtre
胡蜂	Guêpe
飛蝗泥蜂	Sphex
食蜜蜂大頭泥蜂	Philanthe apivore
修女螳螂	Mante religieuse
姬天蠶蛾	Grand et pepits
姬蜂	Ichneumonide
家蛛	Araignée domestique
	Tegenaria domestica Lin.
拿魯波狼蛛	Lycose de Narbonne
海軍蛺蝶	Vulcain
狼蛛	Lycose
神天牛	Cerambyx heros
粉蟲	Ténébrionide
紋白蝶	Piéride du chou
胭脂蟲	Kermès
蚊子	moustique
蚜蟲	Puceron
豹蠹蛾	Zeuzera æsculi
	Zeuzère agonise
迷宮蛛	Araignée labyrinthe
	Agelena labyrinthica Clarck.
高利亞綏斯黑步行蟲	
	Procrustes coriaceus
彩帶圓網蛛	Épeire fasciée
	Epeira fasciata Walck.

中譯	原文
條紋天蛾	Sphinx rayé
細毛鰓金龜	Anoxie
蛆	asticot
蚯蚓	lombric
野櫻朽木蚜	Omophlus lepturoide
鹿角鍬形蟲	Cerf-Volant
普通鰓金龜	Hanneton vulgaire
犀角金龜	Orycte
盜虻	Aside
短尾小蜂屬	Monodontomerus
短翅螽斯	Éphippigère
蛞蝓	Limace
象鼻蟲	Charançon
隆格多克大毒蠍	Scorpion languedocien
	Scorpio occitanus Latr.
黃鳳蝶	Machaon
黃邊胡蜂	Frelon
黑色千足蟲	Glomeri
黑步行蟲	noir Procruste
黑腹舞蛛	Tarentule à ventre noir
黑蠍子	Scorpion noir
	Scorpio europœus Lin.
圓網絲蛛	Épeire soyeuse
	Epeira sericea Walck.
圓網蛛	Épeire
節腹泥蜂	Cerceris
聖甲蟲	Scarabée sacré
聖櫟胭脂蟲	Kermès de l'yeuse
葡萄根犀角金龜	Orycte nasicorne
葡萄樹短翅螽斯	Éphippigère des vignes
蜈蚣	Scolopendre
	Scolopendra morsitans
鼠婦	cloporte

中譯	原文
蛾	Bombyx
椿象	Punaise des bois
漏斗圓網蛛	Épeire cratère
	Epeira cratera Walck.
熊蜂	Bourdon
蒼白圓網蛛	Épeire pâle
	Epeira pallida Oliv.
蒼蠅	mouche
蜜蜂	Abeille
蜻蜓	Libellule
蜢蛛	Mygale
蜘蛛	Araignée
銀蛛	Argyronète
	Argyroneta aquatica
膜翅目	Hyménoptère
蝶蛾	Papillon
蝗蟲	Criquet
蝗蟲類	Acridien
樸帕蟲	Pupa
螞蟻	Fourmi
鋸角金花蟲	Clythre
隧蜂	Hélice
鞘翅目	Coléoptère
糞金龜	Géotrupe
螳螂	Mante
螻蛄	Courtilière
避債蛾	Psyché
隱食蟲	Crytop
螽斯	Locuste
藍翅蝗蟲	Criquet à ailes bleues
蟬	Cigale
雙翅目	Diptère
蟻獅	Fourmi-Lion

中譯	原文
蟹蛛	Araignée-Crabe
	Thomise
	Thomisus onustus Walck
櫟黑神天牛	Cerambyx cerdo
鰓金龜	Hanneton
蠶	Ver à soie

【人名】

中譯	原文
巴斯德	Pasteur
牛頓	Newton
米休列	Michelet
米特列達特	Mithridate
西塞羅	Cicéron
克卜勒	Képler
貝爾斯	Perse
阿朗伯	Alembert
阿基米德	Archimède
雨果	Victor Hugo
柏拉圖	Platon
迪拜爾	Tibère
賀拉斯	Horace
雅克布·白努力	Jacques Bernouilli
塞奧克里托斯	Théocrite
聖梅達	Sant Médard
雷翁·杜福	Léon Dufour
維吉爾	Virgile
盧克萊斯	Lucrèce
羅繆律斯	Romulus
蘭茲	Lenz

【地名】

中譯	原文
西西里	Sicile
里昂	Lyon
亞維農	Avignon
佩爾納	Pernes
隆河	Rhône
塞西尼翁	Sérignan
新喀里多尼亞	Nouvelle-Calédonie
維勒訥夫	Villeneuve
蒙貝利耶	Montpellier

法布爾昆蟲記全集 9

圓網蛛的電報線

SOUVENIRS ENTOMOLOGIQUES
ÉTUDES SUR L'INSTINCT ET LES MŒURS DES INSECTES

作者——JEAN-HENRI FABRE 法布爾

譯者——魯京明 等

審訂——楊平世

主編——王明雪　　　副主編——鄧子菁

專案編輯——吳梅瑛　　編輯協力——葉懿慧

發行人——王榮文

出版發行——遠流出版事業股份有限公司

台北市南昌路 2 段 81 號 6 樓

郵撥：0189456-1　　電話：(02)2392-6899　　傳真：(02)2392-6658

著作權顧問——蕭雄淋律師

輸出印刷——中原造像股份有限公司

□ 2002 年 10 月 20 日 初版一刷　　□ 2020 年 4 月 1 日 初版十二刷

定價 360 元　　（缺頁或破損的書，請寄回更換）

遠流博識網 http://www.ylib.com　E-mail:ylib@ylib.com

昆蟲線圖修繪：黃崑謀　　內頁版型設計：唐壽南、賴君勝　　章名頁刊頭製作：陳春惠
特別感謝：王心瑩、林皎宏、呂淑容、洪閔慧、黃文伯、黃智偉在本書編輯期間熱心的協助。

國家圖書館出版品預行編目資料

法布爾昆蟲記全集. 9, 圓網蛛的電報線 ╱ 法布
　爾（Jean-Henri Fabre）著；魯京明, 梁守鏘
　譯. -- 初版. -- 臺北市 ： 遠流, 2002〔民91〕
　面 ： 公分
　譯自：Souvenirs Entomologiques
　ISBN 957-32-4696-1（平裝）

1. 昆蟲 － 通俗作品

387.719　　　　　　　　　　　91012416

SOUVENIRS ENTOMOLOGIQUES

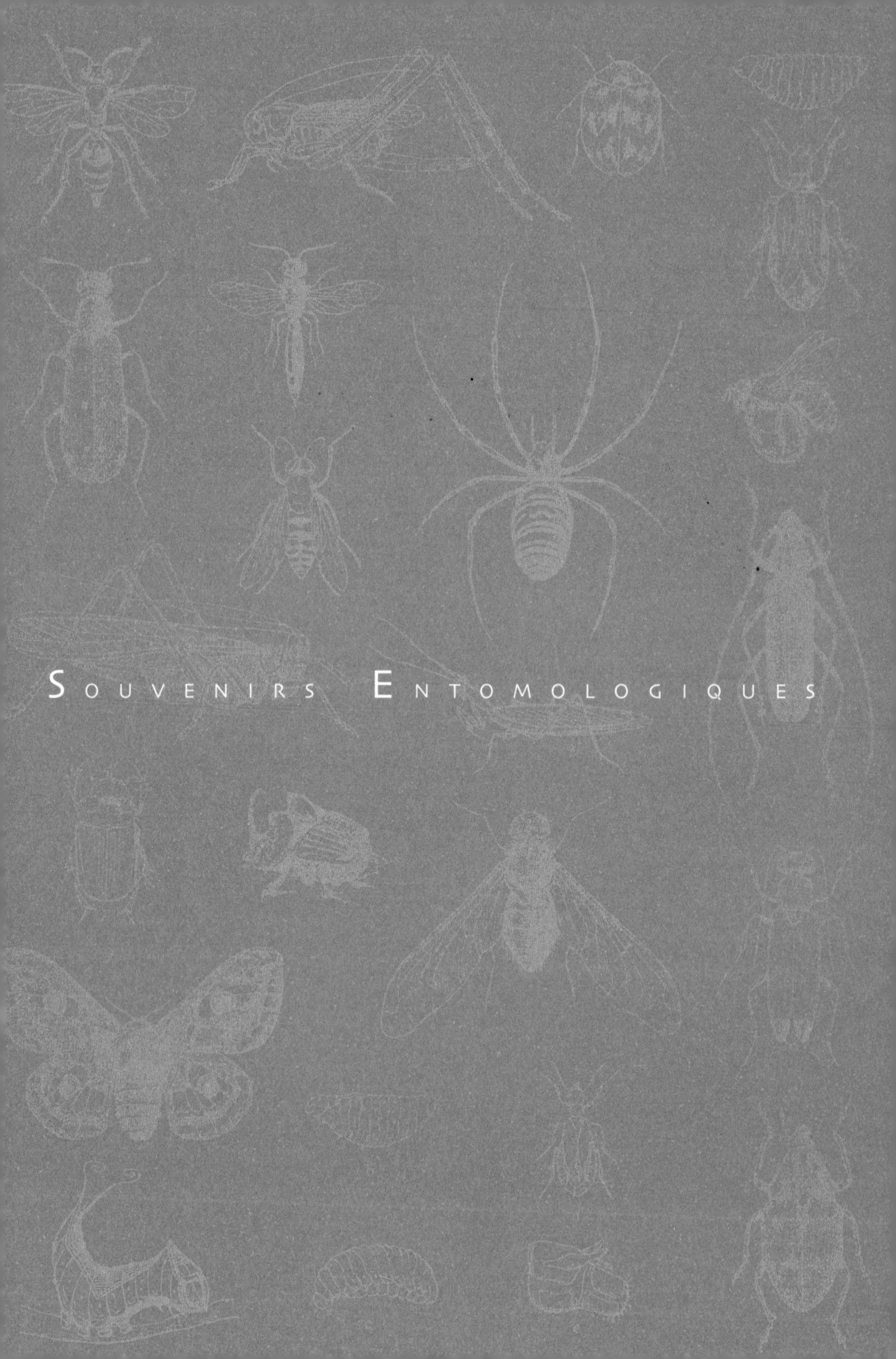
Souvenirs Entomologiques